Hans-Joachim Geist

Die erfolgreiche Montage einer digitalen Sat-Anlage

Elektor-Verlag, Aachen

Umschlaggestaltung: Ton Gulikers, Segment, Beek (NL)
Grafische Gestaltung: Hans-Joachim Geist
Satz und Aufmachung: Jürgen Treutler, Headline, Aachen
Druck: Giethoorn/Tenbrinck, Meppel, Niederlande

Printed in the Netherlands
039005-1/D

ISBN 3-89576-139-7
1. Auflage, 2003
Elektor-Verlag GmbH, Aachen

Inhaltsverzeichnis

Inhaltsverzeichnis

Das Kapitel 7.12 (Frei empfangbare und verschlüsselte digitale Hot-Bird-Programme) kann im Internet unter *www.elektor.de/hotbirdtabelle* heruntergeladen werden.

1. Allgemeines

1.1 Funktionsweise des Satellitenempfangs

Fernmeldesatelliten, die uns das faszinierende Radio- und Fernsehprogrammangebot bereitstellen, werden von Trägerraketen in ihre geostationäre Position befördert. Geostationär ist ein Standpunkt im All, der, von der Erde aus betrachtet, feststehend ist. Der Satellit bewegt sich aber doch. Mit einer Geschwindigkeit von ca. 11.000 km/h, in einer Höhe von 35.768 km, befindet er sich in einer Umlaufbahn, die eine synchrone Drehung mit der Erde ermöglicht.

Dass sich der künstliche Erdtrabant genauso schnell wie der blaue Planet dreht, ist nur in dieser Höhe möglich. Der physikalische Grund dafür ist die Anziehungskraft der Erde, die mit zunehmender Entfernung zur Erde abnimmt, sowie die Fliehkraft, die mit zunehmender Geschwindigkeit eines sich im Kreis drehenden Objektes größer wird. Das bedeutet, beide Kräfte müssen gleich groß sein, damit ein Satellit in seiner Umlaufbahn bleibt.

Ein Satellit, der sich z.B. in einer Höhe von 3.600 km befindet, muss sich mit der Geschwindigkeit von ca. 22.000 km/h wesentlich schneller bewegen als der geostationäre Satellit, damit er in seiner Umlaufbahn bleibt. In dieser Höhe benötigt er nicht einmal drei Stunden für eine Erdumkreisung. Der geostationäre Satellit hat eine Umlaufzeit von 24 Stunden, und der natürliche Erdtrabant Mond benötigt 28 Tage für eine Erdumkreisung (Bild 1.1).

Über eine Erdfunkstelle wird die internationale Programmvielfalt mit den so genannten Aufwärtsstrecken an die Satelliten übertragen. Von dort werden Sie mit den Abwärts-

Bild 1.1.

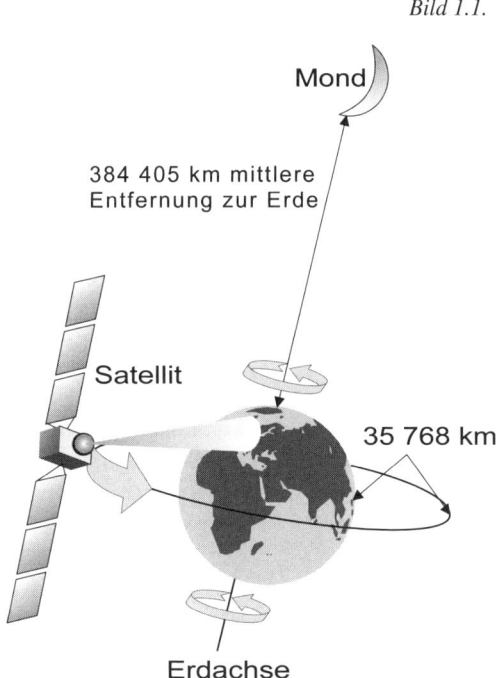

Mond

384 405 km mittlere Entfernung zur Erde

Satellit

35 768 km

Erdachse

I. Allgemeines

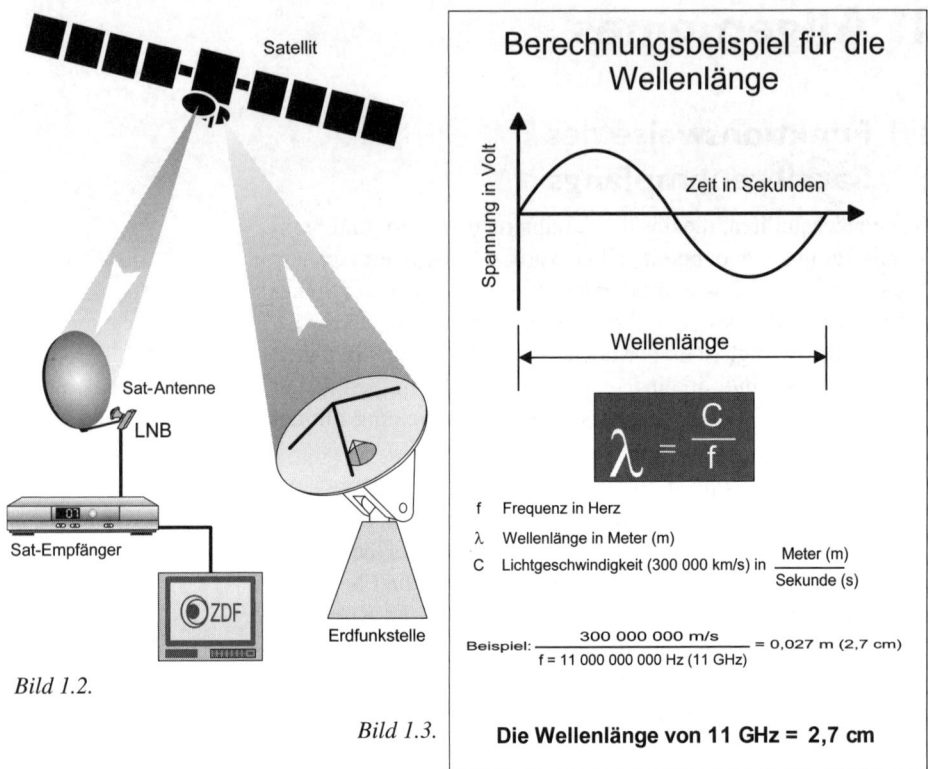

Bild 1.2.

Satellit

Sat-Antenne

LNB

Sat-Empfänger

ZDF

Erdfunkstelle

Bild 1.3.

Berechnungsbeispiel für die Wellenlänge

Spannung in Volt

Zeit in Sekunden

Wellenlänge

$$\lambda = \frac{c}{f}$$

f   Frequenz in Herz

λ   Wellenlänge in Meter (m)

C   Lichtgeschwindigkeit (300 000 km/s) in $\dfrac{\text{Meter (m)}}{\text{Sekunde (s)}}$

Beispiel: $\dfrac{300\ 000\ 000\ \text{m/s}}{f = 11\ 000\ 000\ 000\ \text{Hz (11 GHz)}} = 0,027\ \text{m (2,7 cm)}$

Die Wellenlänge von 11 GHz = 2,7 cm

strecken so abgestrahlt, dass mehrere Länder bzw. ganz Europa im Empfangsbereich liegen. Mit einer Parabol- oder Offsetantenne werden die Signale empfangen und an den Sat-Receiver weitergeleitet (Bild 1.2).

Beim Satellitenfunk werden für die Übertragung elektromagnetische Wellen mit sehr hoher Frequenz verwendet. Die Anzahl der Perioden je Sekunde wird bei der Wechselspannung mit der Einheit Hertz als Frequenz angegeben. Eine Periode ist der Bereich, in dem die Wechselspannung von 0 V über den positiven Maximalwert zum negativen Maximalwert wechselt und beim nächsten Nullpunkt endet. Diesen vollständigen Pendelvorgang nennt man eine Periode. Wenn die Zeitdauer für diesen Vorgang eine Sekunde beträgt, spricht man von einem Hertz (Bild 1.3). In der elektrischen Energietechnik verwendet man überwiegend eine Frequenz von 50 Hz (50 Perioden je Sekunde). Für das analoge Fernsprechen ist der Frequenzbereich von 300 bis 3.400 Hz üblich (Bild 1.4).

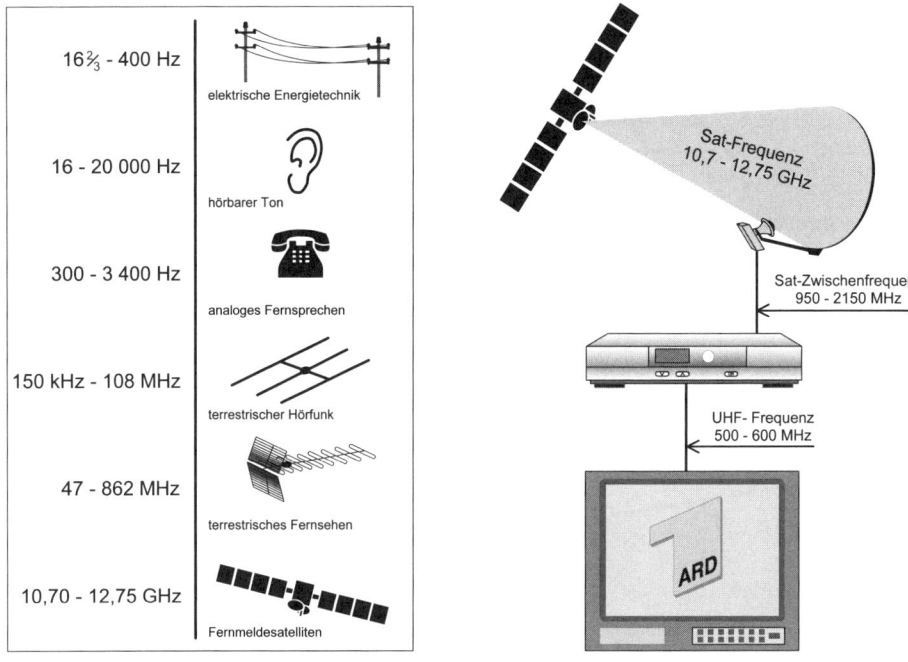

Bild 1.4.   Bild 1.5.

Die Satellitensignale befinden sich in dem Frequenzbereich von mehreren GHz (1 GHz = 1.000.000.000 Hz). So hohe Frequenzen verhalten sich ähnlich wie Licht und können deswegen nicht von Kupferleitern übertragen werden. Aus diesem Grund wird die Sat-Frequenz im LNB in den Sat-Zwischenfrequenzbereich von 950 bis 2.150 MHz umgesetzt, der mit einem speziellen Kupferleiter, dem Koaxialkabel, übertragen wird. Der Sat-Receiver setzt diesen Frequenzbereich in ein Signal um, das vom Fernsehgerät in dem Frequenzbereich von ca. 500 bis 600 MHz wie ein terrestrisch gesendetes Programm empfangen wird (Bild 1.5).

Damit der zur Verfügung stehende Frequenzbereich besser genutzt werden kann, sendet der Satellit seine Signale mit vertikaler und horizontaler Polarisation; dadurch wird eine Verdopplung der Übertragungskanäle möglich gemacht. Terrestrischer Rundfunk ist auch mit beiden Polarisationsarten möglich, wobei die terrestrische Antenne nicht einfach wie der LNB mit einer Steuerspannung von horizontalen auf vertikalen Empfang umgeschaltet werden kann, sondern für horizontalen Empfang waag-

I. Allgemeines

vertikal

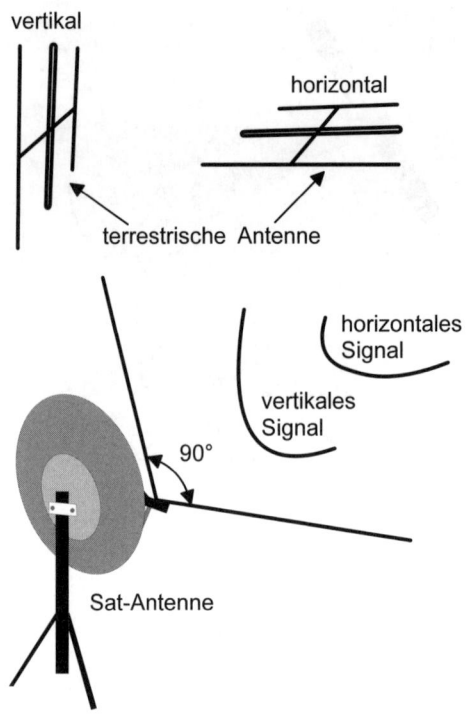

horizontal

terrestrische Antenne

horizontales Signal

vertikales Signal

90°

Sat-Antenne

Bild 1.6.

Bild 1.7.

recht und für vertikalen Empfang senkrecht montiert werden muss (Bild 1.6).

Genau genommen ist das Kabelfernsehen heute auch nichts anderes als Satellitenfernsehen mit Einschränkungen. Vor mehreren Jahren, zur Anfangszeit des Kabelfernsehens, wurden in die Kabelnetze von Großgemeinschaftsantennen- und Breitbandkabelanlagen nur Programme eingespeist, die von der Kopfstation des Kabelnetzes terrestrisch empfangen wurden. Heute jedoch werden terrestrisch empfangene Programme nur noch bei großen Kopfstationen, wie sie z.B. die Telekom betreibt, mit eingespeist (Bild 1.7 und 1.8). Die meisten der neuen GA- und GGA-Anlagen in Deutschland werden heute zum größten Teil von Kopfstationen versorgt, die ausschließlich von Satelliten empfangene Programme in die Kabelnetze einspeisen.

Bild 1.8.

1.2 Satellitensysteme für den Direktempfang in Europa

ASTRA betreibt auf 19,2° Ost das erste und erfolgreichste private Satelliten-System für Europa, das heute über eine Flotte von mehr als ein Dutzend aktiver Satelliten verfügt und gegenwärtig über 1.000 Fernseh- und Radioprogramme sowie Multimedia- und Internet-Dienste an fast 100 Millionen Haushalte in Europa überträgt. Der erste ASTRA-Satellit (ASTRA 1A) wurde mit einer Ariane-Rakete Flug Nr. 27 von Ariane Space am 11. Dezember 1988 gestartet. Damit begann die Ära des analogen Satellitenfernsehens. 1991 folgte ASTRA 1B, 1993 ASTRA 1C, 1994 ASTRA 1D usw. Heute kreisen sieben ASTRA-Satel-

Bild 1.9.

liten auf der Orbitalposition 19,2° Ost, drei Satelliten auf der Position 28,2° Ost und jeweils einer auf den Positionen 24,2° Ost und 5,2° Ost (Bild 1.9). Zwei zusätzliche Satelliten starteten Mitte des Jahres 2002, und weitere kommen im Lauf der nächsten Jahre hinzu. Betreibergesellschaft für das ASTRA-Satellitensystem ist die SES in Luxemburg mit dem digitalen Sendezentrum (Bild 1.10) und Sitz des Unternehmens in Betzdorf.

Das SES-Unternehmen hält unter anderem Anteile an führenden Satelliten-Betreibern (NSAB, AsiaSat und Star One) in Europa und weltweit. Einige hundert Mitarbeiter aus vielen Nationen werden hier beschäftigt. Über die Beteiligungen an AsiaSat, NSAB und Star One ist SES GLOBAL in der Lage, die europäischen ASTRA- und SIRIUS-Satelliten mit den asiatisch/pazifischen Asia–Sats und den lateinamerikanischen Brasilsats zu vernetzen, um satellitengestützte Breitband-Dienste anzubieten, welche vier Kontinente umspannen. SES Multimedia, eine 100%ige Tochtergesellschaft von SES ASTRA, bietet die Übertragung von

Bild 1.10.

interaktiven und Multimedia-Diensten über Satellit. Sie betreibt die ASTRA-NET Plattform, die den Anbietern von Diensten und Inhalten zur europaweiten Übertragung von Daten via Satellit direkt an PCs in Unternehmen und Privathaushalten zur Verfügung stellt. ASTRA ist der erste europäische Satellitenbetreiber, der das Ka-Frequenzband für interaktive und Multimedia-Dienste kommerziell nutzt. Ständig werden die Möglichkeiten des DVB-RCS-Breitband-Satelliten-Rückkanal-Systems ausgebaut, um der wachsenden Nachfrage in West- und Zentraleuropa nach asymmetrischer Zwei-Wege-Breitband-Kommunikation für die Zusammenführung und Verteilung von Multimedia-Inhalten mit hoher Geschwindigkeit nachzukommen. Weitere Informationen zu ASTRA-Net erhalten Sie im Internet unter *www.ses-global.com* und *www.ses-astra.com.*

Die für das deutsche digitale Satelliten-Fernsehen wichtigen ASTRA-Satelliten befinden sich nach wie vor auf der Orbitalposition 19,2° Ost, in einem würfelförmigen Raumsegment mit ca. 150 km Seitenlänge. Das Abdrängen der Satelliten aus diesem Raumsegment, z.B. durch Sonnenwinde, wird verhindert mit Steuerdüsen, die, von der Erde aus gezündet, laufend die Position korrigieren. Erst nach über 12 Jahren ist der Treibstoff für die Steuerdüsen aufgebraucht und das Satellitenleben zu Ende.

Mit der Betriebsaufnahme von ASTRA 1E startete die SES bereits 1995 das digitale TV-Zeitalter. Heute ist die Position 19,2° Ost durch den Start von ASTRA 1F, ASTRA 1G und ASTRA 1H zukunftssicher ausgebaut. Das ASTRA-System wurde weitsichtig projektiert und wird bis weit über das Jahr 2010 hinaus Fernseh- und Rundfunkprogramme zur Erde senden. Die meisten Satellitenantennen in Europa sind auf 19,2° Ost ausgerichtet. Auch in Deutschland überwiegt der ASTRA-Empfang; nur in wenigen Ausnahmen sind Sat-Antennen auf andere Positionen ausgerichtet. Zu diesen wenigen Ausnahmen gehört zum Beispiel die Position 42° Ost, von der aus Türksat Europa mit Programmen bestrahlt, die bei unseren türkischen Gästen sehr beliebt sind.

Am Anfang der Neunziger Jahre wurde noch gerätselt, wer wohl das Rennen macht – der deutsche Fernmeldesatellit DFS-Kopernikus oder ASTRA. Zu der Zeit war das Programmangebot beider Satelliten noch in etwa gleich. Prognosen für die Marktanteile lagen bei 50 zu 50. Nur kurze Zeit später stand fest, wer das Rennen macht: Es war ASTRA. Die Kopernikus-Empfangsanlagen waren damals erheblich teurer und kosteten fast doppelt so-

Positionen von geostationären Satelliten

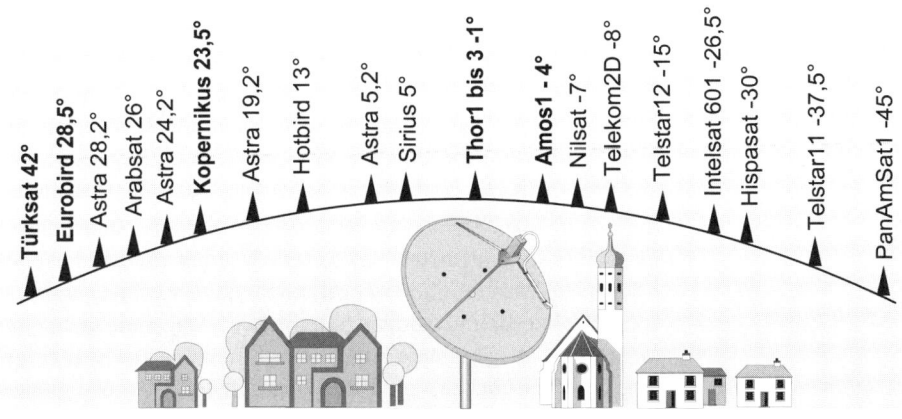

Bild 1.11.

viel wie die ASTRA-Anlage. Hinzu kommt, dass sich das Programmangebot von ASTRA sehr schnell vervielfachte.

In Konkurrenz zu ASTRA bewegen sich auf der Position 13° Ost die Eutelsat- bzw. HOT-BIRD-Satelliten. Vor geraumer Zeit war das Angebot von Eutelsat für den mitteleuropäischen Raum noch interessant wegen einiger Programme, die zum Beispiel nur von der Position 13° Ost aus übertragen wurden. Heute ist ASTRA mit seinem reichhaltigem Angebot an Programmen nahezu konkurrenzlos, da fast alle sehens- und hörenswerten Programme digital in hervorragender Qualität über ASTRA ihren Weg zur Erde finden.

Für Idealisten und Perfektionisten, die den Aufwand nicht scheuen, ist es sicherlich sehr reizvoll, eine Sat-Anlage zu installieren, die für den digitalen Empfang von vielen Satelliten geeignet ist. Das Bild 1.11 enthält eine kleine Übersicht der in Europa empfangbaren Satelliten bzw. Satellitensysteme. Für den Normalverbraucher in Deutschland und in weiten Teilen Mitteleuropas reicht aber im Regelfall eine preisgünstige Sat-Anlage, die den Empfang von sehr vielen digitalen und frei empfangbaren Programmen aus dem ASTRA-System auf 19,2° Ost ermöglicht.

I.3 Grundprinzip und Vorteile der digitalen Übertragung

Die Zukunft für den Fernseh- und Hörfunkempfang, die schon vor langer Zeit begonnen hat, gehört der Digitaltechnik. Die Ton- und Bildinformationen werden bei digitalen Anlagen in Computerinformationen umgewandelt. Das hat eine erhebliche Steigerung der Empfangsqualität zur Folge. Im Gegensatz zur analogen Signalübertragung, bei der beliebig viele unterschiedliche Signalwerte vorkommen, werden bei der digitalen Übertragung ausschließlich zwei Werte (High/Low oder 1/0) verwendet.

Bei der digitalen Signalübertragung ist die Signalqualität auf der Empfängerseite identisch mit der Qualität auf der Senderseite, solange die Werte High/Low (1/0) im digitalen Receiver noch erkennbar sind. Beim analogen Satellitenempfang verursacht eine nicht exakt ausgerichtete Antenne ggf. einen schlechten Empfang und „Fischchen" im Bild. Dagegen führt beim digitalen Empfang eine Abweichung der Sat-Antennenausrichtung von mehr als 2° zum vollständigen Ende des Empfangs. Das heißt, Sie haben entweder ein sehr gutes oder gar kein Bild, bzw. ein Standbild, wenn sich während der Sendung, zum Beispiel durch eine Sturmböe, die Satellitenantenne bewegt. Daher ist es besonders wichtig, die Antenne für den digitalen Satellitenempfang gut zu befestigen und mit Hilfe eines Messgerätes sehr genau auszurichten. Insbesondere bei Satellitenübertragungen, bei der die Signale eine Strecke von mehr als 75.000 km zurücklegen, ist die Digitalisierung ein entscheidender Qualitätsfaktor.

Die analoge Übertragung erhält eine bessere Qualität des Signals mit Zunahme der Frequenzbandbreite eines Übertragungskanals. Dagegen benötigen digitale Übertragungen zur Empfangsverbesserung höhere Datenraten.

Die Wandlung von analogen in digitale Signale erfolgt in folgenden drei Grundschritten:

1.) Die analogen Signalwerte werden in gleichen Zeitabständen gemessen (Abtastrate).

2.) Jeder gemessene Wert wird einem entsprechenden festen Spannungswert zugeordnet (Quantisierung).

3.) Die Spannungswerte werden nach einem Code einer Bitfolge zugeordnet (Quellencodierung).

Je höher die Abtastrate, umso höher ist die Übertragungsqualität. Allerdings werden nach einer Erhöhung der Abtastrate viel mehr

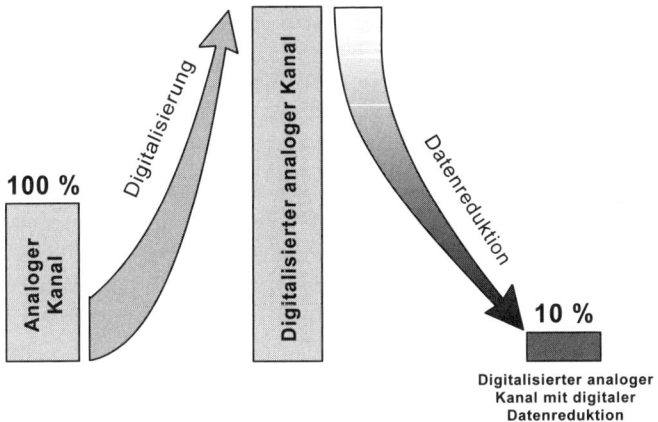

Bild 1.12.

Daten in steigender Geschwindigkeit übertragen. Somit fallen durch die Digitalisierung eines Bildes Datenmengen an, die ein Vielfaches der analogen Übertragungskapazität erfordern. Aus diesem Grund müssen die enorm hohen digitalen Datenmengen reduziert werden, um die Wirtschaftlichkeit der Übertragung zu gewährleisten. Nach der Datenreduktion benötigt die digitale Übertragung nur noch etwa 10% der Übertragungskapazität gleichwertiger analoger Datenmengen (Bild 1.12).

Für das Verfahren zur digitalen Datenreduktion hat sich ein internationaler Standard durchgesetzt, den man nach seinem Normengremium MPEG benannte. MPEG ist die Abkürzung für *Motion Picture Experts Group*. Mit der Datenreduktion des MPEG-2-Verfahrens können über einen Satellitenkanal, der eine Bandbreite von 36 MHz besitzt, 21 TV-Programme übertragen werden. Das heißt, dass über die 20 Transponder eines einzigen digitalen Satelliten die Übertragung von mehr als 400 Programmen stattfinden kann.

Der digitale Satellitenempfang bietet gegenüber den analogen Empfangstechniken folgende Vorteile:

*   Bessere Bildqualität
*   Geringere Störanfälligkeit gegen atmosphärische Störungen
*   Digitale Radioqualität, die vergleichbar ist mit der Tonqualität einer Audio-CD
*   Über 400 **frei empfangbare** TV-Programme
*   Mehr als 400 **frei empfangbare** Radioprogramme

- Automatische Senderprogrammierung und Programmaktualisierung via Satelliten-Update
- Elektronischer Programmführer (EPG) und TV-Zeitschrift
- Geringerer Montageaufwand bei der Nutzung des DiSEqC-Systems

Da mittelfristig (vermutlich bis 2012) alle derzeit noch analog ausgestrahlten Programme nur noch digital zu empfangen sind, ist der Erwerb einer analogen Sat-Anlage nicht mehr zu empfehlen. Hinzu kommt, dass sich bereits heute eine Programm-Abwanderung von der analogen zu digitalen Ausstrahlung abzeichnet. Auf den digitalen Kanälen sind seit längerer Zeit bereits alle immer noch analog gesendeten Satelliten-Programme empfangbar. Darüber hinaus steht auf den digitalen Transpondern eine Vielzahl von neuen Radio- und TV-Programmen zur Verfügung, die mit analogen Anlagen noch nie empfangbar waren, wie zum Beispiel die Programmpakete der öffentlich rechtlichen Sendeanstalten.

Im Laufe der nächsten Jahre werden vermutlich die analogen Programme in gewissen Zeitabständen klammheimlich davonmachen. Ohne großes Aufsehen zu erregen, verabschiedet sich ein Programm nach dem anderen und verschwindet im wahrsten Sinne des Wortes von der Bildfläche.

Wer sich aber zum Beispiel aus Kostengründen dennoch für die Neuanschaffung und Selbstmontage einer analogen Sat-Anlage entscheidet, dem bietet der Elektor-Praxisratgeber „Sat-Anlagen, planen, montieren und ausrichten" eine gute Hilfestellung.

Komplettanlagen für den digitalen Satellitenempfang sind sehr preisgünstig geworden, kosten aber immer noch einige Euro mehr als analoge Komplettanlagen, die wegen der harten digitalen Konkurrenz zu Schleuderpreisen in den Kaufmärkten usw. erhältlich sind.

1.4 Internet über Satellitenempfang

Für professionelle und kommerzielle Zwecke kommen viele Fernmeldesatelliten bereits seit längerer Zeit zum Einsatz, um die globale Vernetzung via Satellit zu unterstützen und zu ergänzen. Heute gehen auch die ASTRA-Satelliten einer globalen Vernetzung entgegen. ASTRA 1K wird zu einem der leistungsstärksten und vielseitigsten Satelliten in der ASTRA-Flotte werden, wenn er sich beim nächsten Versuch, ihn in die geostationäre Laufbahn zu bringen, nicht wieder aus dem Staub macht und ziellos im Universum umherirrt. Der Nachfolger stärkt bestimmt demnächst die ASTRA-Ku-Band-Kapazität der Orbitalposition 19,2° Ost. Dieser Satellit ermöglicht in naher Zukunft eine Frequenz-Mehrfachnutzung und bietet weitere Kapazitäten für die so genannte interaktive Zwei-Wege-Kommunikation. Ständig kommen weitere Sa-

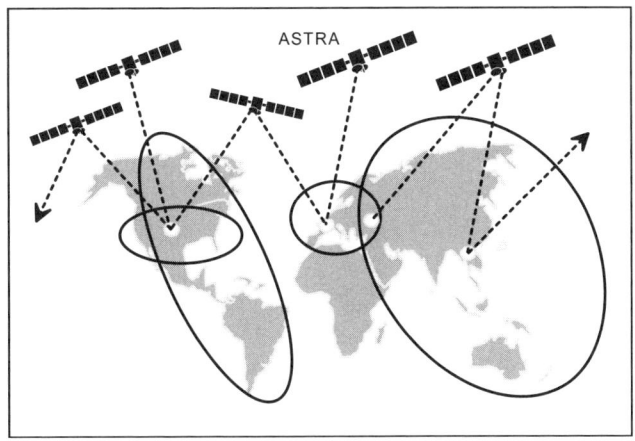

Bild 1.13.

telliten in ihre geostationäre Position, die zusätzlich Multimedia- und Internetdienste anbieten. Zum Beispiel hat ASTRA einige Satelliten auf 28,2° Ost stationiert, um die Übertragungskapazitäten zu erhöhen und um von dieser Position aus schwerpunktmäßig England, Schottland und Irland digital zu versorgen.

Vor einigen Jahren hat SES-ASTRA eine Beteiligung an Asia-Sat, dem führenden asiatischen Satellitenbetreiber, erworben. Hinzu kommen Beteiligungen an der skandinavischen Nordic Satellite Company (NSAB, Sirius Satelliten) und am brasilianischen Satellitensystem Embratel Satellite Division in Süd- und Mittelamerika. Auch für Nordamerika wird Entsprechendes angestrebt, so dass ASTRA mit seinen Partnern über ein Satellitennetz verfügt, das der gesamten zivilisierten Weltbevölkerung globale Verbindungen für Nachrichtenübertragung und Online-Inhalte sowie für interaktive Breitband-Kommunikation anbieten kann, die auch für Privatpersonen nutzbar sind (Bild 1.13).

Anfang 2000 hat die SES eine ASTRA-NET-kompatible Multimedia-Plattform in Hongkong installiert. Sie wird die digitalen Übertragungskapazitäten von AsiaSat nutzen. Um das entstehende interkontinentale Verteilsystem für IP-Inhalte weiter auszubauen, werden zusätzliche Multimedia-Plattformen auf ASTRA-NET-Basis in mehreren Regionen der Welt errichtet. Damit entsteht ein Kommunikationssystem für Service-Provider, die auf globaler Ebene Lösungen für die nahtlose Zuführung und Verteilung von Daten über Satellit realisieren können.

1. Allgemeines

Mit der vorhandenen digitalen Einzel-ASTRA-Sat-Anlage, die von 19,2° Ost digitale TV- und Radioprogramme empfängt, kann ein T-DSL-Internetzugang via Satellit geschaffen werden. Eventuell muss nur der Universal-Einzel-LNB gegen einen Universal-Doppel-LNB ausgetauscht werden, um TV und Internet parallel empfangen zu können (Bild 1.14). Auch über eine Satelliten-Gemeinschaftsantennenanlage ist T-DSL problemlos möglich, wenn die verwendeten Systemkomponenten der Anlage (Schüssel, Universal-LNB, Multischalter und Verteiler) den digitalen Empfang der Orbitalpositionen 19.2° Ost zulassen. Da die Ausleuchtzone (Footprint) des betreffenden ASTRA-Satelliten geografisch nicht nur das gesamte Bundesgebiet erfasst, gibt es prinzipiell keine Versorgungslücken in Deutschland für T-DSL via Satellit.

Für die Nutzung von T-DSL via Satellit benötigen Sie die folgende, oft schon vorhandene Ausstattung:

- Einen T-Net- oder T-ISDN-Anschluss der Deutschen Telekom als primäre Verbindung zum Internet und als Rückkanal zum Satellit. Grundsätzlich kann man als Internetzugang für T-DSL via Satellit jeden Internet Service Provider (ISP) nutzen.

- Eine DVB-S-PC-Karte oder eine DVB-S-USB-Box für Ihren PC-Zugang zum Internet über einen Internet-Service-Provider, der das bei T-DSL via Satellit verwendete Übertragungsprotokoll PPP (Point-to-Point-Protocol) unterstützt.

Für das Highspeed-Surfen mit T-DSL via Satellit sollte Ihr PC folgende Systemvoraussetzungen erfüllen:

- Mindestens Pentium III, 500 MHz oder gleichwertiger Prozessor mit 64 oder mehr MByte RAM (Arbeitsspeicher).

- Betriebssystem Windows 98, 2000, XP.

- Einen freien PCI-2.1-Steckplatz oder USB-Port oder eine ISDN-Karte.

- Ein CD-ROM-Laufwerk.

- Mindestens 30 MByte freien Festplattenspeicher.

- Microsoft Internet-Explorer 5.x oder höher bzw. einen vergleichbaren Browser.

- Direct-Draw-kompatible PCI- oder AGP-Grafikkarte (mit Hardware Video-Overlay).

- DirectX 7 oder höhere PCI-Soundkarte.

Internet über Satellitenempfang

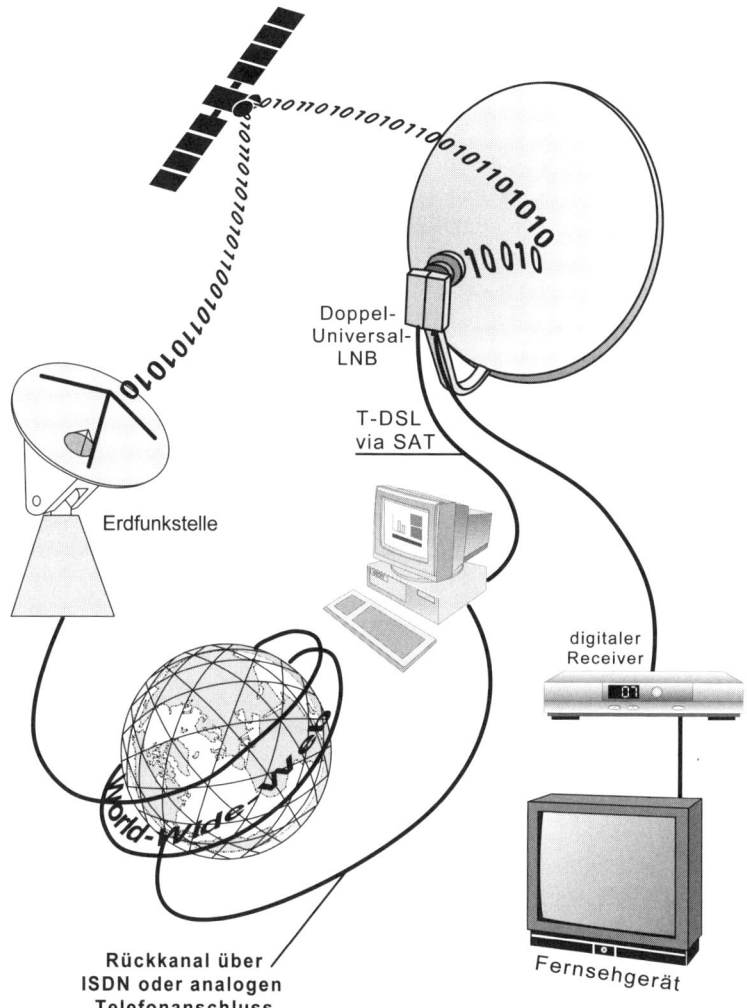

Doppel-
Universal-
LNB

T-DSL
via SAT

Erdfunkstelle

digitaler
Receiver

**Rückkanal über
ISDN oder analogen
Telefonanschluss**

Fernsehgerät

Bild 1.14.

Mit dem RealPlayer kann man Audio- bzw. Videoströme über T-DSL via Satellit abrufen, nachdem folgende zwei Einstellungen getätigt wurden: Wählen Sie dazu im RealPlayer unter dem Menü „Ansicht" den Menüpunkt „Einstellungen". Anschließend gehen Sie auf „Transportprotokoll-Reiter". Klicken Sie dann auf

„Dieses Protokoll verwenden". Danach öffnen Sie durch Klicken auf „RTSP-Einstellungen" das Fenster „RTSP-Übertragungseinstellungen". Aktivieren Sie „Nur HTTP verwenden". Schließen Sie das Fenster „RTSP-Einstellungen" und öffnen Sie durch einen Klick auf „PNA-Einstellungen" das Fenster „PNA-Übertragungseinstellungen" und aktivieren Sie auch hier „Nur HTTP verwenden".

Die Internet-Satellitenbeschleunigung lässt sich beliebig zu- und abschalten. Wenn Sie zum Beispiel nur bei längeren Downloads auf Satelliten zugreifen möchten, klicken Sie das Icon der Zugangssoftware für T-DSL via Satellit und aktivieren mit der rechten Maustaste „Satellit" an. Durch Doppelklick erreichen Sie einen Umschalteffekt, der auch visuell signalisiert, ob eine Satellitenverbindung besteht.

Um die optimale Satelliten-Downloadgeschwindigkeit zu erreichen, muss man den Downloadmanager dementsprechend einstellen. Bei Programmen, die Proxyeinstellungen unterstützen, muss Folgendes eingestellt werden: Adresse 127.0.0.1, Port 9202. Dann setzt man noch die beiden Haken bei FTP-Standard und HTTP-Standard sowie für alle Downloads „Standard-Proxy" verwenden.

1.5 Was ist günstiger?
Kabelanschluss oder Satellit?

Das Leben wird immer teuerer in Deutschland, und viele müssen trotz ständig steigender Preise Einkommens-Kürzungen hinnehmen oder werden gar arbeitslos und müssen von noch weniger Geld ihren Lebensunterhalt finanzieren. In unserem Staat steigen die Kosten überall. Das Benzin, die Steuern, Renten-, Kranken- und Arbeitslosenversicherung schießen in die Höhe. Natürlich ist hier auch das Kabelfernsehen mit von der Partie. Man kann schon fast nicht mehr hinsehen, bei einem Preis von ca. 15,– Euro monatlich, den die großen Kabel-Netzbetreiber wie zum Beispiel „ish", „Kabel Deutschland" und „iesy" für ihren Anschluss berechnen.

Kein Wunder, dass sich viele überlegen „müssen", wo, wie und bei was sie sparen können. Den Steuererhöhungen stehen wir nahezu machtlos gegenüber. Doch die Preiserhöhungen für den Kabelfernsehanschluss muss keiner hinnehmen. Die analogen Sat-Anlagen werden heute als Komplett-Set für 50,– Euro fast schon verschenkt, und eine komplette digitale Sat-Anlage für einen Teilnehmer ist bereits für ca. 150,– zu haben. Das heißt, die Kosten bzw. die Montage einer Satelliten-Empfangsanlage amortisieren sich innerhalb weniger Monate. Es entstehen zwar einmalig geringe Kosten für den Satellitenempfang, dafür müssen Sie aber nie wieder für das Kabel zahlen. Darüber hinaus steht mit dem digitalen Satelliten-Fernsehen ein wesentlich größeres Programmangebot in guter Qualität zur Verfügung. Der digitale Sat-Empfang besticht nicht nur durch sein brillantes Bild, sondern auch bei schlechten Wetterlagen ist immer ein unverändert guter und hervorragender Empfang möglich. Dagegen können sich bei starken Niederschlägen im Bild von analogen Sat-Anlagen „Fischchen" zeigen, oder der Ton fängt an zu rauschen.

Noch günstiger wird die Anschaffung einer digitalen Sat-Anlage, wenn sich mehrere Familien zusammenschließen und gemeinsam eine digitale Mehrteilnehmer-Satellitenempfangsanlage kaufen und selbst installieren.

Viele Interessenten haben früher den digitalen Satellitenempfang gleichgestellt mit dem Bezahlfernsehen Premiere (usw.) und dachten, digitales Satelliten-Fernsehen verursache nur zusätzliche Kosten. Es ist richtig, dass auf den digitalen Satelliten-Transpondern viele verschlüsselte Programme zur Erde gelangen, für die man extra zahlen muss, wenn man sie unverschlüsselt zu Gesicht bekommen will. Viele wissen aber nicht, dass über 400 Free-to-air-Programme (FTA), also frei empfangbare und kostenlose digital übertragene Programme, aus 36.000 km Höhe zu uns ins Haus kommen, die alle mit einer verhältnismäßig preisgünstigen digitalen Sat-Anlage empfangbar sind. Wer einen Receiver benötigt, der zusätzlich verschlüsselte Programme empfangen kann, muss natürlich etwas tiefer in die Tasche greifen, nicht nur wegen den Abo-Gebühren der codierten Programme, sondern auch weil ein Receiver, der für das Bezahlfernsehen geeignet ist, höhere Kosten verursacht als ein reiner FTA-Receiver.

Wie Sie Geld sparen können und digitale Sat-Anlagen selber planen, montieren und ausrichten, ist in den nachfolgenden Seiten sehr ausführlich beschrieben. Darüber hinaus ist unter Antennenerdung erklärt, wie man den teuren und meist nicht richtig funktionierenden „Blitzschutz" bzw. Erdanschluss der Sat-Antenne vermeiden kann. Wer sich aber dennoch intensiver mit dem Thema Blitz- und Überspannungsschutz befassen muss, fin-

I. Allgemeines

det viele Antworten auf seine Fragen im Elektor-Praxisbuch „Blitzschutz, Realisierbarkeit und Grenzen", in dem wirkungsvolle sowie preisgünstige Schutzmaßnahmen sehr ausführlich erläutert sind.

2. Planung

2.1 Auswahl des Montageortes und Peilung des Satelliten

Bevor Sie eine Sat-Anlage planen, sollte sichergestellt sein, ob der Empfang des gewünschten Satelliten möglich ist. Wohnen Sie in einem frei stehenden Einfamilienhaus, gibt es in der Regel viele verschiedene Stellen, die sich gut für die Montage einer Sat-Antenne eignen (Bild 2.1). Gehören Sie jedoch zu den 90 %, die in Deutschland in einem Mehrfamilienhaus mit dicht bebauter Umgebung wohnen, kann es sein, dass ein Hindernis die freie Sicht zu den Satelliten versperrt. Die schnellste und einfachste Methode festzustellen, ob ein Empfang möglich ist, sind Sat-Antennen, die in Ihrer Nachbarschaft montiert wurden. Die meisten Schüsseln in Deutschland sind auf das Astra-System ausgerichtet. Haben Sie eine völlig freie Sicht in die Richtung, in die viele Sat-Antennen Ihrer Nachbarn zeigen, kann der Aufwand für die Peilung entfallen.

Besteht die zuvor beschriebene Möglichkeit nicht, müssen Sie die Position des Satelliten ermitteln. Die Suche wird durch das Bild 2.1 erleichtert. Sie legen einen Kompass auf die im Bild dargestellte Windrose und richten ihn übereinstimmend mit der

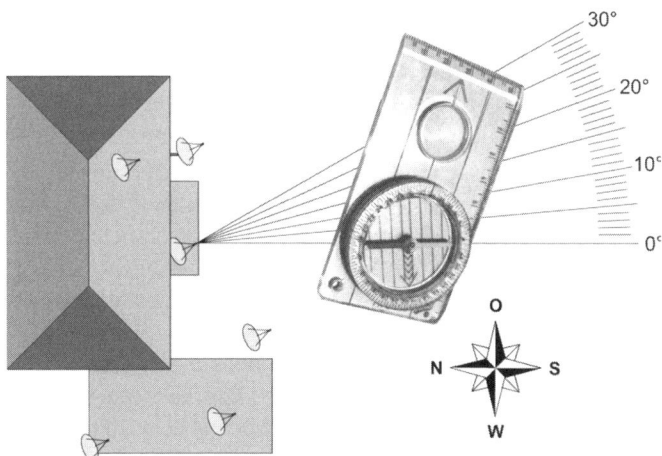

Bild 2.1.

2. Planung

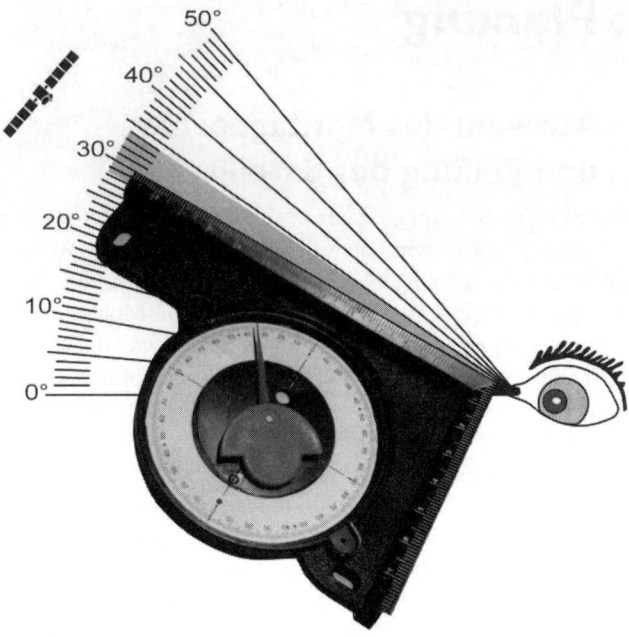

Bild 2.2.

Südrichtung der Windrose aus. Über der Windrose befindet sich eine Gradskala, in die Sie den Azimutwinkel (Richtungswinkel) für Ihren Wohnort eintragen können. Der Azimutwinkel, der für das Anpeilen des Satelliten maßgebend ist, hat mit der Gradangabe der Satellitenposition nur wenig zu tun. Die Angabe 13° Ost, z.B. für den Fernmeldesatelliten HOT BIRD, bezieht sich nur darauf, dass sich HOT BIRD am Äquator (Breitengrad 0) über dem dreizehnten Längengrad befindet.

Einfacher als die Suche in einer Tabelle ist das Festlegen der Azimut- und Elevationswinkel, für den Satelliten ASTRA, mit Hilfe der Bilder 2.3 für Deutschland, 2.4 für Österreich, 2.5 für die Schweiz und 2.6 für Holland. Sie legen Ihr Wohngebiet fest und nehmen aus dem Bild die Gradzahl der senkrecht und waagrecht verlaufenden Linien, die sich am nächsten an Ihrem Wohnort befinden. Die auf diesem Weg ermittelte Azimutgradzahl können Sie als groben Richtwert in die Gradskala von Bild 2.1 eintragen. Anschließend wird die Windrose auf dem Bild 2.1 mit dem Kompass ausgerichtet und die Himmelsrichtung, in der sich der Satellit befindet, bestimmt. Wer mehrere Satelliten empfan-

2.1 Auswahl des Montageortes und Peilung des Satelliten

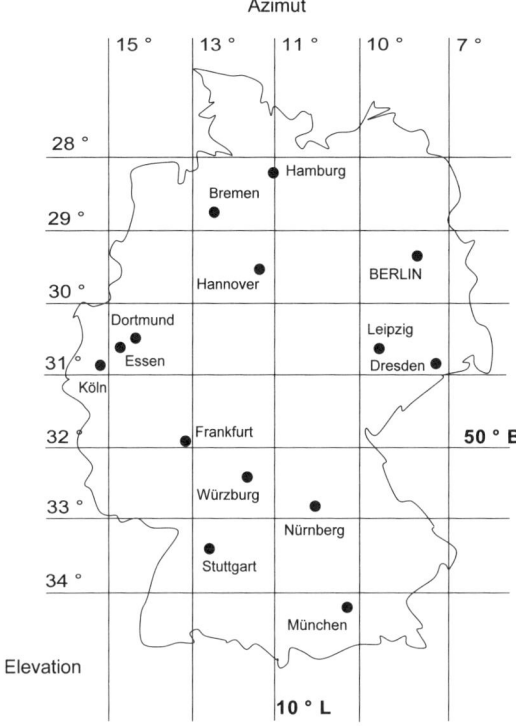

Bild 2.3.

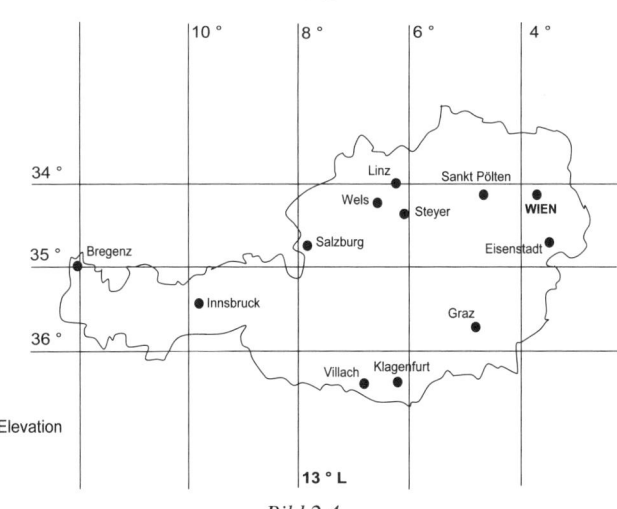

Bild 2.4.

2. Planung

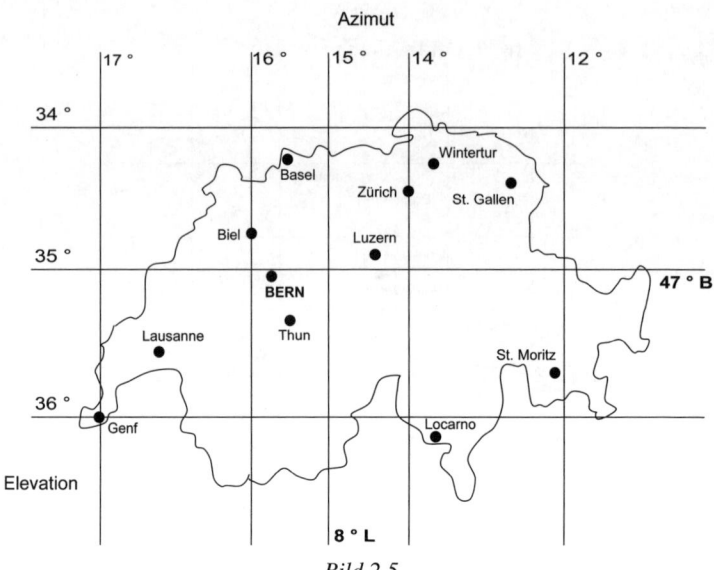

Bild 2.5.

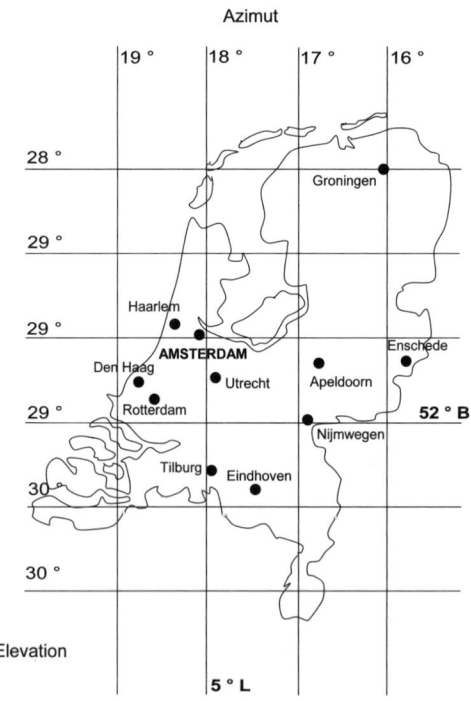

Bild 2.6.

gen möchte, sollte darauf achten, dass im gesamten Bereich der Gradskala freie Sicht zu den Satelliten besteht. Weiterhin ist zu beachten, dass kein Baum die freie Bahn zum Satelliten versperrt. Errichten Sie zum Beispiel die Sat-Anlage im Winter, Frühjahr oder Spätherbst, kann es sein, dass ein Laubbaum die Bahn zum Satelliten versperrt, der Empfang aber möglich ist, da der Baum keine Blätter trägt (Bild 2.7). Mit zunehmender Belaubung nimmt im Frühjahr die Empfangsqualität ab, und im Sommer kann eventuell die Verbindung zum Satelliten vollständig abbrechen. Sie sollten auch darauf achten, dass kein Baum unterhalb der Bahn steht, denn Bäume wachsen meist sehr schnell und behindern oder unterbrechen mit zunehmender Größe die freie Empfangsstrecke.

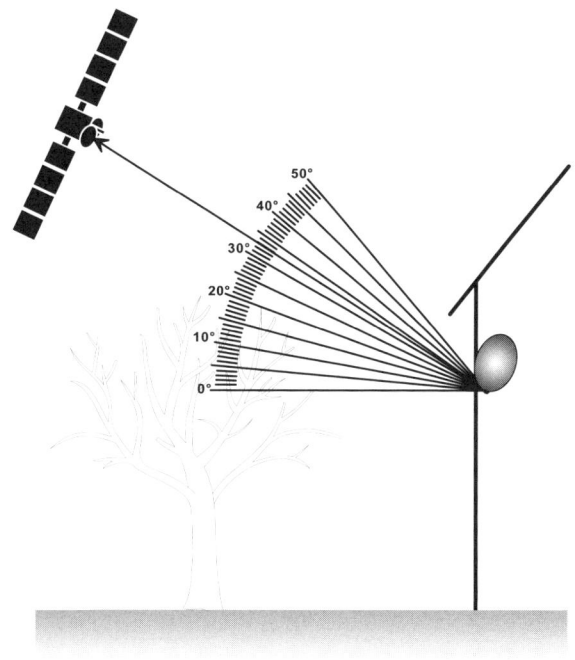

Bild 2.7.

Die zuvor ermittelte Gradzahl für den Azimutwinkel von AS-TRA lässt Rückschlüsse auf den Azimutwinkel für andere Satelliten zu, zum Beispiel befindet sich HOT BIRD mit Orbitposition 13° Ost entsprechend der geografischen Lage Ihres Wohnortes ca. 6 bis 8° südlicher als ASTRA mit seiner Orbitposition 19,2° Ost (Bild 2.8).

Nachdem die Himmelsrichtung für den Empfang des ausgewählten Satelliten gekennzeichnet ist, können Sie mit dem Elevationswinkel (Erhebungswinkel) die genaue Position des Satelliten festlegen. Über den Erhebungswinkel können Sie den Satelliten mit einer Schablone, die Sie aus Pappkarton angefertigt haben, genau anpeilen. Als Vorlage für die Schablone kann die Gradskala von Bild 2.2 dienen. Stellt man die Schablone auf eine Wasserwaage, die waagrecht gehalten in die zuvor markierte Himmelsrichtung zeigt, kann der Satellit genau anvisiert werden. Alternativ zu einer selbst gebauten Schablone kann ein Erhebungswinkelmesser zum Einsatz kommen, der mit einer

2. Planung

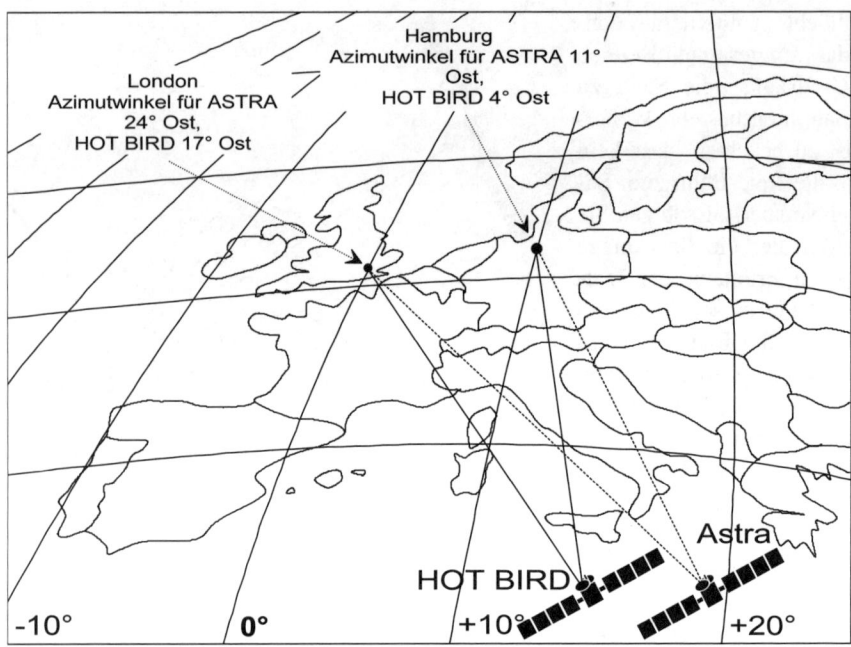

London
Azimutwinkel für ASTRA
24° Ost,
HOT BIRD 17° Ost

Hamburg
Azimutwinkel für ASTRA 11°
Ost,
HOT BIRD 4° Ost

Astra

HOT BIRD

-10°   0°   +10°   +20°

Bild 2.8.

Wasserwaage kombiniert ist (Bild 2.9). Derartige Werkzeuge sind für wenig Geld zum Beispiel im Bau- oder Kaufmarkt erhältlich. Die ermittelte Elevationsgradzahl für ASTRA kann als grober Richtwert auch für andere Satelliten angewendet werden, wenn sie nicht zu weit von der ASTRA-Position entfernt sind.

Der Unterschied des Erhebungswinkels beim Ausrichten der Sat-Antenne auf einen anderen nahe gelegenen Satelliten ist abhängig von der geografischen Lage und beträgt meist nur wenige zehntel Grad. Zum Beispiel ist der Erhebungswinkel für ASTRA in Berlin 29,7° und für HOT BIRD 29,9°. Die 0,2° Unterschied sind vernachlässigbar gering. Der Erhebungswinkelbereich für die Eutelsat- und ASTRA-Satelliten liegt für Deutschland zwischen 28° und 34° (Bild 2.2).

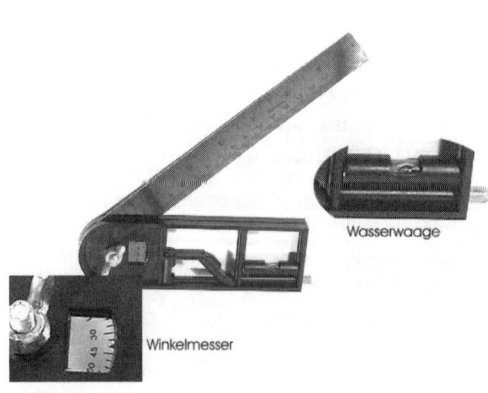

Wasserwaage

Winkelmesser

Bild 2.9.

2.1 Auswahl des Montageortes und Peilung des Satelliten

Der Montageaufwand und die Kosten halten sich gering, wenn ein Montageort möglich ist, der sich in unmittelbarer Nähe des Fernsehgerätes befindet. Die Montage innerhalb eines Balkons sollten Sie bevorzugen, weil ein überdachter Balkon die Sat-Antenne vor Witterungseinflüssen schützt und auch die auftretenden Windkräfte durch den geschützten Raum innerhalb des Balkons meist abgeschwächt werden. Darüber hinaus ist ein Drehen der Antenne per Hand sehr bequem möglich, und bei einer Reparatur oder Nachrüstung kommt man meist problemlos an die Sat-Antenne heran. Ein weiterer Grund für die Montage innerhalb des Balkons ist die Optik. Eine Schüssel, die am Balkonboden aufgebaut ist, fällt nur wenig auf und ist eventuell für Passanten nicht zu sehen.

Eine weitere Montagemöglichkeit bietet das Antennenstandrohr, an dem die terrestrischen Antennen angebracht sind. Selbst wenn kein ausreichender Platz am Antennenstandrohr vorhanden ist, lohnt sich der Aufwand, die Abstände der terrestrischen Antennen zu verringern oder die Antennen nach oben zu schieben. Zu beachten ist beim Verringern der Abstände, von einer terrestrischen Antenne zur anderen, als Mindestabstand von An-

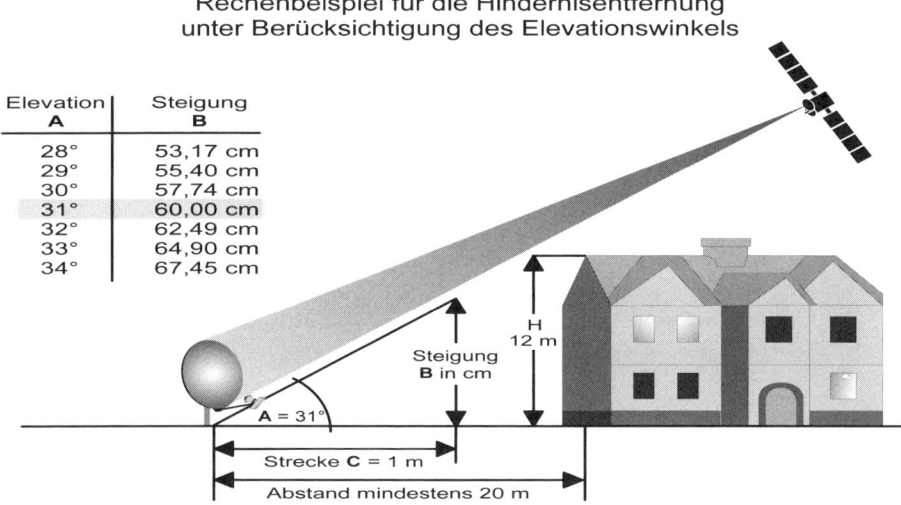

Rechenbeispiel für die Hindernisentfernung unter Berücksichtigung des Elevationswinkels

Elevation A	Steigung B
28°	53,17 cm
29°	55,40 cm
30°	57,74 cm
31°	60,00 cm
32°	62,49 cm
33°	64,90 cm
34°	67,45 cm

H 12 m

Steigung B in cm

A = 31°

Strecke C = 1 m

Abstand mindestens 20 m

Beispiel: Bei einem Elevationswinkel A von 31° ergibt sich für die Strecke C = 1 m eine Höhe B von 0,6 m. Ist das Hindernis 12 m hoch, so muss ein Abstand von (20 x 0,6) 20 m eingehalten werden.

Bild 2.10.

tenne zu Antenne die doppelte Dipollänge einzuhalten, damit die Qualität des terrestrischen Empfangs nicht beeinträchtigt wird. Da nahezu alle deutschsprachigen TV-Programme – bis auf einige wenige Regionalprogramme – via Satellit empfangbar sind, können Sie die terrestrischen Antennen auch demontieren, wenn der Platz für die Montage der Sat-Antenne nicht ausreicht. Voraussetzung dafür ist natürlich, dass Sie auf den Empfang der eventuell vorhandenen Regionalprogramme verzichten können. Mit der Demontage sparen Sie den Material- und Zeitaufwand

Berechnungsbeispiel

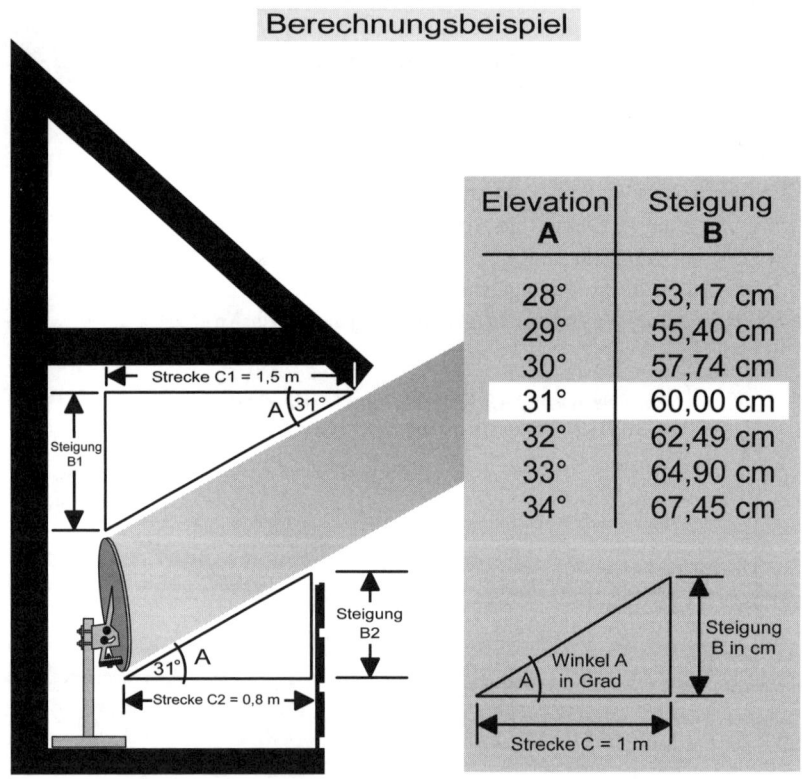

Elevation A	Steigung B
28°	53,17 cm
29°	55,40 cm
30°	57,74 cm
31°	60,00 cm
32°	62,49 cm
33°	64,90 cm
34°	67,45 cm

Beispiel (oben): Bei einem Elevationswinkel von 31° und einer Strecke C1 von 1,5 m muss die Steigung B1 mindestens (1,5 x 0,6) 0,9 m betragen.

Beispiel (unten): Bei einem Elevationswinkel von 31° und einer Strecke C2 von 0,8 m muss die Steigung B2 mindestens (0,8 x 0,6) 0,48 m betragen.

Bild 2.11.

für die Montage eines Antennenstandrohres und können meist das vorhandene Koaxialkabel für den digitalen Satellitenempfang verwenden.

Allerdings gibt es einen Grund, der dafür spricht, den terrestrischen Empfang weiter zu betreiben. Der Sat-Empfang, kombiniert mit terrestrischem Empfang, bringt den Vorteil, dass Sie ein beliebiges der terrestrisch empfangbaren Programme ansehen und gleichzeitig ein über Satellit empfangbares Programm mit dem Videorecorder aufzeichnen können. Das funktioniert natürlich auch umgekehrt.

Da eine hundertprozentig genaue Peilung nur mit sehr großem Aufwand gelingt, sollten Sie einen Antennenstandort vermeiden, bei dem die ermittelte Empfangsstrecke nur geringe Abstände zu eventuellen Hindernissen aufweist.

Auch in elektrotechnischen Normen kann man nützliche Hinweise für eine fachgerechte Antennenmontage finden. In der DIN (Deutsches Institut für Normung) 18015 Teil 1 – Elektrische Anlagen in Wohngebäuden – Planungsgrundlagen, steht: Der Standort der Antennen ist nach optimaler Nutzfeldstärke, geringsten Störeinflüssen (z.B. Reflexionen), mit möglichst großem Abstand zu Störquellen (z.B. Aufzugsmaschinen), sicherer Montagemöglichkeit und leichtem Zugang zu bestimmen. Der erforderliche Sicherheitsabstand zu Starkstromfreileitungen ist einzuhalten, und der Zugang zu Schornsteinen oder Abluftgebläsen darf durch Antennen nicht behindert oder beeinträchtigt werden (usw).

2.2 Was wird für den digitalen Direktempfang benötigt?

Eine Sat-Direktempfangsanlage (Bild 2.12) besteht immer aus den zwei Systemkomponenten Außen- und Inneneinheit. Die Außeneinheit (Bild 2.13) bildet im Normalfall ein Parabol- oder Offsetreflektor mit ca. 50 bis 60 cm Durchmesser, der die vom Satelliten kommenden elektromagnetischen Wellen zu einem Brennpunkt konzentriert. An diesem Brennpunkt befindet sich ein für den digitalen Satellitenempfang geeigneter Universal-LNB (Bild 2.14), der die elektromagnetischen Wellen empfängt, verstärkt, umsetzt und über ein Koaxialkabel an die Inneneinheit, den digitalen Sat-Receiver (Bild 2.15) weiterleitet.

2. Planung

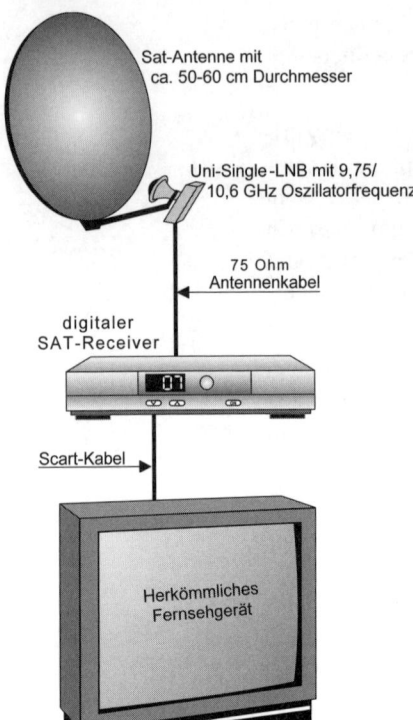

Sat-Antenne mit
ca. 50-60 cm Durchmesser

Uni-Single-LNB mit 9,75/
10,6 GHz Oszillatorfrequenz

75 Ohm
Antennenkabel

digitaler
SAT-Receiver

Scart-Kabel

Herkömmliches
Fernsehgerät

Bild 2.12.

Bild 2.13.

Universal-Single-LNB

Bild 2.14.

Der Receiver versorgt den vorhandenen herkömmlichen Fernseher über ein Koaxial- oder Scart-Verbindungskabel mit den digitalen Satellitenprogrammen. Ihre Ohren werden Augen machen, wenn Sie den digitalen Sat-Receiver zusätzlich an die Stereoanlage anschließen und somit eine Vielzahl von frei empfangbaren Volks-, Rock-, Pop-, Klassik- oder Jazzmusik-Radioprogrammen in kristallklarer CD-Qualität hören können.

Bild 2.15.

Wie jede andere technische Einrichtung sollte auch eine Sat-Anlage sorgfältig geplant werden, wenn man sich unnötigen Ärger und doppelte Kosten ersparen will. Die nachfolgenden Seiten sollen Sie bei der Sat-Anlagenplanung so unterstützen, dass Sie die erfolgreiche Montage einer digitalen Satellitenempfangsanlage mit geringem Aufwand und bescheidenen Kosten realisieren können.

2.3 LNBs und Schüsseln für den digitalen Satellitenempfang

Grundvoraussetzung für den Empfang von digitalen Satellitenprogrammen ist ein LNB, der einen Eingangsfrequenzbereich von 11,7 bis 12,75 GHz aufweist. Üblicherweise verwendet man für den digitalen Empfang bei Einzelanlagen Universal-Single-LNBs (Bild 2.16), die mit dem 22-kHz-Signal vom niedrigen, analogen Frequenzband (10,7 bis 11,8 GHz) auf das hohe, digitale Frequenzband umgeschaltet werden können. Das heißt, mit dem Universal-LNB sind nicht nur die neuen digitalen, sondern auch nach wie vor die alten analogen Satellitenprogramme empfangbar. Es gibt folgende entscheidende technische Merkmale, die zur Auswahl eines LNBs für den digitalen Satellitenempfang maßgebend sind.

1. Eingangsfrequenz

Die Eingangsfrequenz ist der Frequenzbereich, der vom LNB empfangen, umgesetzt und verstärkt wird. Bei der Eingangsfrequenz unterscheiden wir zwischen dem niedrigen Frequenzbereich (Low) von 10,7 bis 11,7 GHz, in dem die analogen TV- und Radioprogramme empfangbar sind, und dem hohen Frequenzbereich (High) von 11,7 bis 12,75 GHz, in dem die digital übertragenen Programme zur Erde gelangen.

2. Oszillatorfrequenz

Mit Hilfe der Oszillatorfrequenz (LOF), bzw. des im LNB integrierten Oszillators, wird der Eingangsfrequenzbereich in den Ausgangsfrequenzbereich (Sat-Zwischenfrequenzbereich) umgesetzt. Alte analoge LNBs besitzen nur eine Oszillatorfrequenz (9,75 GHz oder 10 GHz). Die für den digitalen Sat-Empfang zumeist verwendeten Universal-LNBs hingegen verfügen über zwei Oszillatorfrequenzen (9,75 und 10,6 GHz). Aufgrund der zwei Oszillatorfrequenzen können Sie mit einem Universal-LNB mehr Programme übertragen und nicht nur die digitalen, sondern auch die herkömmlichen analogen Programme empfangen, die im unteren Frequenzbereich liegen. Zutreffender oder zumindest für den Laien verständlicher wäre vermutlich die Bezeichnung analog/digital-LNB.

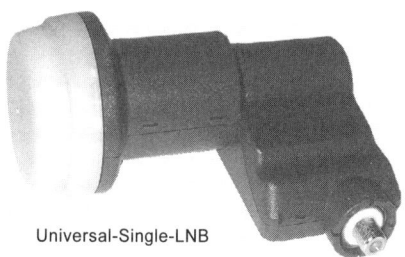

Universal-Single-LNB

Bild 2.16.

3. Ausgangsfrequenz

Die Ausgangsfrequenz ist der Frequenzbereich (Sat-Zwischen-frequenzbereich), der über die Koaxleitung dem Sat-Receiver zugeführt wird. Die alten ZF-Frequenzbereiche für den analogen Empfang liegen bei 950 bis 1.750 MHz bzw. 950 bis 2.050 MHz. Der moderne digitaltaugliche Universal-LNB verfügt heute über zwei Zwischenfrequenzbereiche, in denen die Übertragung vom Uni-LNB zum Sat-Receiver stattfindet. Der untere Ausgangsfre-quenzbereich liegt zwischen 950 bis 1.950 MHz, der obere Bereich wird zwischen 1.100 bis 2.150 MHz übertragen.

4. Rauschmaß

Ein Rauschmaß von 0 dB bedeutet völlige Rauschfreiheit, theo-retisch bester Wert, der in der Praxis nicht zu erreichen ist. Das Rauschen ist unmittelbar von der Temperatur abhängig. Nur bei −273,15 °Celsius (0 Kelvin) wäre ein Rauschmaß von 0 dB mög-lich. Ein guter Wert für das Rauschmaß von digitalen LNBs sind 0,8 dB. Kleiner werdende Werte erlauben den Einsatz von klei-neren Schüsseldurchmessern. Neben den technischen Merkma-len gibt es mehrere anwendungsspezifische Eigenschaften, die bei der Auswahl eines geeigneten LNBs entsprechend dem An-wendungsfall zu berücksichtigen sind. Hier wird zwischen den in Bild 2.17 gezeigten und gebräuchlichsten Arten von LNBs (Single, Twin, Quatro, Quad, Quatro switchable) unterschieden.

1. Universal-Single-LNB
    Wie der Name bereits sagt, ist der LNB nur für Einzelanlagen geeignet. Mit einer Steuerspannung von zum Beispiel 14/18 Volt DC oder für vertikalen Empfang 12 bis 14 Volt DC und für horizontalen Empfang 16 bis 19 Volt DC wird der LNB von der horizontalen auf die vertikale Polarisation umge-schaltet. Gleichzeitig erhält der LNB über das Koaxialkabel seine Versorgungsspannung, die nach dem Einschalten des Receivers am LNB anliegt. Das gilt auch für den digitaltaug-lichen Universal-Single-LNB, nur mit dem Unterschied, dass dieser LNB das hohe und das niedrige Frequenzband emp-fangen kann und die Umschaltung, vom unteren zum oberen Frequenzband und umgekehrt, zum Beispiel über ein 22-KHz-Signal erfolgen kann, das der Receiver durch die Betä-tigung der entsprechenden Taste an der Receiver-Fernbedie-nung zum LNB sendet.

2.3 LNBs und Schüsseln für den digitalen Satellitenempfang

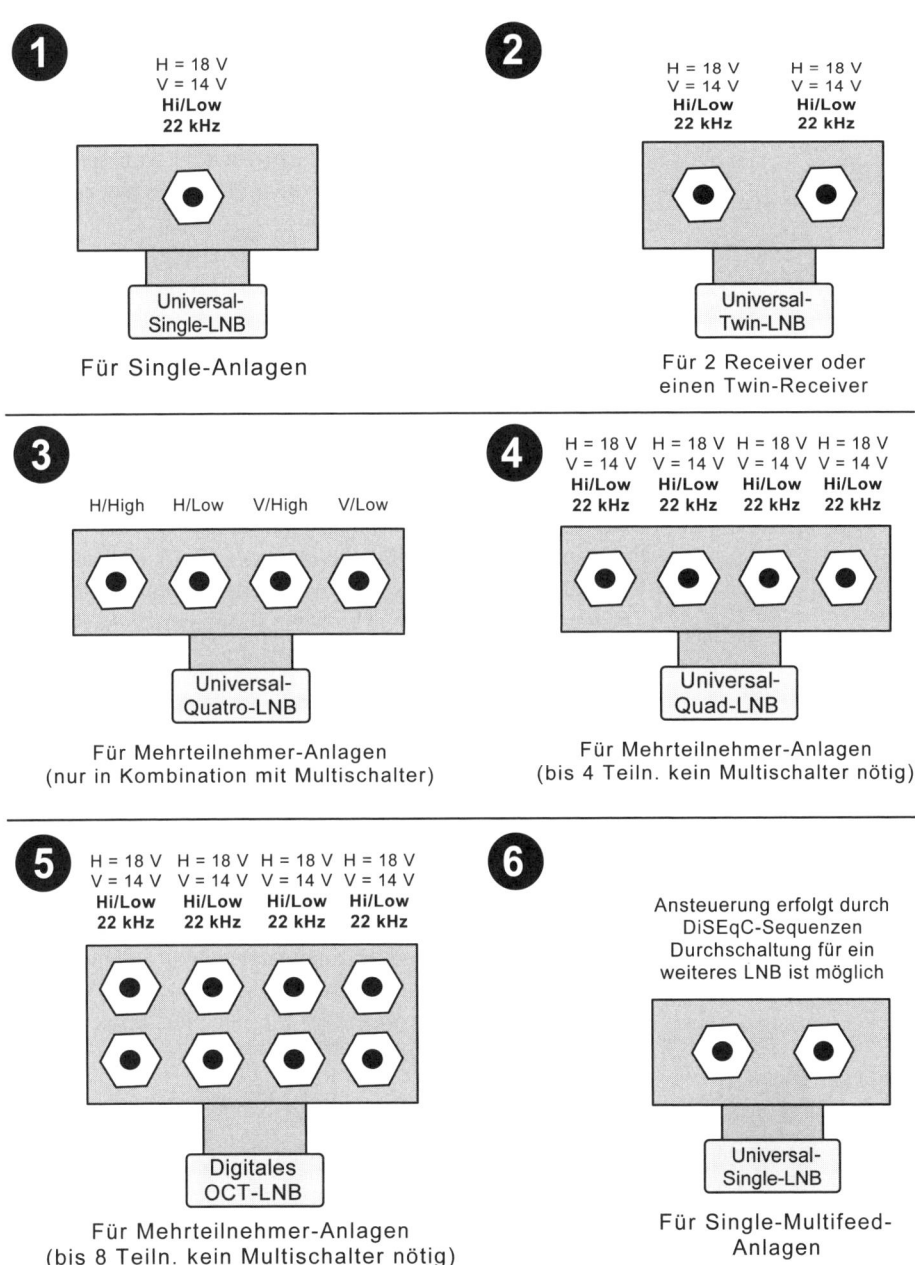

Bild 2.17.

2. Universal-Twin-LNB

   Der Universal-Twin-LNB besteht aus zwei Universal-Single-LNBs, die sich in einem gemeinsamen Gehäuse befinden. Es können zwei Sat-Receiver oder ein Twin-Sat-Receiver direkt angeschlossen werden. Die Umschaltung von der horizontalen auf die vertikale Polarisation erfolgt an jedem Ausgang über die Steuergleichspannung, und das Umschalten vom unteren zum oberen Frequenzband erfolgt meist – wie beim Universal-Single-LNB – mit dem 22-kHz-Signal (Bild 2.18).

3. Universal-Quatro-LNB

   Der Universal-Quatro-LNB ist nur in Kombination mit einem Multischalter einsetzbar, der vier Eingänge aufweist. Jeder der vier LNB-Ausgänge überträgt eines der folgenden Signale: Unteres Frequenzband horizontal, unteres Frequenzband vertikal, oberes Frequenzband horizontal und oberes Frequenzband vertikal. Solche Quatro-LNBs kommen zum Beispiel für den Aufbau von Mehrteilnehmeranlagen zum Einsatz, die etwa für den Anschluss von maximal 12 Receivern oder 6 Twin-Receivern geeignet sind.

4. Universal-Quad-LNB bzw. Quatro-switchable-LNB

   Dieses LNB ist ideal, wenn nicht mehr als vier Receiver (Bild 2.19) oder zwei Einzel-Receiver und ein Twin-Receiver oder zwei Twin-Receiver anzuschließen sind. Jeder Einzelne der vier Ausgänge kann das untere und obere Frequenzband der horizontal und vertikal empfangenen Programme übertragen. Der Anschluss der Receiver an den LNB erfolgt direkt, ohne dass der Einsatz von Multischaltern erforderlich ist. Bei der Verwendung von geeigneten Multischaltern ist mit diesem LNB auch der Betrieb einer Mehrteilnehmeranlage mit mehr als nur vier Teilnehmern möglich.

5. Digitales OCT-LNB für max. acht Teilnehmer

   Das OCT-LNB ist vergleichbar mit einem LNB, das aus zwei Quatro-switchable-LNBs besteht. Mit diesem LNB können acht Teilnehmer unabhängig voneinander analoge und/oder digitale TV- sowie Radioprogramme empfangen.

Bild 2.18.

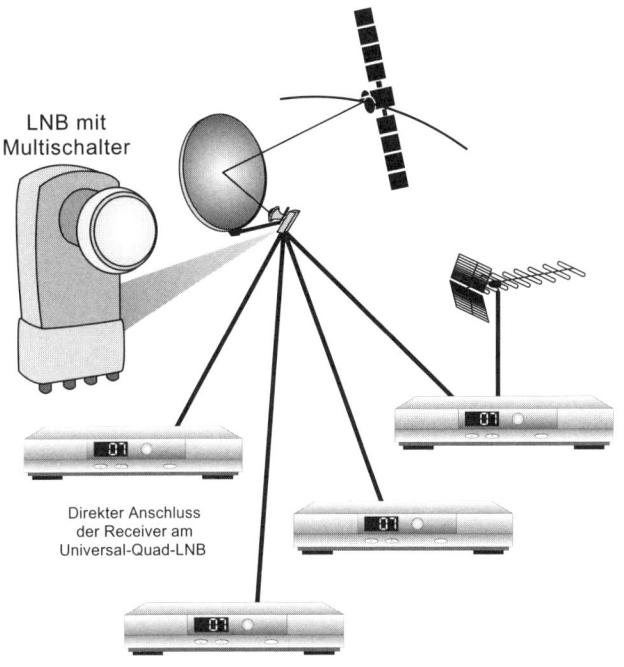

LNB mit
Multischalter

Direkter Anschluss
der Receiver am
Universal-Quad-LNB

Bild 2.19.

6. Universal-LNB mit DiSEqC-Matrix
    Für den digitalen Empfang von zwei Satellitensystemen zum
    Beispiel Astra 19,2° und HOT BIRD auf 13° mit einer Ein-
    zelempfangsanlage ist das 22-kHz-Signal für das Umschal-
    ten von LNB 1 auf LNB 2 erforderlich. Das heißt, das 22-
    kHz-Signal steht für das Umschalten vom unteren auf das
    obere Frequenzband nicht mehr zur Verfügung. Aus diesem
    Grund eignet sich ein LNB mit digitalem Steuersystem (Di-
    SEqC) besonders gut für den genannten Anwendungsfall
    (Bild 2.20). Die Umschaltung vom unteren auf das obere
    Frequenzband sowie die Umschaltung der Polarisationsebe-
    ne erfolgt hier nicht über Steuerspannungen oder über
    22 kHz und ähnlichen Signalen, sondern über eine digitale
    Steuerung, deren Anwendungsmöglichkeiten weit über die
    bezeichneten Umschaltmöglichkeiten hinausgehen. In der
    Regel wird für eine Multifeed-Anlage das DiSEqC-LNB für
    den Empfang von Astra als so genanntes „schielendes LNB"
    eingesetzt, und für den Empfang von HOT BIRD ist ein nor-

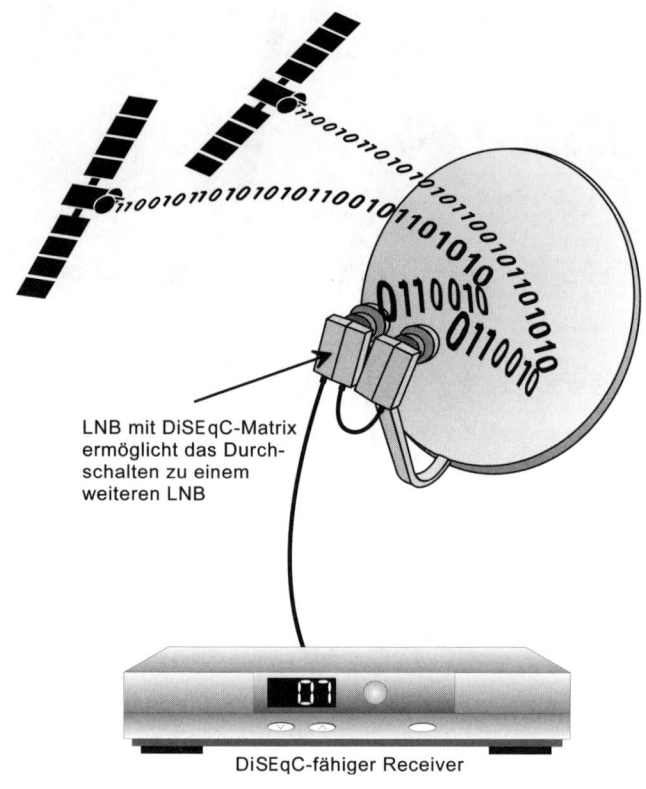

LNB mit DiSEqC-Matrix
ermöglicht das Durch-
schalten zu einem
weiteren LNB

DiSEqC-fähiger Receiver

Bild 2.20.

males Universal-LNB ohne DiSEqC ausreichend. Wichtig
ist, dass das LNB, das für den Empfang von HOT BIRD verwendet wird, ein Rauschmaß < 8 dB besitzt. Das auf HOT
BIRD ausgerichtete LNB wird bei dieser Anordnung einfach
nur an den mit LNB 2 bezeichneten F-Anschluss des DiSE-
qC-LNB angeschlossen (Bild 2.21). Voraussetzung für den
Einsatz eines DiSEqC-LNBs ist immer ein DiSEqC fähiger
Satelliten-Receiver.

Bei der Montage des LNBs ist grundsätzlich zu beachten, dass
der F-Anschluss am LNB mit einer speziellen Gummitülle (Bild
2.22) gegen das Eindringen von Feuchtigkeit geschützt wird.

Ausgehend von einer Standardanlage, ist für den Empfang der
digitalen ASTRA-Satelliten im zentraleuropäischen Raum ein
Schüsseldurchmesser von 50 bis 60 cm ausreichend. Nahezu alle
digitalen Satelliten bieten gegenüber ihren analogen Vorgängern

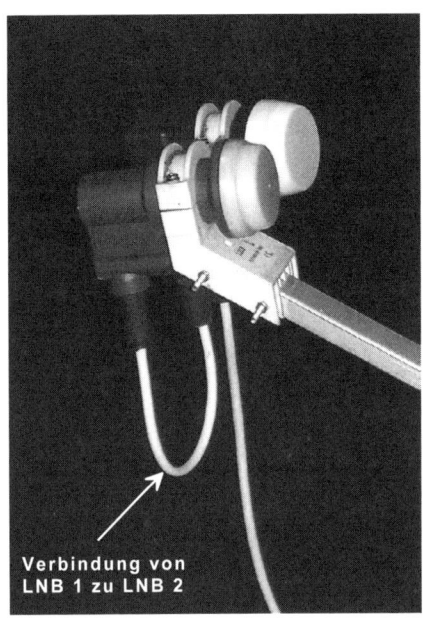

Verbindung von
LNB 1 zu LNB 2

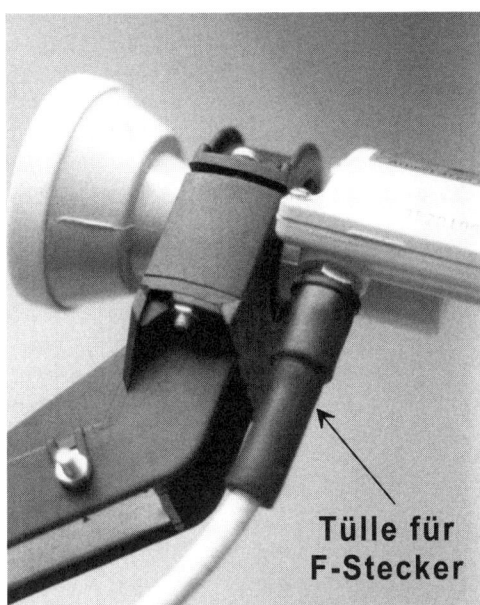

**Tülle für
F-Stecker**

Bild 2.21.   *Bild 2.22.*

größere Ausleuchtzonen, die natürlich auch ein wesentlich größeres Kerngebiet aufweisen, in dem mit einem Schüsseldurchmesser von nur 50 cm gute Empfangsergebnisse auch bei schlechter Witterung möglich sind. Bei der Verwendung einer Sat-Antenne mit kleinerem Durchmesser, zum Beispiel 35 cm, können ungünstige Witterungseinflüsse eventuell den digitalen Satellitenempfang vollständig verhindern.

Die so genannte Offset-Satellitenantenne hat sich zumindest im privaten Bereich für nicht professionelle Anwendungen durchgesetzt und ist hier zum Standard geworden. Zu den wesentlichen Nachteilen der Parabolantenne (Bild 2.23) gehört ein LNB, der sich genau über dem Zentrum des Reflektors befindet. In der Regel wird der LNB mit drei Beinen an der Schüssel einer Parabolantenne befestigt. Das bringt vor allem bei Schüsseln mit kleinerem Durchmesser den Nachteil, dass die Beine einen Funkschatten auf der Schüssel verursachen, der sich dämpfend auf das Satellitensignal auswirkt. Diese Dämpfung wird erst ab einem Reflektordurchmesser von ca. 1 m vernachlässigbar. Der steile Winkel, mit dem die Parabolantenne montiert wird, wirkt sich ungünstig aus. Der ermittelte Erhebungswinkel entspricht

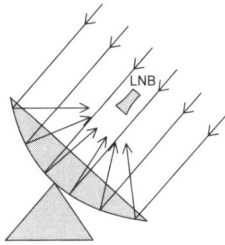

Parabol-Antenne

Bild 2.23.

37

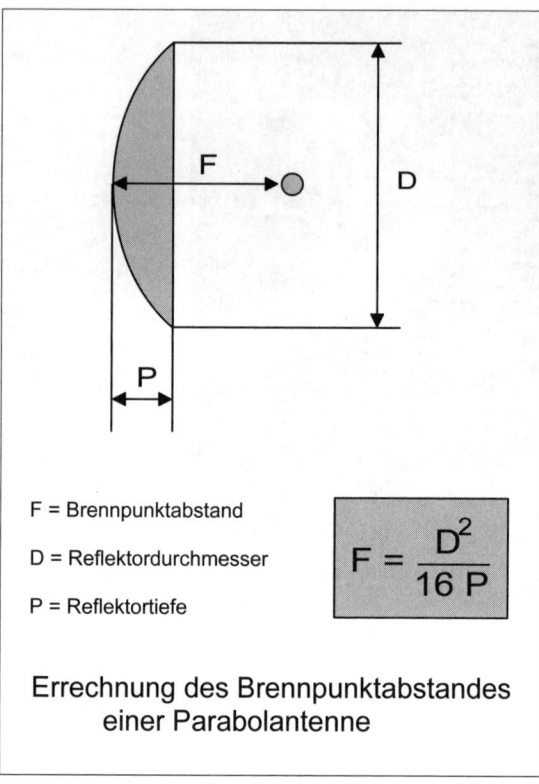

F = Brennpunktabstand

D = Reflektordurchmesser

P = Reflektortiefe

$$F = \frac{D^2}{16\,P}$$

Errechnung des Brennpunktabstandes einer Parabolantenne

Bild 2.24.

Bild 2.25.

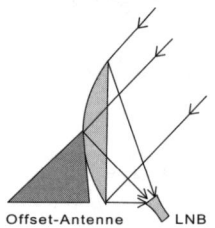

Offset-Antenne   LNB

dem Winkel, der vom geometrischen Mittelpunkt des Reflektors zum LNB führt. Diese relativ steile Anordnung der Schüssel kann dazu führen, dass Schnee auf der Unterseite der gewölbten Fläche liegen bleibt und die Schüssel vereist, wodurch der Empfang ausbleiben kann. Über die in Bild 2.24 dargestellte Formel ist die Berechnung des Brennpunktes, an dem sich der LNB befinden sollte, möglich.

Die genannten Gründe sprechen für den Einsatz einer Offsetantenne. Bei der Offsetantenne sitzt der LNB im unteren Bereich an dem fast senkrecht montierten Antennenspiegel (Bild 2.25). Der Erhebungswinkel, mit dem der Spiegel einer Offsetantenne montiert wird, beträgt nur wenige Grad. Neben dem zentralen Brennpunkt eines Parabolanten-nenspiegels gibt es sehr viele weitere Brennpunkte für unsymmetrisch einfallende elektromagnetische Wellen. Einen Ausgleich für die Verluste, die durch das Offsetprinzip entstehen, wird durch eine ovale Bauform des Reflektors erreicht. Es ist zu beachten, dass die Masthalterung der Offsetantenne ein Langloch mit Erhebungswinkelskala hat. Der eruierte Erhebungswinkel kann somit fest eingestellt werden, was die Ausrichtung der Antenne wesentlich erleichtert. Grundsätzlich gilt, dass große Parabolantennen im privaten Bereich nur für Extremisten interessant sind, die eine Drehanlage bauen, mit der auch exotische Satelliten empfangen werden können. Im Normalfall ist eine Offset-Sat-Antenne die preisgünstigere Lösung, die für den digitalen Satellitenempfang völlig ausreicht.

2.4 Digitale Receiver und DVB-S-PC- Karten

Für den Empfang von digitalen Radio und TV-Programmen ist ein Receiver erforderlich, der das digitale Datensignal demoduliert und nach dem MPEG-2-Verfahren decodiert. Vom LNB erhält der Receiver seine digitalen Daten, die im erweiterten Zwischenfrequenzbereich (950–2.150 MHz) liegen. Der digitale Satelliten-Receiver, auch „Set-Top-Box" genannt, ist sozusagen ein Gerät, das digital übertragene Programme für das herkömmliche Fernsehgerät oder die Stereo-Anlage empfangbar macht. So ein Receiver wird immer dann benötigt, wenn Sie das reichhaltige Angebot der digitalen Satellitenprogrammanbieter sehen und/oder hören möchten. Zugleich ist der digitale Receiver ein elektronisches Dienstleistungsterminal, das nicht nur für den Empfang aller freien digitalen Radio- und TV-Programme geeignet ist, sondern mit vielen unterschiedlichsten Ausstattungsmerkmalen im Handel erhältlich ist. Je nach Bedarf und Brieftasche stehen sowohl sehr teuere als auch enorm preisgünstige Modelle zur Verfügung.

FTA-Receiver oder Zapping-Boxen

Für den Empfang der freien unverschlüsselten Programme genügt ein preiswerter FTA-Receiver (Free To Air Receiver), auch „Zapping-Box" genannt. Unter den FTA-Receivern sind die preiswertesten Modelle zu finden, die einen „billigen" Einstieg in die digitale Satellitenwelt ermöglichen. Darüber hinaus führen einige Hersteller auch digitale FTA-Receiver mit integriertem analogen Satelliten-Receiver in ihrer Produktpalette (Bild

Sat-Receiver für den Empfang von allen frei empfangbaren
digitalen sowie analogen Radio und TV-Programmen

Bild 2.26.

2.26). Diese kombinierten Receiver ermöglichen den Empfang aller freien herkömmlichen analog ausgestrahlten Programme sowie den Empfang von allen unverschlüsselten und digital übertragenen Radio- und TV-Programmen. Da jeder der beiden Receiver über einen eigenen LNB-Anschluss verfügt, kann zum Beispiel der analoge Receiver an einer separaten Sat-Antenne angeschlossen werden, die auf ein anderes Satellitensystem ausgerichtet ist als die Sat-Antenne, die nur digitale Programme empfängt. Durch das Überbrücken von zwei dafür vorgesehenen F-Anschlüssen (Bild 2.27) erhält der analoge Receiver eine Verbindung zu der Sat-Antenne, die den digitalen Receiver versorgt, so dass zum Beispiel in Kombination mit einem Universal-LNB alle analog und digital ausgestrahlten FTA-Programme, die vom ASTRA-Satellitensystem kommen, empfangbar sind. Darüber hinaus sind auch Receiver auf dem Markt, die einen ADR-Empfänger besitzen, so dass zusätzlich der Empfang von ASTRA-Digital-Radio mit dem gleichen Sat-Receiver möglich ist. Eine sehr unauffällige und elegante Lösung für den digitalen FTA-Empfang bieten zum Beispiel Sat-Receiver, die als fester Bestandteil im TV-Gerät enthalten sind.

An digitalen Receivern sind folgende Anschlussmöglichkeiten und Schnittstellen üblich.

Bild 2.27.

• F-Anschluss für die Verbindung vom Receiver zum LNB (ZF-Frequenzbereich 950–2.150 MHz) und ein weiterer F-Anschluss zum Anschluss eines analogen Receivers an den digitalen Receiver (Sat-ZF-Durchschleifsystem).

* Zwei oder drei SCART-Buchsen für den Anschluss an das TV-Gerät und den Videorecorder oder DVD-Recorder; eventuell ist eine dritte mit AUX bezeichnete Scartbuchse am Receiver vorhanden, die zum Anschluss eines analogen Decoders dient (Bild 2.28). Das Bild 2.29 zeigt die Rückseite eines digitalen Satelliten-Receivers mit den üblichen Anschlussmöglichkeiten.

* Serielle Schnittstelle RS 232 für Servicezwecke (Bild 2.30).

* Cinch-Buchsen für den Audioausgang (Bild 2.31). Der eventuell vorhandene High-End-Ausgang eignet sich besonders gut für hochwertige Aufzeichnungen von Radioprogrammen in CD-Qualität.

* LNB-Versorgungsspannung mit Umschaltung H/V.

* 22-kHz-Signal (Tonburst) für die High-/Lo-Band-Umschaltung bzw. LNB-Umschaltung.

Bild 2.28.

Rückseite und Anschlüsse eines digitalen Satelliten-Receivers

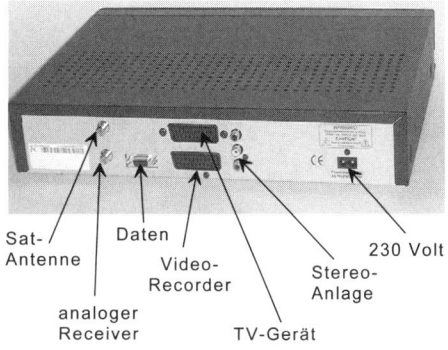

Sat-Antenne / Daten / analoger Receiver / Video-Recorder / TV-Gerät / Stereo-Anlage / 230 Volt

Bild 2.29.

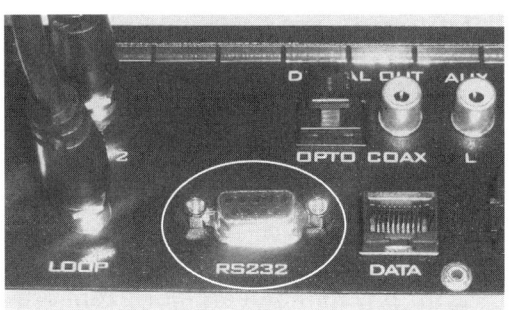

Bild 2.30.

High-End-Audio-Ausgang

Audio-Ausgang

Bild 2.31.

2. Planung

Receiver mit Entschlüsselungssystemen

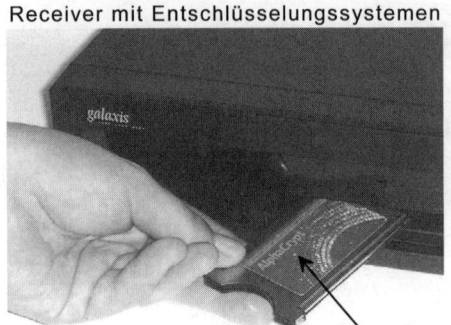

Common-Access-Modul
(z.B.: AlphaCrypt)

Bild 2.32.

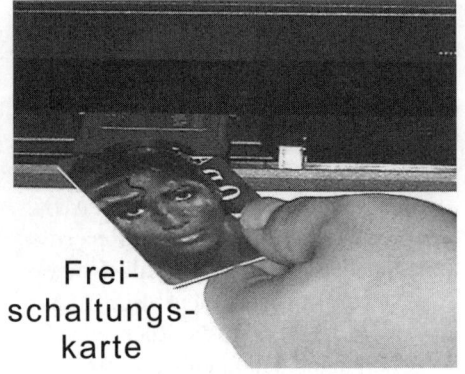

Frei-
schaltungs-
karte

Bild 2.33.

Receiver mit Entschlüsselungssystemen

Für den Empfang von verschlüsselten Sendungen benötigen Sie
einen digitalen Receiver mit Entschlüsselungssystem. Hier gibt
es das so genannte Common-Access-System (CAS), beim dem
das Decodier-Modul fest in den Receiver eingebaut ist und nur
noch die Berechtigungskarte zur Freischaltung eingesteckt wird.
Ein Receiver mit Common-Interface-System (CI) verfügt meist
über zwei freie Steckplätze, in denen beliebige Common-Ac-
cess-Module eingeschoben werden können (Bild 2.32), die zur

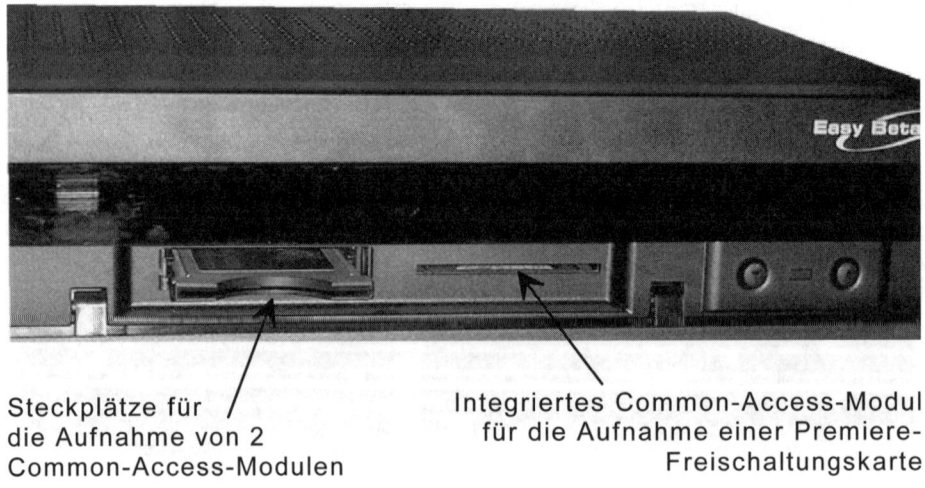

Steckplätze für
die Aufnahme von 2
Common-Access-Modulen

Integriertes Common-Access-Modul
für die Aufnahme einer Premiere-
Freischaltungskarte

Bild 2.34.

Freischaltung die Freischaltkarte des entsprechenden Anbieters aufnehmen können (Bild 2.33). Darüber hinaus sind auch digitale Receiver erhältlich, die über beide Systeme CAS + CI verfügen (Bild 2.34). Das CAS ist meist zur Aufnahme einer Premiere-World-Freischaltkarte geeignet, und CI-Steckplätze können zum Beispiel mit einem Viaccess-, Seca,- Alphacrypt- (Bild 2.35) oder Cryptoworksmodul bestückt werden. Das Zugriffskontrollsystem kontrolliert den Zugriff des Nutzers auf Leistungen und Programme, die aus urheberrechtlichen sowie kommerziellen

Common-Access-Modul

Bild 2.35.

Gründen verschlüsselt sind. Mit der Anmeldung für einen derartigen digitalen Service erhält der Verbraucher als Zugangsberechtigung eine so genannte „SmartCard" (auch Freischaltkarte genannt), deren Aussehen einer handelsüblichen Telefonkarte gleicht. Ein Alphacrypt-Modul eignet sich unter anderem für die

Aufnahme einer Premiere-World-Freischaltpiratenkarte, die auf dem Schwarzmarkt billig zu haben ist, bzw. für wenig Geld zu haben war. Vermutlich hat diese Piraterie, die allem Anschein nach in Deutschland sehr weit verbreitet war und das Bezahl-Fernsehen auch für nicht zahlende Betrachter sichtbar und hörbar machte, zur Insolvenz von Premiere World geführt. Übrigens ist jeder Receiver mit Entschlüsselungssystemen natürlich gleichzeitig auch geeignet, die freien Programme zu empfangen. Das Bild 2.36 zeigt den prinzipiellen Aufbau eines Receivers mit Entschlüsselungssystemen und die am Satellitenempfänger angeschlossenen Geräte.

Für den Empfang von verschlüsselten Programmen muss allerdings nicht immer bezahlt werden. Einige Länder wie Österreich und Schweiz sind dazu übergegangen,

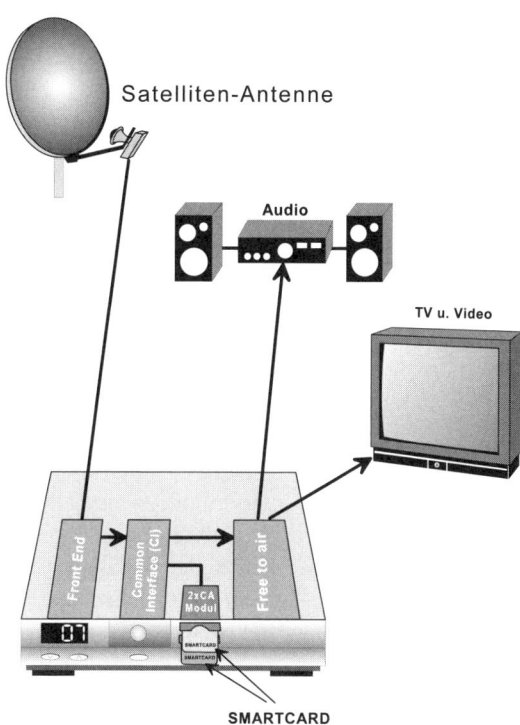

Bild 2.36.

auch die öffentlich-rechtlichen Programme für ihr Land verschlüsselt zu senden und ihre Gebührenzahler mit entsprechenden Freischaltkarten auszustatten. Dies geschieht aus medienrechtlichen Gründen, da die Übertragungsrechte für viele Sendungen auf das Land beschränkt bleiben sollten, aber die Digitalübertragung über die ASTRA-Satelliten ganz Europa erreicht. Insofern wird das Angebot an verschlüsselten Sendern sicherlich weiter wachsen, und man ist mit der Anschaffung eines Receivers mit Entschlüsselungssystem auch in Zukunft auf der sicheren Seite, zumindest dann, wenn man Freischaltkarten preisgünstig besorgen kann.

Und noch ein kleines Detail kann den Genuss digitaler Programme weiter erhöhen: Der Dolby-Digital-Ausgang. Dieser ermöglicht den Anschluss des Receivers an eine entsprechende Surround-Anlage, denn einige Programme werden schon jetzt mit dem neuen 5.1-kanaligen Dolby-Digitalton ausgestrahlt. Und auch hier wird das Angebot an entsprechenden Programmen sicher noch beachtlich zunehmen. Wer für alle gegenwärtig oder auch zukünftig verfügbaren Programmangebote offen sein will, sollte sich für einen Sat-Receiver dieser Geräteklasse entscheiden.

Digital-Receiver mit elektronischem Programmführer (EPG) und OSD

Fast alle guten digitalen Sat-Receiver bieten vielen Vorzüge, wie zum Beispiel einen elektronischen Programmführer (EPG), der Ihnen mit einer aufrufbaren Textinformation zeigt, welchen Titel der Fernsehfilm trägt, den Sie sehen, Ihnen den Inhalt des Fernsehfilmes beschreibt sowie die Zeiten für den Anfang und das Ende des zur Zeit laufenden Sendung angibt. Darüber hinaus wird in gleicher Weise gezeigt, welche Sendung anschließend zu sehen ist. Weiterhin ermöglicht Ihnen der EPG das schnelle Suchen Ihrer Lieblingsprogramme, wie Spielfilme, Sport oder Kindersendungen usw. Die vielen Vorzüge lassen die aufwändige Technik eines modernen digitalen Receivers erkennen und zeigen zugleich, dass der etwas höhere Preis für digitale Geräte, die nicht nur eine brillante Bildqualität liefern, durchaus gerechtfertigt ist.

Um die Auswahl bei dem großzügigen Angebot von mehreren 100 Programmen übersichtlich zu gestalten, sollten Sie beachten, dass der Receiver mit dem komfortablen Bildschirmmenü (OSD) ausgestattet ist. Nach der Betätigung der entsprechenden

Taste an der Fernbedienung erscheint im Fernsehbildschirm eine Senderliste, die ein bequemes Auffinden und Zuschalten des gewünschten Programms ermöglicht (Bild 2.37).

Digital-Receiver mit Teletext-Decoder

Viele digitale Satelliten-Receiver besitzen auch eine Videotextfunktion mit zum Beispiel 1.000 Seiten Videotextspeicher, der eine nützliche Zugabe ist und mit dem Sie die verschiedenen Textseiten ohne lange Wartezeiten umblättern können.

Receiver mit integrierter Festplatte

Eine besonders interessante Geräteklasse ist erst seit kurzem im Handel erhältlich: digitale Satelliten-Receiver mit eingebauter Computer-Festplatte. Diese Kombination macht im Digital-Zeitalter auch Sinn, da digitale Daten immer gleich sind, ganz egal, ob sich dahinter eine Textverarbeitung oder ein Fernsehprogramm verbirgt, kann eine herkömmliche Computer-Festplatte auch die Daten speichern, die von den digitalen Satelliten kommen. Das hat viele entscheidende Vorteile, denn im Gegensatz zu jedem analogen Aufzeichnungsverfahren geschieht das Speichern auf der Festplatte absolut verlustfrei, das heißt in exakt der gleichen hervorragenden Qualität, in der Sie das Programm im Direktempfang auf dem Bildschirm sehen. Auch nachdem ein Film tausendmal abgespielt worden war, ist die ursprüngliche Qualität ohne Verluste vorhanden.

Die modernen EPG-Systeme (EPG = **E**lectronic**P**rogramme**G**uide) bieten auch in Ihren Übersichten komfortable Timersteuerungen an, bei denen Sie ein Programm nur anklicken und dadurch die Programmdaten für den Timer gespeichert sind. Ein weiteres Kunststück können diese Geräte anbieten. Die Festplatte kann gleichzeitig aufzeichnen und wiedergeben; wenn Sie zum Beispiel zu spät, also nach dem Be-

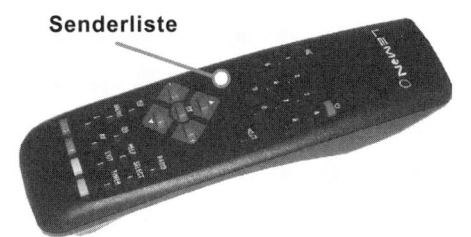

Senderliste

Bild 2.37.

2. Planung

PCI-Karte
für den digitalen
Satellitenempfang via PC

Bild 2.38.

ginn einer bestimmten Sendung nach Hause kommen und der Receiver per Timer schon läuft, können Sie den Filmanfang von der Festplatte ansehen, während die Festplatte den Rest des Films aufzeichnet. Mittlerweile sind auch die ersten Twin-Receiver auf dem Markt, die konsequenterweise gleich mit zwei komplett unabhängigen Empfangsteilen ausgestattet sind, so dass Sie ein Programm ansehen können, während Sie ein anderes gleichzeitig auf der Festplatte oder auf Videoband aufzeichnen. Für Kenner des umfangreichen digitalen Satelliten-Programmangebots sind solche Geräte ein absolutes Muss!

Berücksichtigen Sie bereits bei der Installation einer Sat-Antenne, dass sie später problemlos auf mehrere Anschlüsse ausgebaut werden kann, um beispielsweise einen Twin-Receiver mit den erforderlichen zwei Signalen versorgen zu können. Insbesondere das Kabelverlegen sollte man so gestalten, dass gleich mehrere Kabel verlegt werden, auch wenn einige davon anfangs nicht benötigt werden, denn eine Nachinstallation verursacht immer wesentlich höher Kosten als eine gute zukunftssichere Planung und Ausführung, die Sie bei dem Wunsch nach einer Erweiterung vor unüberwindlichen Problemen schützt.

Receiver für den PC (DVB-S-PC-Karten)

Diese Geräte sind sowohl als PCI-Steckkarten (Bild 2.38) als auch als externes Gerät im eigenen Gehäuse zum Anschluss über die USB-Schnittstelle an den PC erhältlich. Durch den Einsatz eines derartigen digitalen Satelliten-Receivers wird Ihr Rechner zur perfekten Multimedia-Maschine. Die DVB-S-PC-Karten sind für den Einbau in den PC geeignet und erfordern einen freien PCI-Steckplatz. Die Alternative ist eine Box, die mit dem USB des PCs zu verbinden ist. Mit einem derartigen Gerät können Sie die digitale Radio- und Fernsehprogramm-Vielfalt auf dem Computer oder auf dem Lap-Top genießen, in genau der gleichen Qualität wie auf der normalen Sat-Anlage. Natürlich kann mit diesen Karten die Festplatte des PCs auch zur Aufzeichnung der Programme verwendet werden, wodurch die Eigenschaften, wie sie Receiver mit eingebauter Festplatte besitzen, vorhanden sind. Von vielen Satelliten kommen aber nicht nur Fernseh- und Hörfunkprogramme in digitaler Form, sondern auch Datenangebote unterschiedlichster Art. Zum Beispiel kann man mit dem T-DSL via Satellit im Internet surfen und Downloads mit maximal 768 kbit/s durchführen (siehe auch *Internet über Satellitenempfang*).

Für beide Anwendungen gibt es Spezialisten, die nur das eine oder andere können, achten Sie hier auf die Spalten „MPEG 2-Decoding" für TV und „Data-Decoding" für die Internetnutzung. Die meisten Karten können allerdings beides. Um beides auch gut nutzen zu können, sollte Ihr PC über mehrere GB freien Festplattenspeicher verfügen. Ein wichtiges Detail unterscheidet die weiteren Systemanforderungen. Abhängig davon, ob die Karte mit einem Hardware-Decoder oder mit einem Software-Decoder ausgestattet ist, ist die Leistungsfähigkeit, über die Ihr Rechner verfügen muss. Die Hardware-Version hat einen eigenen Chip für das MPEG-2-Decodieren und belastet die CPU des Rechners nur sehr gering. Einige davon sind sogar mit Common-Interface-Lösungen ausgestattet bzw. nachrüstbar. Aufgrund des eigenen Prozessors kann auch ein relativ einfacher Rechner gut mit diesen Karten zusammenarbeiten. Nachteilig ist der etwas höhere Preis von solchen Geräten. Die Software-Decodiererversion erfordert hingegen eine CPU des Rechners zum Decodieren und benötigt somit einen PC der neueren Generation, der über genügend Rechenleistung verfügt. Wie ein digitaler Satellitenreceiver kann auch ein PC, der über eine DVB-S-PC-Karten verfügt, mit anderen Geräten, wie z.B. einem Videorecorder und/oder einer HiFi-Anlage, direkt über Kabel oder drahtlos verbunden werden. Zu beachten sind die Mindestanforderungen an den PC, die für den digitalen Multimedia-Empfang erforderlich sind.

- Windows 95/98/2000/XP
- Pentium III Prozessor mit 500 MHz, 64-MB-RAM
- Bildauflösung 800×600, 16-bit-Farbgraphik
- CD-ROM oder DVD-Laufwerk
- 16-bit-Soundkarte und Lautsprecher
- freier Steckplatz für eine PCI-Empfangskarte oder einen USB-Port für eine USB-Box
- 56 kb/s V. 90 Modem oder ISDN-Karte

2. Planung

Die DVB-S-PC-Karte darf nicht mit einer TV-PC-Karte verwechselt werden, die dem PC nur die Funktionalität eines herkömmlichen TV-Gerätes verleiht. Für Neuinstallationen gilt auch hier das großzügige Planen von Kabeln und Anschlüssen. Denken Sie daran, dass Sie das Sat-Signal eventuell nicht nur am Fernseher und an der Stereo-Anlage brauchen, sondern unter Umständen auch am PC. Für Altanlagen ohne Kabelverbindung zum PC kann gegebenenfalls eine drahtlose Verbindung vom PC zum Fernseher oder umgekehrt installiert werden, die eine kostengünstige Alternative zur nachträglichen Verkabelung darstellen. Nach der Realisierung sind Ihr PC und Ihr Fernseher mit einer perfekten blitzschnellen digitalen Multimedia-Power-Maschine vergleichbar, so dass sich der Montage- und Kostenaufwand immer lohnt und auch bezahlt macht.

Dolby-Digital-5.1-fähige digitale Receiver

Ein weiteres hervorragendes Feature für den digitalen Satellitenempfang bietet die neue Klangdimension mit dem 5.1-Kanal-Tonsystem Dolby Digital, das derzeit zum Beispiel von ProSieben eingesetzt wird. Fünf Kanäle und eine separate Tonspur für extrem tiefe Sound-Effekte, kombiniert mit Bildern im 16:9-Format, geben dem Satelliten-Fan das Gefühl, im Kino zu sitzen. Es werden heute bereits viele Spielfilme mit diesem Tonsystem übertragen. Hochwertige digitale Sat-Receiver verarbeiten bereits die Dolby-Digital-Audiodaten und können diese über eine spezielle Schnittstelle der Heimkino-Anlage zur Verfügung stellen. Die konventionelle Stereowiedergabe bleibt davon unberührt und ist natürlich weiterhin möglich.

Receiver mit DiSEqC

Vorteilhaft kann es sein, wenn der Receiver auch über das Digital Satellite Equipment Control (DiSEqC) verfügt. Dieses Schaltsystem wurde gemeinsam von PHILIPS und EUTELSAT entwickelt, mit dem Ziel, ein System zu realisieren, das zukunftssicher ist und nicht nur heute, sondern auch noch morgen innovative Erweiterungen zulässt. DiSEqC hat eine ganze Reihe von Vorteilen gegenüber konventionellen Satelliten-Receivern, die nur über die Spannungs- und Tonburst-Schaltmöglichkeit verfügen. Mit der Spannung kann bei herkömmlichen Receivern von der horizontalen auf die vertikale Polarisation umgeschaltet werden. Das 22-kHz-Signal ermöglicht bei Sat-Antennen mit zwei LNBs das Umschalten von LNB 1 auf LNB 2 oder bei Unversal-LNBs das Umschalten vom unteren auf das obere Frequenzband. Wird beides benötigt, dann fehlt bei den konventionellen Receivern eine Schaltfunktion. DiSEqC verfügt über viele Schaltmöglichkeiten, die weit über die zuvor genannten hinausgehen. Bei dieser Technik erfolgt die Übertragung der Schaltbefehle digital. DiSEqC verwendet die 22-kHz-Frequenz für die Übertragung digitaler Telegramme. Angewendet wird die Pulsbreitenmodulation, bei der das Binärsignal 0 aus 22 eingeschalteten, im Wechsel mit 11 ausgeschalteten Periodenzeiten besteht. Das Binärsignal 1 setzt sich umgekehrt aus dem Wechsel zwischen 11 eingeschalteten und 22 ausgeschalteten 22-kHz-Perioden zusammen. Diese Signale werden von einem Master-IC im Satellitenreceiver abgeschickt und von so genannten Slave-ICs der peripheren Geräte empfangen und ausgewertet. Danach sendet der angesprochene Slave eine Bestätigung an den Master-IC zurück. Zwischengeschaltete Multischalter erhalten eigene DiSEqC-ICs und empfangen über ihre Slaves die Telegramme. Die Telegramme bestehen aus Kopf-, Adress-, Kommando- und Datenteil sowie entsprechenden Korrektur- und Überwachungsbits. Das DiSEqC-Gesamttelegramm besteht grundsätzlich immer aus Kommando und Antwort. Zwischen zwei vollständigen Telegrammen folgt eine 6-ms-Pause. Dieser Ablauf wird vom Mikroprozessor des Sat-Receivers gesteuert. Trotz der Verwendung eines Receivers mit DiSEqC-Technik bleiben sämtliche Systemkomponenten, die mit konventionellen Schaltsignalen arbeiten, weiterhin verwendbar. Allerdings ist die Voraussetzung für die uneingeschränkte Nutzung von DiSEqC, dass nicht nur der Sat-Receiver, sondern auch alle anderen wichtigen Systemkomponenten über diese Technik verfügen. Das Bild 2.39 zeigt die wichtigsten DiSEqC-Befehle.

2.5 ASTRA Digital Radio (ADR)

ASTRA Digital Radio ist ein Übertragungsverfahren, das bereits die Tonunterträger der analog gesendeten TV-Programme für digitale Radioübertragungen nutzen konnte. ASTRA Digital Radio bietet hervorragende Audioqualität und kann über dieselbe Antenne wie analoges und digitales Fernsehen empfangen werden. Das ADR-Konzept zeichnet sich durch folgende Merkmale besonders aus:

DiSEqC-Befehle

Name	Hex-Code	Priorität	Befehl
Reset	00		Rücksetzen des DiSEqC-Mikrocontrollers
Clr Reset	01	M	Rücksetzen des Reset-Flags
Stand-by	02	R	Fernspeisespannung aus
Power on	03	R	Fernspeisespannung ein
Set Contend	04		Setze Inhalts-Flag zurück
Contend	05		Adresse zurück, wenn Contend gesetzt ist
Clr Contend	06		Lösche Contend-Flag
Move	08		Ändere Adresse, wenn Contend gesetzt ist
Status	10	M	Lese Status-Register
Config	11	M	Lese Konfiguration der Peripherie
Switch 0	14	M	Lese Schaltzustand
Switch 1	15	M	Lese Schaltzustand
Set Hi	20	R	Wähle die hohe Oszi. Frequenz
Set Vert	21	R	Wähle vertikale Polarisationsebene
Set East	22	R	Wähle den nächsten Sat. in östl. Richtung
Set CW	23	R	Wähle rechtsdrehende Zirkularpolari.
Set L0	24	R	Wähle niedere Oszi. Frequenz
Set Horiz	25	R	Wähle horizontale Polarisationsebene
Set West	26	R	Wähle den nächsten Sat. in westl. Richtung
Set ACW	27	R	Wähle linksdrehende Zirkularpolari.
Set S1A	28	R	Setze Multischalter S1 auf Eingang A
Set S2A	29	R	Setze Multischalter S2 auf Eingang A
Set S3A	2A	R	Setze Multischalter S3 auf Eingang A
Set S4A	2B	R	Setze Multischalter S4 auf Eingang A
Set S1B	2C	R	Setze Multischalter S1 auf Eingang B
Set S2B	2D	R	Setze Multischalter S2 auf Eingang B
Set S3B	2E	R	Setze Multischalter S3 auf Eingang B
Set S4B	2F	R	Setze Multischalter S4 auf Eingang B
Sleep	30		Ignoriere alle Kommandos bis zu Weckbefehl
Awake	31		Erwachen und Ausführen der Kommandos
Write A0	48	M	Schreibe den Analogwert A0
Write A1	49	M	Schreibe den Analogwert A1
LO string	50	M	Lese LO-Frequenz als binäre Zeichenkette
LO	51	M	Lese LO-Frequenz als Tabellenwert
LO Lo	52		Lese niedrige LO-Frequenz als Tabellenwert
LO Hi	53		Lese hohe LO-Frequenz als Tabellenwert
Write Freq.	58		Schreibe Kanalfrequ. als binäre Zeichenkette
Ch. No	59		Schreibe die gewählte Kanalnummer
Stopp	60	R	Stoppe den Positionierer
Go E	61		Bewege Positionierer nach Osten
Go W	62		Bewege Positionierer nach Westen
P Status	64	R	Lese Positionierer-Statusregister
Read Pos	65	R	Lese Positionierer-Stand
Goto	6C	R	Stelle den Positionierer auf den Zählerwert
Write Pos	6D	R	Schreibe Positionsstellung in den Zähler

Bild 2.39.

- Optimale Satelliten-übertragungsqualität auf maximal 12 Stereo- oder 24 Monokanälen je TV-Kanal.
- Übertragung in CD-Qualität zum Hören und Aufzeichnen sowie dem Anzeigen von RDS und anderen Zusatzdaten.
- Die Übertragung verwendet die international standardisierte Quellen-kodierung (MPEG 1).
- Einfache und bequeme Nutzung sowie preisgünstige Empfangsgeräte, die im Handel erhältlich sind.

Zu empfehlen ist die Verwendung einer Sat-Antenne, die für den Empfang des unteren und oberen Frequenzbereich geeignet ist, da sich die verschiedenen ADR-Programme in beiden Bereichen befinden.

Die unterschiedlichen ADR-Empfänger erlauben die folgenden Anlagenkombinationen:

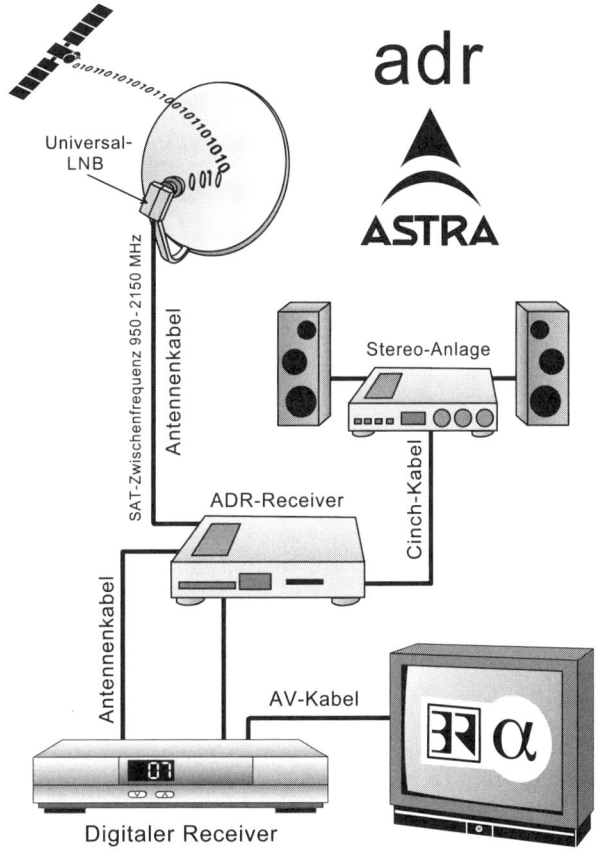

Bild 2.40.

- ADR-Receiver als Einzelgerät in Kombination mit Sat-Receiver (Bild 2.40).
- Parallelbetrieb des ADR-Receivers zu einem Sat-Receiver in Verbindung mit einem Twin-LNB (Bild 2.41).
- Eine sehr preisgünstige Lösung sind Sat-Receiver, die für einen geringen Aufpreis mit integriertem ADR-Modul ausgestattet sind (Bild 2.42).

ADR-Receiver sind kompatibel mit allen gängigen HiFi-Komponenten. Sie zeichnen sich auch aus durch den einfachen und geringen Montageaufwand sowie durch ihre benutzerfreundli-

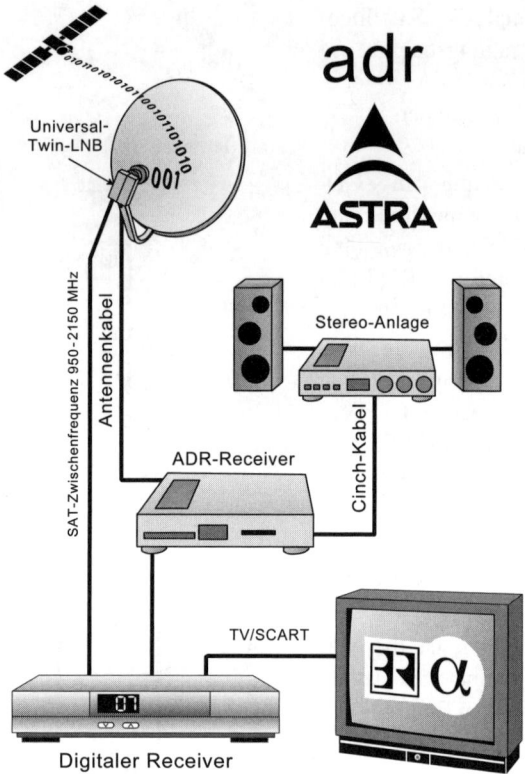

Bild 2.41.

che Bedienung. Sie speichern automatisch alle zur Verfügung stehenden Programme. Schnittstellen für analoge und digitale Aufzeichnungen sind bei jedem ADR-Receiver vorhanden.

Die ADR-Programme sorgen rund um die Uhr für Hörgenuss in CD-Qualität. Das Programm-Angebot inklusive Frequenzplan finden Sie im Internet unter *http://www.ses-astra.com.*

2.6 Single- und Twin-Anlagen

Am häufigsten kommen die preisgünstigen digitalen Single-Satellitenempfangsanlagen zum Einsatz (Einteilnehmeranlage, Bild 2.43). Die Gründe dafür sind, dass sich die Anschaffungskosten sehr schnell amortisieren, wenn man sich nach der Montage die monatlichen Gebühren für den Kabelanschluss sparen

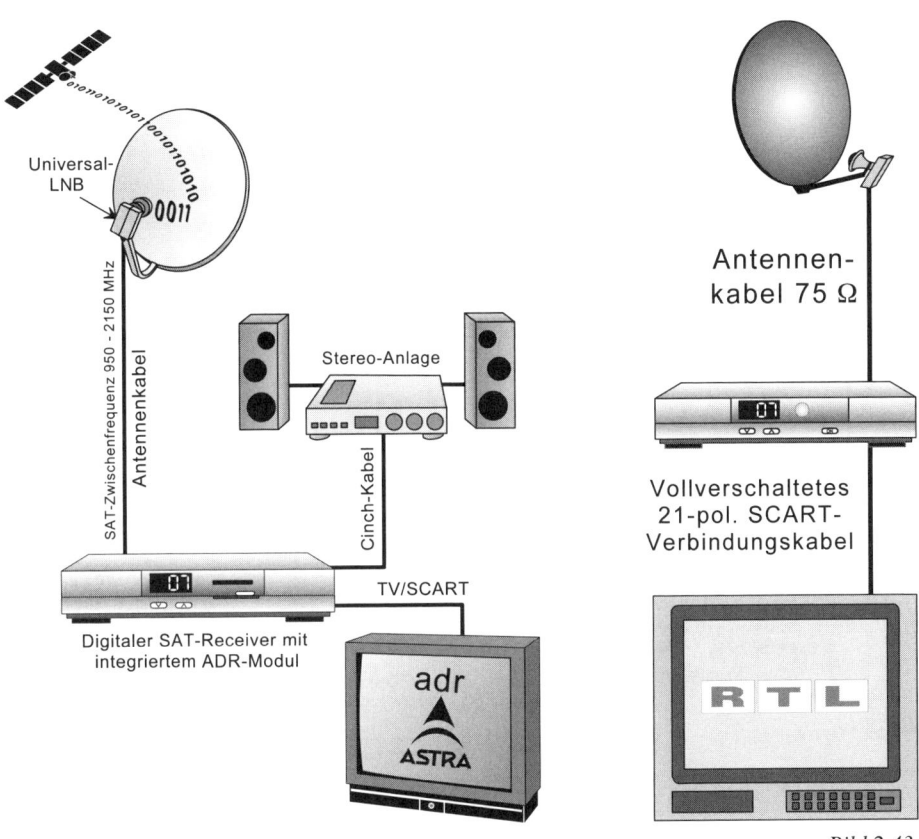

Bild 2.42.

Bild 2.43.

kann und das Programmangebot via Satellit so vielfältig ist, dass es keine Grenzen kennt. Grundsätzlich gilt, dass eine digitale Sat-Anlage, die Sie aus einzelnen Systemkomponenten zusammenstellen, höhere Kosten verursacht. Wer keine Kosten scheut, kann sich natürlich eine Anlage ganz individuell auf seine Bedürfnisse so zuschneidern, dass sie auch gehobenen Ansprüchen gerecht wird und alle Vorteile des digitalen Sat-Empfangs bietet.

Um Zeit und Geld zu sparen, sollte die Sat-Antenne in nächster Nähe des Receivers montiert werden. Lange Leitungswege dämpfen das Signal stärker als kurze. Ab einer bestimmten Länge, je nach Leitungstyp, ist ein guter Empfang ohne Verstärker nicht mehr möglich. Ein Verstärker erhöht die Kosten für die Sat-Anlage ebenso unnötig wie der Mehraufwand, der durch das Verlegen einer längeren Leitung entsteht. Es sollte bei Einzelan-

2. Planung

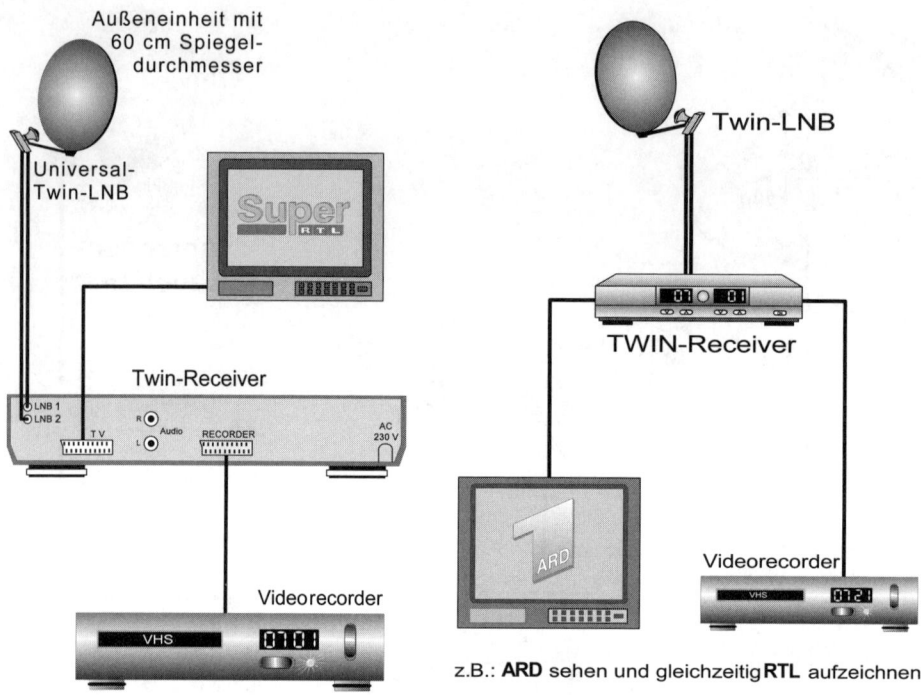

Bild 2.44.

Bild 2.45.

lagen auf den Anschluss über Antennensteckdosen verzichtet werden, denn jede Steck- und Klemmverbindung bringt eine zusätzliche Dämpfung sowie eine Erhöhung der Kosten mit sich.

Für die Montage einer Twin-Anlage gilt das Gleiche wie für die Singleanlage. Zu beachten ist, dass die Twin-Anlage zwei Antennenkabel benötigt, die von der Sat-Antenne zum Sat-Receiver zu verlegen sind. Ein Twin-Receiver ist nichts anderes als zwei getrennte Receiver, die sich in einem gemeinsamen Gehäuse befinden, von denen aber jeder Receiver ein eigenes Antennenkabel bzw. einen eigenen Anschluss am Universal-Twin-LNB benötigt (Bild 2.44).

An einem Universal-Twin-LNB können Sie alternativ zum Twin-Receiver auch zwei Single-Sat-Receiver anschließen. Die Twin-Anlage mit einem Twin-Receiver oder zwei getrennt voneinander aufgestellte Receivern bringt den Vorteil, dass Sie ein beliebiges Programm ansehen und gleichzeitig jedes andere Programm mit dem Videorecorder aufnehmen können (Bild 2.45).

Zwei getrennte Receiver bieten gegenüber dem Twin-Receiver den Vorteil, dass sie auch in verschiedenen Räumen aufgestellt werden können. Darüber hinaus kann an einem Universal-Twin-LNB auch ein digitaler Satelliten-Receiver sowie ein eventuell vorhandener alter analoger Sat-Receiver zum Einsatz kommen. Mit dieser Kombination erhalten Sie die Möglichkeit, ein analog übertragenes Programm anzusehen und eine digital ausgestrahlte Sendung aufzuzeichnen oder umgekehrt (Bild 2.46). Unter anderem könnte beim Einsatz von zwei getrennten Receivern zum Beispiel ein alter analoger Receiver für den Satellitenempfang im Kinderzimmer aufgestellt werden, und der digitale Satelliten-Receiver könnte das himmlische Vergnügen ins Wohnzimmer bringen.

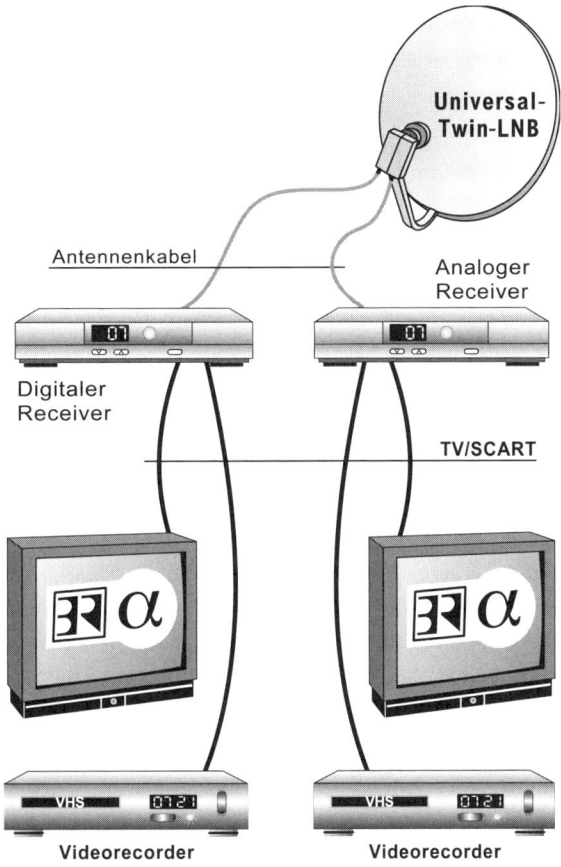

Bild 2.46.

Beide Anlagenarten können mit einem zusätzlichen Universal-Single oder Universal-Twin-LNB und auch mit einem Antennenrotor für den digitalen Empfang von mehreren Satellitensystemen nachgerüstet werden. Aus diesem Grund sollten Sie bei der Planung einer Sat-Anlage die Verlegung einer 5-adrigen Steuerleitung und zusätzliche Antennenleitungen vorsehen. Bereits bei der Planung sollten Sie berücksichtigen, dass als Verbindungsleitung vom digitalen Sat-Receiver zum TV-Gerät und vom Sat-Receiver zum Videorecorder zwei vollverschaltete SCART-Kabel erforderlich sind.

2.7 Multifeed-Anlagen

Multifeed-Anlagen nennt man Anlagen, deren Außeneinheit zwei (Bild 2.47) oder mehrere LNBs enthält (Bild 2.48). Unter bestimmten Voraussetzungen können mit einer einzigen fest montierten Sat-Antenne auch mehrere digital sendende Satelliten empfangen werden. Eine Offset-Antenne hat nicht nur einen Brennpunkt, an dem die elektromagnetischen Wellen gebündelt in den LNB geleitet werden, sondern unzählige weitere Positionen sind für die Anbringung der LNBs an der Sat-Antenne möglich. Das bedeutet, es können an ein und derselben Offsetantenne auch mehrere LNBs so angebracht werden, dass der Empfang von unterschiedlich stationierten Satelliten gegeben ist. Ein Multifeed ist, wie der englische Name schon sagt, nichts anderes als eine Halterung, mit der zwei oder auch mehrere LNBs an einer Sat-Antenne befestigt werden können. Die Planung und Ausführung einer Multifeed-Anlage kann eventuell von einem oder mehreren handwerklich begabten Heimwerkern erfolgreich durchgeführt werden.

Außeneinheit mit zwei Universal-LNBs

Bild 2.47.

Für eine Multifeed-Anlage sollte der Schüsseldurchmesser immer etwas größer sein als für Single-Anlagen. In der Regel sind ca. 85 cm Durchmesser ausreichend. Anstelle von Universal-Single-LNBs können an einer Multifeed-Antenne zum Beispiel auch Universal-Twin-LNBs zum Einsatz kommen.

Am interessantesten ist zurzeit der gleichzeitige digitale Empfang von den ASTRA-Satelliten auf der Position 19,2° Ost und von HOT BIRD auf Position 13° Ost. Darüber hinaus können an der gleichen Schüssel auch noch weitere LNBs angebracht werden, die zum Beispiel den Empfang von Sirius oder den Thor-Satelliten ermöglichen. Das Bild 2.49 zeigt eine Multifeed-Anlage, die für den digitalen Empfang von vier verschiedenen Satelliten geeignet ist, und das Beispiel auf Bild 2.50 enthält eine

Bild 2.48.

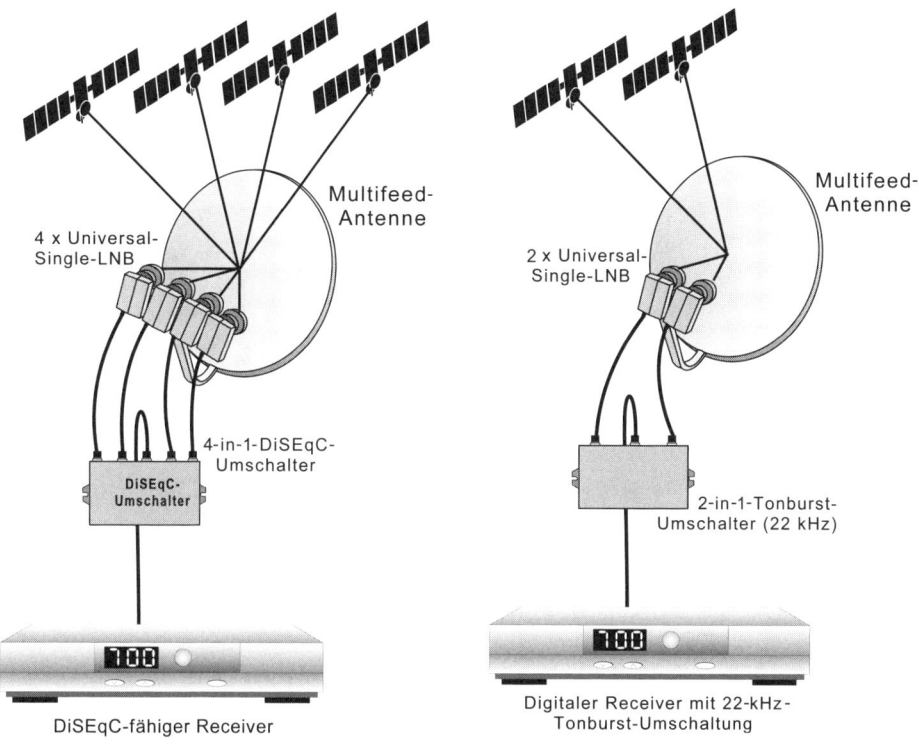

Multifeed-
Antenne

4 x Universal-
Single-LNB

Multifeed-
Antenne

2 x Universal-
Single-LNB

4-in-1-DiSEqC-
Umschalter

DiSEqC-
Umschalter

2-in-1-Tonburst-
Umschalter (22 kHz)

700

700

DiSEqC-fähiger Receiver

Digitaler Receiver mit 22-kHz-
Tonburst-Umschaltung

Bild 2.49.

Bild 2.50.

Multifeed-Anlage, mit der die ASTRA-Satelliten auf 19,2° Ost und die Eutelsat/HOT-BIRD-Satelliten auf 13° Ost empfangbar sind.

Für den deutschsprachigen Raum lohnt sich die Anschaffung einer Multifeed- oder Drehanlage kaum noch, da die auf 19,2° Ost stationierten ASTRA-Satelliten alle interessanten digitalen deutschsprachigen Radio- und Fernsehprogramme ausstrahlen. Außer für unsere fremdsprachigen Gäste, die in Deutschland, Österreich oder in der Schweiz zuhause sind, bringt eine Multifeed- oder Drehanlage nur geringe Vorteile, die meist mit hohen Mehrkosten verbunden sind. Folgende Auflistung enthält die wenigen deutschsprachigen Programme, die derzeit zum Beispiel noch von HOT BIRD auf 13° Ost zu uns kommen, die aber alle auch über ASTRA empfangbar sind.

Frei empfangbare, deutschsprachige Programme von HOT BIRD:

ARD, arte, BloombergTV, CNN Deutschland, Deutsche Welle, Daimler Chrysler TV, EuroNews, EWTN Global (Katholisches Spartenprogramm), K-TV (Katholischer Spartenkanal für Kirche und Kultur), Liberty TV, MTA International (Religiöser islamischer Spartenkanal), CNBC (Deutsch-/englischsprachiger Wirtschaftskanal), NBC GIGA (Spartenkanal von NBC Europe rund um die Themen Computer und Internet), Onyx TV (Musikprogramm), RTL Deutschland, RTL 2 Österreich, RTL 2 Schweiz, Super RTL Österreich, tv. Nrw (Vollprogramm), Vox Schweiz, XXP Das „Metropolen-Programm", ZDF „Das Zweite".

2.8 Mehrteilnehmer-Anlagen

In manchen Städten wuchern die so genannten Schüsselwälder überall, wodurch der Gesamteindruck der Ortschaften leidet. Dass kurze Zeit nach der „Wende" der Sat-Anlagenmarkt in Ostdeutschland boomte und fast jeder Ostdeutsche so schnell wie möglich seine eigene Schüssel ohne Rücksicht auf Verluste bzw. auf das Aussehen der Gebäude montierte, kann man noch verstehen. Unverständlich ist es aber, wenn in Österreich, in einer landschaftlich malerischen Gegend mit bildschönen Häusern, ein Gebäude (Bild 2.51) mit unüberlegt angebrachten Sat-Antennen das Bild einer Ortschaft verunstaltet. Die weltweite Kommunikation ist zu einer Selbstverständlichkeit geworden. Nur die Kommunikation mit unserem Nachbarn, der direkt gegenüber wohnt, wird allem Anschein nach immer schwieriger. Wäre es nicht so, dann dürfte es keine Gebäude geben, die als Folge der unkontrolliert angebrachten Schüsseln aussehen, als wären sie von einer Krankheit befallen.

Wenn die Verständigung mit dem Nachbarn keine Probleme bereiten sollte, kann eine Mehrteilnehmer-Anlage durchaus helfen, Geld zu sparen. Das gute Aussehen der Gebäude bleibt erhalten, und die zwischenmenschlichen Beziehungen können sich bei der Zusammenarbeit, in Planung und Ausführung, nur verbessern.

Bild 2.51.

Das Bild 2.52 zeigt eine Mehrteilnehmer-Anlage für den Anschluss von maximal acht digitalen Sat-Empfängern. Bei der Umrüstung vom terrestrischen Empfang auf Satellitenempfang ist zu berücksichtigen, dass die herkömmlichen Antennen-Steckdosen gegen Sat-Dosen auszutauschen sind. Um Geld zu sparen und überflüssige Dämpfungen zu vermeiden, ist es günstiger, auf die Sat-Dosen zu verzichten. Das Koaxkabel wird ein-

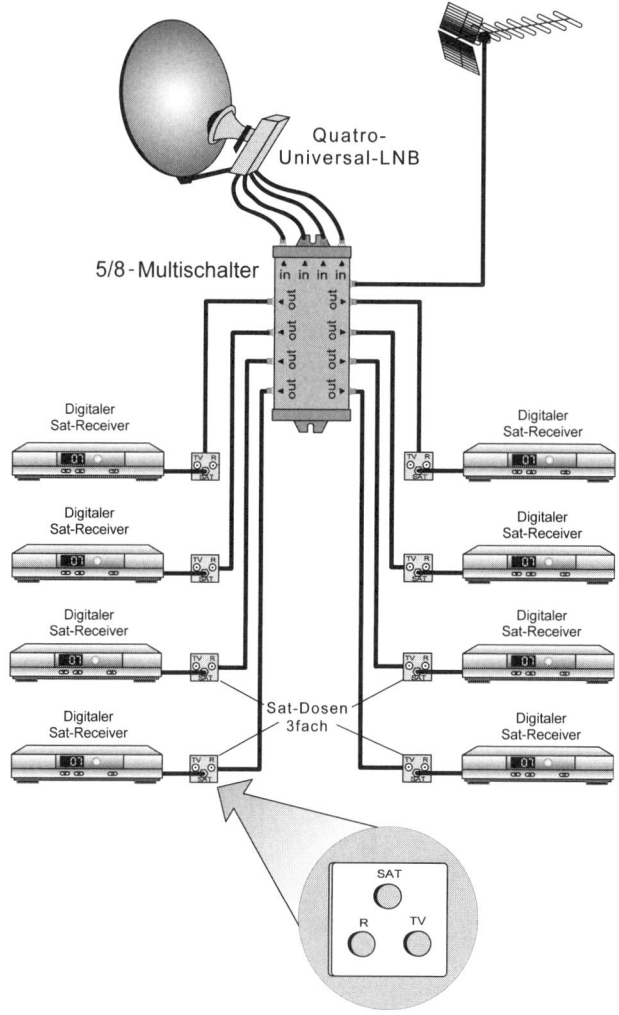

Bild 2.52.

fach etwas länger gelassen und über einen F-Stecker direkt mit dem Sat-Receiver verbunden. Diese Möglichkeit besteht aber nur, wenn der Empfang von terrestrischen Radio- oder Fernsehprogrammen nicht mehr erwünscht ist. Der 8fach-Verteiler kann zum Beispiel auch in einem Vierfamilienhaus zum Einsatz kommen, um dort in jeder Wohneinheit den Anschluss eines TWIN-Receivers oder zwei Single-Receivern zu ermöglichen (Bild 2.53). Zu beachten ist, dass für die zuvor genannte Ausführung vom 8fach-Verteiler zu jeder Wohnung zwei Antennenkabel zu verlegen sind. Entsprechend den örtlichen Gegebenheiten sollte man ermitteln, ob für vier oder acht Teilnehmeranlagen die Anwendung eines Multischalters oder die eines Quard-Universal-LNBs mit vier bzw. acht Anschlüssen preisgünstiger ist.

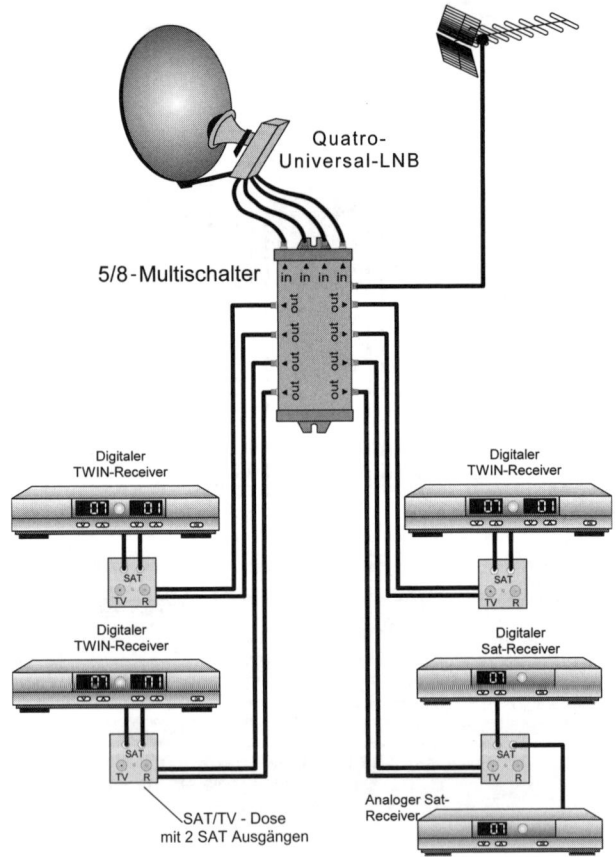

Bild 2.53.

Es sollte aber nicht nur ein Preisvergleich zwischen der Quatro-LNB/Multischalter-Kombination und dem 4- bzw. 8fach-Quard-LNB erfolgen, sondern auch der den örtlichen Gegebenheiten entsprechende Montageaufwand ist zu berücksichtigen. Die Multischalter-Version benötigt mehr Anschlüsse als eine Anlage mit einem 8fach-Universal-Quard-LNB. Dem steht entgegen, dass für das Quard-LNB nicht nur vier, sondern acht Antennenkabel bis zum LNB zu verlegen sind (Bild 2.54).

Bei der Planung einer Neuanlage ist es unproblematisch, ein zukunftssicheres, sternförmig aufgebautes Antennen-Kabelnetzwerk vorzusehen. Von einem zentralen Punkt (Montageort des Verteilers bzw. Multischalter oder LNB) bis zu jedem Sat-Receiver sind ein oder auch zwei Antennenkabel zu verlegen. Zu-

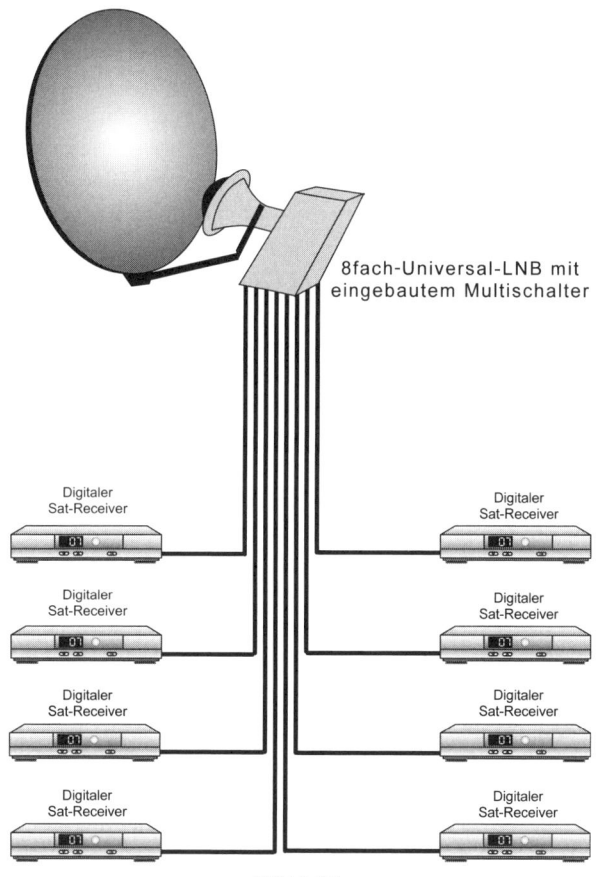

Bild 2.54.

2. Planung

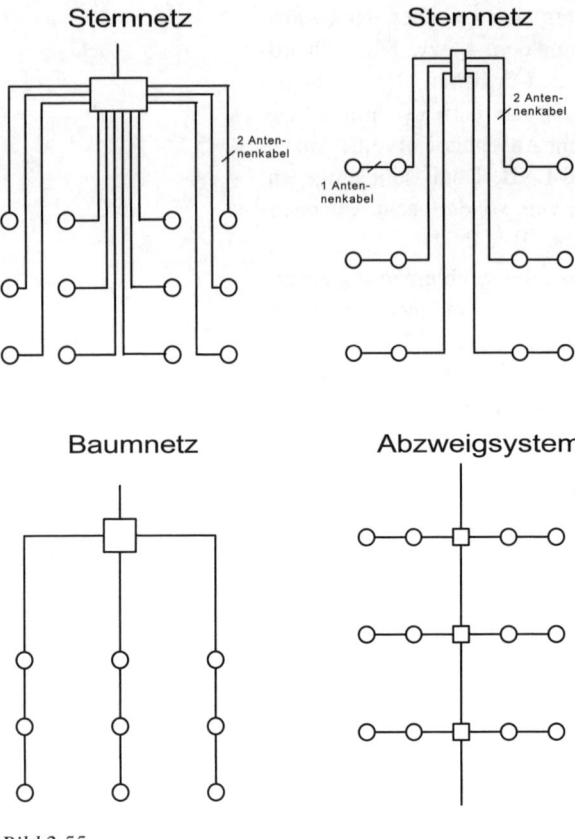

Bild 2.55.

kunftssicherer ist die Verlegung von zwei Antennenkabeln, die zum Beispiel benötigt werden, wenn Twin- bzw. zwei Receiver in einer Wohnung zum Einsatz kommen sollen. Den Aufbau eines baumförmigen Kabelnetzes oder eines Abzweigsystems (Bild 2.55), das früher für terrestrische Gemeinschafts-Antennenanlagen üblich war, sollten Sie grundsätzlich vermeiden, obwohl die Installation eines sternförmigen Netzwerkes wesentlich mehr Antennenkabel in Anspruch nimmt. Beim Vorhandensein eines baumförmiges Kabelnetzes, das von terrestrischem Empfang auf digitalen Satellitenempfang umzustellen ist, weil zum Beispiel der Aufwand für das nachträgliche Verlegen eines neuen sternförmigen Leitungsnetzes den zur Verfügung stehenden Kostenrahmen sprengt oder aus anderen Gründen untragbar ist, kann auch eine digitale Einkabellösung zur Ausführung kommen (siehe 2.10).

Relativ kostengünstig lassen sich digitale Mehrteilnehmer-Satelliten-Empfangsanlagen für mehr als acht Teilnehmer realisieren, wenn kaskadierfähige Multischaltersysteme zur Ausführung kommen, die mit der 22-kHz-Tonburst-Technik arbeiten. Diese universelle Zwischenfrequenzverteilung ermöglicht in Verbindung mit einem Universal-Quatro-LNB den wirtschaftlichen Aufbau einer digitalen Astra-Satelliten-Empfangsanlage. Das Bild 2.56 zeigt beispielsweise eine Mehrteilnehmer-Anlage – die mit dieser Technik arbeitet – für 18 Teilnehmer mit drei Multischaltern, von denen jeder für den Anschluss von sechs Single- oder drei Twin-Receivern geeignet ist.

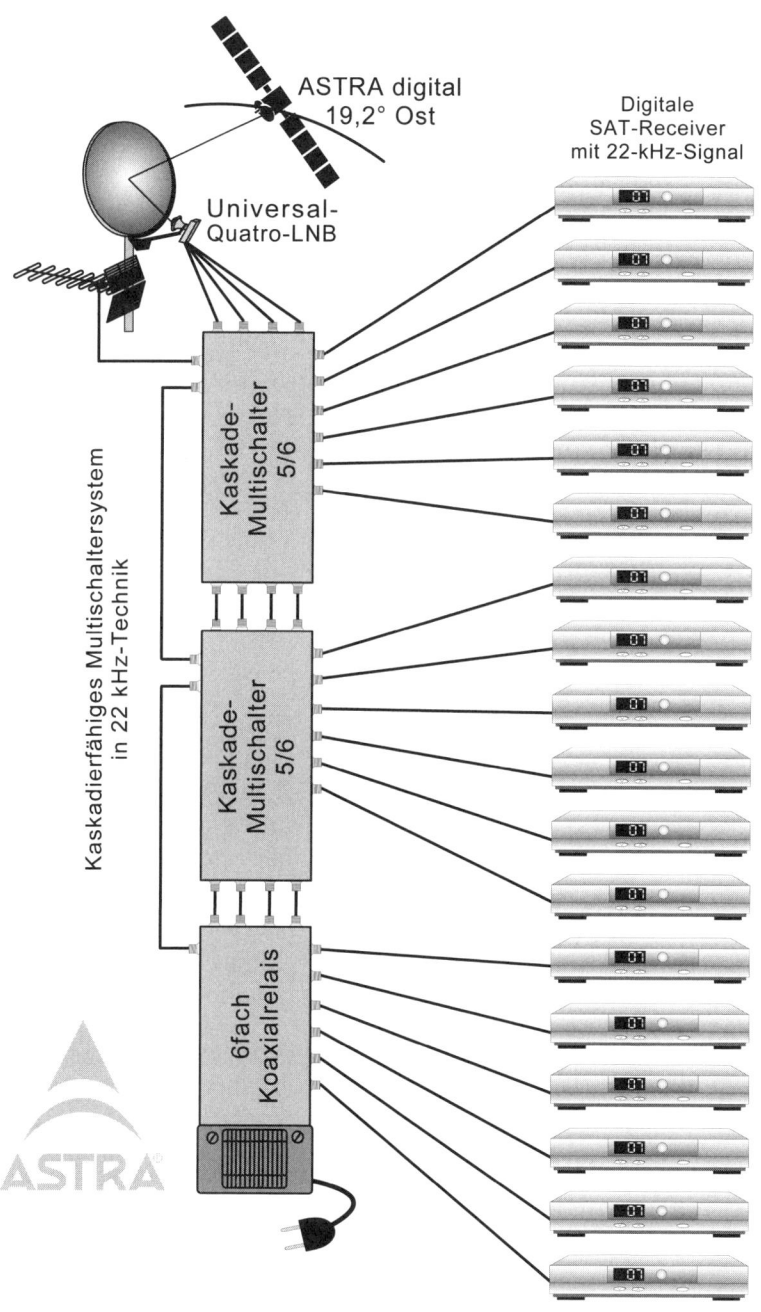

Bild 2.56.

2.9 Mehrteilnehmer-Anlage für den digitalen Empfang von zwei Satelliten-Systemen

Am zukunftssichersten sind Verteilersysteme für Mehrteilnehmeranlagen, die den Empfang von zwei oder mehreren Satellitensystemen ermöglichen sollen, wenn sie über DiSEqC verfügen. Darüber hinaus besteht natürlich bei vielen DiSEqC-Multischaltern die Anschlussmöglichkeit für eine Einspeisung von terrestrischen TV- und Radioprogrammen.

Ein DiSEqC-9/4-Multischalter ermöglicht zum Beispiel in Kombination mit zwei Universal-Quatro-LNBs den digitalen und analogen Empfang von Astra auf 19,2° Ost und Eutelsat/Hotbird auf 13° Ost mit vier digitalen/analogen und DiSEqC-fähigen Receivern (Bild 2.57). Natürlich ist mit diesen Systembausteinen auch der Empfang von ADR (Astra Digital Radio) möglich. Sollten in Zukunft die Programme, die von den auf 28,2° Ost, 24,2° Ost oder 23,2° Ost stationierten Astra-Satelliten für den deutschsprachigen Raum interessanter werden, kann durch einfaches Drehen der Sat-Antenne und das Neuausrichten der LNBs zum Beispiel auf den Empfang von Astra auf 28,2° Ost und 19,2° Ost umgestellt werden.

Für den digitalen und analogen Empfang der Satelliten-Systeme auf 19,2° und 13° Ost mit maximal acht Receivern kann man den DiSEqC-9/8-Multischalter verwenden. Zu beachten ist, dass für die Montage dieses Multischalters ein zentraler Ort gewählt wird, so dass kurze Leitungswege von dem Multischalter zu den Receivern möglich sind (Bild 2.58).

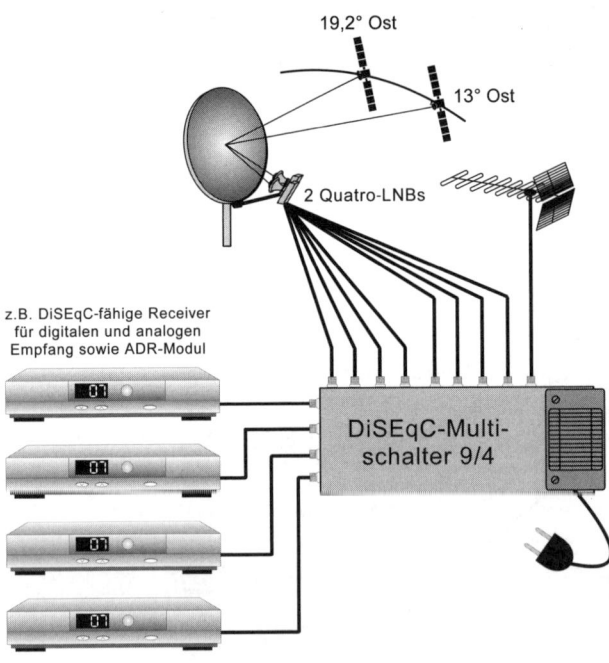

Bild 2.57.

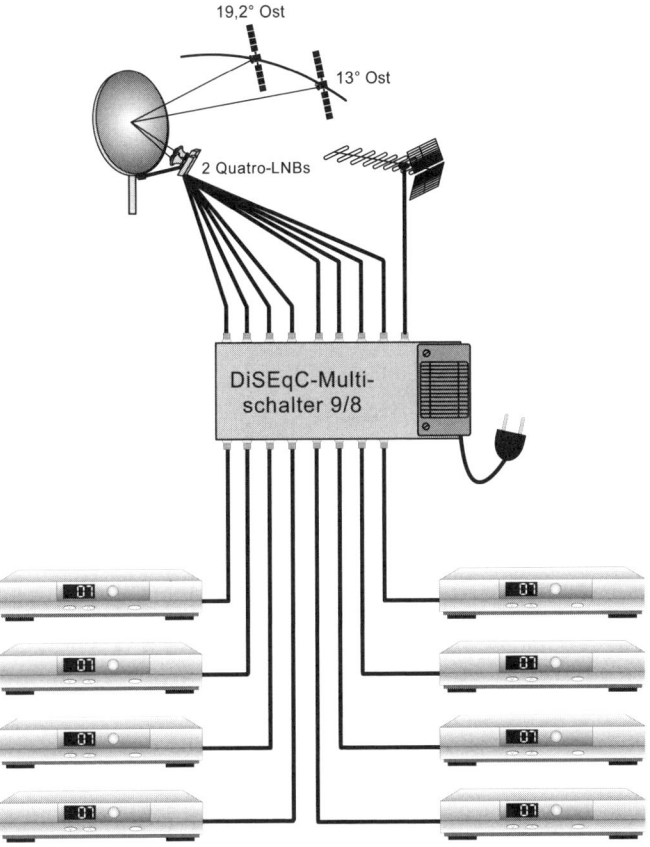

z.B. DiSEqC-fähige Receiver für digitalen und analogen Empfang sowie ADR-Modul

Bild 2.58.

Aus Kostengründen sollte Sie für eine 8-Teilnehmeranlage den DiSEqC-9/8-Multischalter bevorzugen. Die Variante mit dem DiSEqC-9/4-Multischalter in Kombination mit der DiSEqC-9/9/4-Erweiterungskaskade ist eine verhältnismäßig preisgünstige Kombination, wenn zum Beispiel zwölf Teilnehmer an eine Sat-Antenne angeschlossen werden sollen und der Empfang von zwei Satelliten-Systemen möglich sein soll (Bild 2.59).

Für Anlagen mit mehr als acht Teilnehmern ist die Kombination DiSEqC-9/8-Multischalter mit zwei oder mehreren DiSEqC-9/9/4-Erweiterungskaskaden durchaus sinnvoll und kann als zukunftssicher und universell empfohlen werden. Auch bei dieser

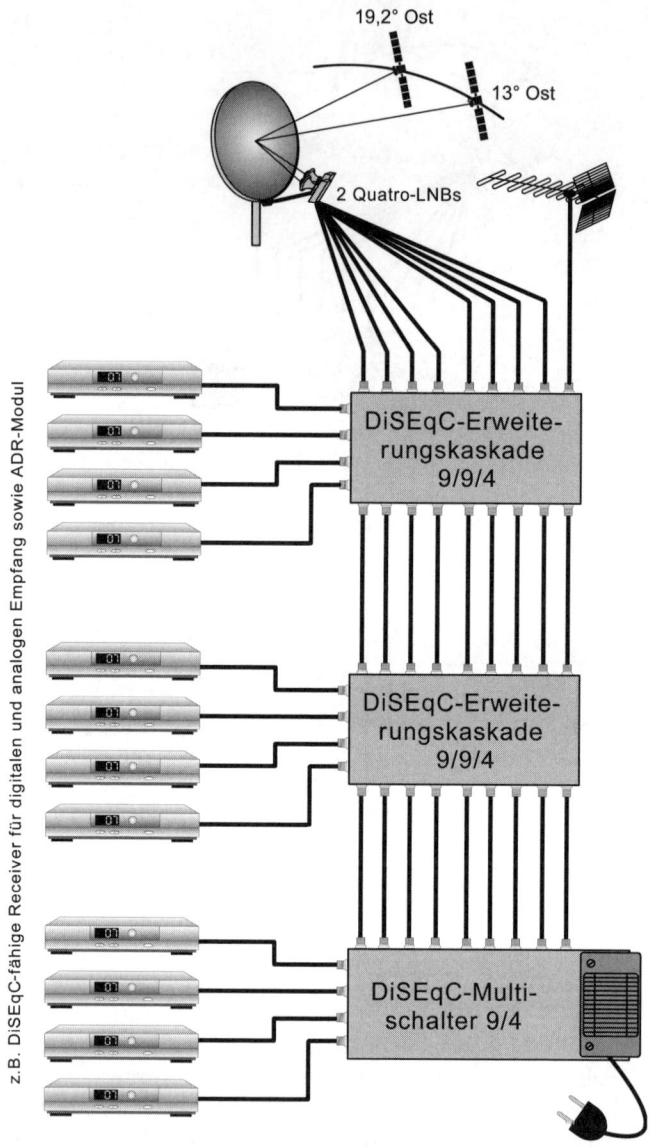

Bild 2.59.

Kombination ist zu beachten, dass man für die Multischalter und Erweiterungs-Kaskadenschalter aus dem zuvor genannten Grund einen zentral liegenden Montageort auswählt.

2.10 Einkabellösung zum Nachrüsten in vorhandenen Mehrteilnehmeranlagen

Im Handel sind Verteilsysteme erhältlich, die für den Einsatz an jeder Kabelstruktur geeignet sind. Eine Sternverteilung ist für solche Systeme nicht notwendig. Die Einkabelsysteme sind für den Empfang der interessantesten digitalen deutschsprachigen Programme aus dem Satellitensystem ASTRA auf 19.2° Ost ausgelegt. Ergänzungen zum Empfang anderer Satellitsysteme oder für Österreich und die Schweiz sind unter Verwendung von anderen bzw. ergänzenden Systemkomponenten möglich. Wie bei jeder Gemeinschaft-Satellitenantenne wird auch für das Einkabelsystem in Zentraleuropa der Einsatz eines größeren Empfangsspiegels mit mindestens 85 cm Durchmesser dringend empfohlen. Aufgrund des größeren Schüsseldurchmessers und einer exakten Ausrichtung werden auch bei ungünstigeren Wetterlagen gute Empfangsergebnisse erreicht und Schlechtwetterreserven gewährleistet. Eventuell sind sehr alte bzw. ungenügend geschirmte Koaxialkabel gegen neue auszutauschen, um auch bei längeren Leitungen einen guten und störungsfreien sowie problemlosen Betrieb zu ermöglichen.

Einkabelsysteme erfordern Satellitendosen ohne Gleichstromdurchgang oder die Anwendung von Gleichstromblockern, die zum Beispiel in Form von Adaptersteckern mit F-Anschluss zwischen herkömmlichen Sat-Dosen und dem digitalen Satelliten-Receiver zum Einsatz kommen können. Zu beachten ist, dass die Verwendung von mehreren Satellitendosen mit Gleichstromdurchgang zu einer Beschädigung der Receiver führen kann.

Das digitale Einkabel-Empfangssystem arbeitet zusammen mit einem handelsüblichen Quatro-LNB. Für den Anschluss an Einkabel-Verteilsysteme, die nicht mit Frequenzversatz arbeiten, eignet sich jeder digitale Satellitenreceiver. Die verfügbaren Programme werden von dem normalen Sendersuchlauf alle aufgefunden. In der Regel erlauben Einkabelsysteme den Empfang von allen wichtigen, frei zu empfangenden deutschsprachigen digitalen Radio- und Fernsehprogrammen, die im MPEG2-Verfahren zum Beispiel von den ASTRA-Satelliten ausgestrahlt werden. Darüber hinaus können auch verschlüsselte Programme

2. Planung

von Premiere World empfangen werden, wenn ein dafür geeigneter Satellitenreceiver zum Einsatz kommt.

Für den ordnungsgemäßen Betrieb ist ein Einkabel-Verteilersystem nur an den vertikalen und horizontalen Ausgängen für die hohe Frequenz mit der Lokaloszillatorfrequenz (LOF) von 10,6 GHz eines Quatro-LNBs anzuschließen (Bild 2.60). Die LNB-Anschlüsse für die tieferen Frequenzen, mit denen die analogen Programme empfangbar wären (Lokaloszillatorfrequenz 9,75 GHz) bleiben frei. Sie sollten aber grundsätzlich gegen das

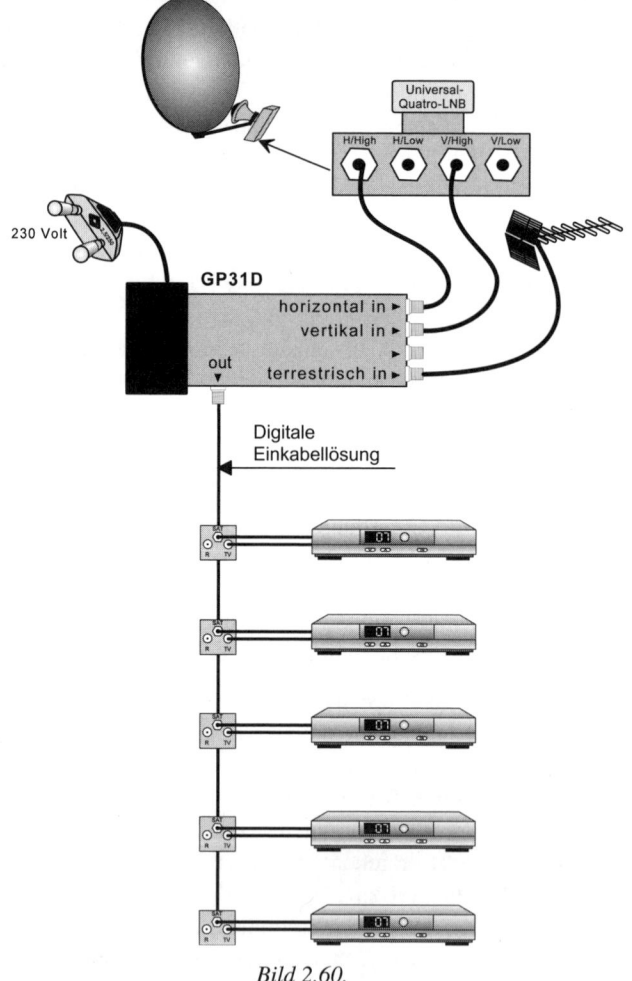

Bild 2.60.

Eindringen von Feuchtigkeit mit Gummitüllen oder Blindverschraubungen geschützt werden.

Um das bestehende Verteilnetz des Gebäudes anzuschließen, ist nur eine Verbindung zum Ausgang des digitalen Einkabel-Verteilsystems herzustellen. Zu berücksichtigen ist, dass alle Verteiler und andere Komponenten im Gebäude satellitenempfangstauglich sein müssen. Befinden sich sehr lange Antennenkabel in der Verkabelung, kann es notwendig sein, dass ein zusätzlicher digitaltauglicher Verstärker in die Leitung geschaltet wird, der seine Stromversorgung über eine zusätzliche Zweidrahtleitung erhalten muss. Für eventuell vorhandene „alte" analoge Satelliten-Receiver ist ein Betrieb an dem digitalen Einkabel-Satellitenempfangssystem nicht mehr möglich. Darüber hinaus sind digitale Satellitenempfangs-Einkabellösungen auch hervorragend zum Ablösen von Kabelfernseh-Anlagen geeignet. Zu diesem Zweck ist nur ein satellitenempfangstaugliches und für längere Leitungswege auch dämpfungsarmes Antennenkabel vom Einspeisepunkt des Kabelfernsehens zum Einspeisepunkt des Satelliten-Einkabelsystems zu verlegen. Nach dem Abklemmen des Breitbandkabels kann das vom Sat-System kommende Antennenkabel mit der Einspeisung des Gebäude-Antennenkabel-Netzwerks verbunden werden. Der Hausverstärker des so genannten Breitbandkabels (Kabelfernsehen) kann nicht mehr verwendet werden und ist eventuell bei zu langen Leitungen gegen einen satellitenempfangstauglichen Verstärker zu ersetzen.

Eine geeignete Alternative zum digitalen Einkabel-Verteilersystem ist das DisiCon-LNB der Firma TechniSat. Mit dem digitalen DisiCon-LNB (das DisiCon-LNB ist patentrechtlich von TechniSat geschützt) ist es möglich, eine kostengünstige digitale Einkabel-Mehrteilnehmer-Anlage aufzubauen. Hierbei können mehrere Sat-Antennensteckdosen hintereinander über ein einziges Kabel mit einer Vielzahl von digitalen Sat-Programmen versorgt werden. Insbesondere für Altbauten, bei denen kein neues Kabel verlegt werden kann, ist dies eine ideale Lösung, um sich die digitale FTA-Welt ins Haus zu holen. Auch alle Betreiber von analogen „Einkabel"-Verteilanlagen haben mit dem DisiCon-LNB erstmals die Möglichkeit, ihre Sat-Anlagen auf digital umzurüsten, ohne neue Kabel zu verlegen. Das DisiCon-LNB ist ein Frequenzversatz-LNB, das heißt, die Frequenzen werden nicht wie bei herkömmlichen LNBs mit Hilfe eines Multischalters verteilt, sondern technisch hintereinander verschoben, damit

Bild 2.61.

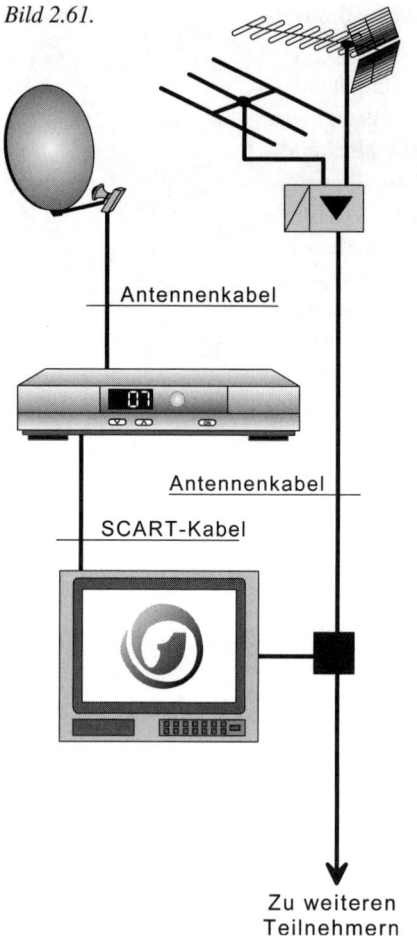

Antennenkabel

Antennenkabel

SCART-Kabel

Zu weiteren
Teilnehmern

sie auf diese Weise über „nur" ein Kabel übertragen werden können. Alle digitalen TechniSat-Receiver sind mit dem DisiCon-LNB kompatibel und sind auf einfache Weise in Mehrteilnehmeranlagen integrierbar. Durch Aktivieren des automatischen Sendersuchlaufs speichert der Receiver alle über das LNB empfangbaren Radio- und TV-Programme.

Die Anwendung des DisiCon-LNBs ist insbesondere für Gebäude interessant, die noch über eine Baumstruktur oder eine Mischstruktur als Kabelnetz verfügen und in denen die Kabel wegen der örtlichen und baulichen Gegebenheiten oder/und aus finanziellen Gründen nicht ausgetauscht werden können. Auch Besitzer älterer analoger Frequenzversatz-Sat-Anlagen können diese mit dem DisiCon-LNB auf digitalen Satellitenempfang umrüsten. Dafür sind lediglich LNB und Receiver auszutauschen. An eine DisiCon-Außenanlage können im Normalfall acht Teilnehmer problemlos angeschlossen werden. Bei Einsatz von Verstärkern sind auch Anlagen mit mehr als acht Teilnehmern realisierbar.

2.11 Digitale Sat-Anlagen, kombiniert mit terrestrischem Empfang

Die meisten digitalen Satelliten-Empfangsanlagen in Deutschland werden, wie in Bild 2.61 dargestellt, aufgebaut und angeschlossen. Von der Sat-Antenne zum digitalen Receiver führt meist ein eigenes Antennenkabel, das über einen F-Stecker mit dem Receiver und am anderen Ende auch über einen F-Stecker mit dem Universal-LNB verbunden ist. Der Anschluss des Fernsehgerätes an den digitalen Satelliten-Receiver sollte, wie in Bild 2.61 dargestellt, immer mit einem SCART-Kabel erfolgen.

2.11 Digitale Sat-Anlagen, kombiniert mit terrestrischem Empfang

In Altanlagen bleibt der terrestrische Empfang meist über den Anschluss des TV-Gerätes an die vorhandene Antennensteckdose, die von einem baumförmig verlegten Antennenkabel-Netzwerk mit den irdischen Signalen versorgt wird, erhalten. Bei dieser Konstellation ist es ‚unproblematisch den terrestrischen Empfang beizubehalten, und es entstehen dadurch auch keine zusätzlichen Kosten.

Bild 2.62.

Soll der Aufwand für das Verlegen eines neuen Antennenkabels von der Schüssel zum Receiver vermieden werden, wenn zum Beispiel die Satelliten-Schüssel am vorhandenen Antennenstandrohr montiert wird (Bild 2.62), bietet es sich an, auf den terrestrischen Empfang zu verzichten und das vorhandene Antennenkabel für die digitale Sat-Empfangsanlage zu verwenden. Wer aber nicht auf den terrestrischen Empfang verzichten möchte und keine neue Leitung verlegen will, hat die Möglichkeit, das terrestrische und das digitale Satellitensignal mit einer Bereichsweiche (Bild 2.63) zusammenzuführen. Zu beachten ist, dass die Bereichsweiche digitaltauglich ist und einen Zwischenfrequenzbereich von 950 bis 2.400 MHz besitzt. Die digitalen Sat-Programme werden somit über das eine bereits vorhandene Antennenkabel übertragen und unmittelbar vor dem Receiver mit einer Sat-Antennensteckdose wieder getrennt (Bild 2.64). Alternativ zur

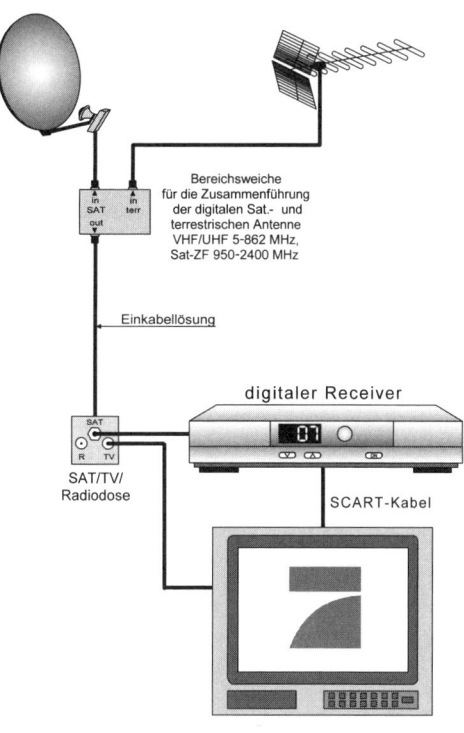

Bereichsweiche
für die Zusammenführung
der digitalen Sat.- und
terrestrischen Antenne
VHF/UHF 5-862 MHz,
Sat-ZF 950-2400 MHz

Einkabellösung

digitaler Receiver

SAT/TV/
Radiodose

SCART-Kabel

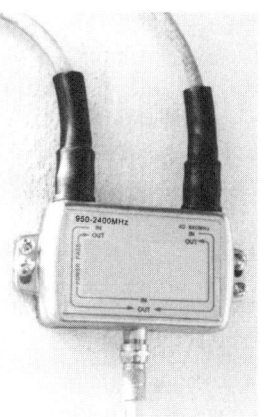

Bild 2.63.

Bild 2.64.

2. Planung

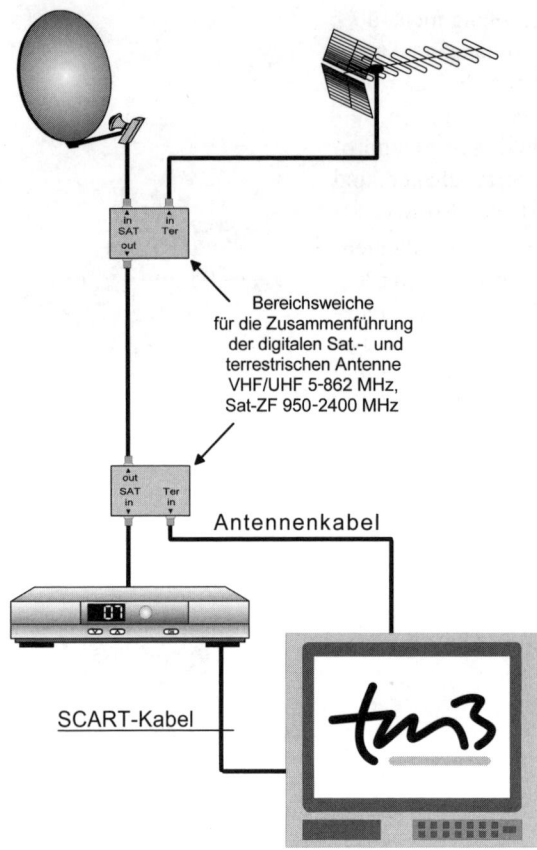

Bereichsweiche
für die Zusammenführung
der digitalen Sat.- und
terrestrischen Antenne
VHF/UHF 5-862 MHz,
Sat-ZF 950-2400 MHz

Antennenkabel

SCART-Kabel

Bild 2.65.

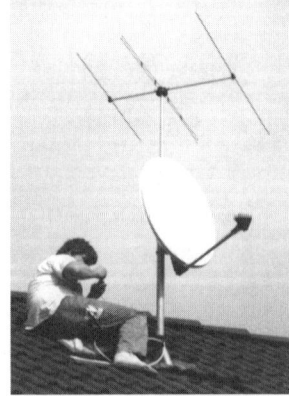

Bild 2.66.

Antennensteckdose kann auch eine Bereichsweiche für die Trennung der Sat- und terrestrischen Programme verwendet werden (Bild 2.65). Das erspart die Befestigung der Steckdose, denn die Weiche kann lose hinter dem Receiver liegen, ohne dass gebohrt und geschraubt werden muss.

Weitere Kosten können entstehen, wenn die terrestrischen Programme gerade noch einigermaßen gut empfangbar sind und kein Verstärker für den terrestrischen Empfang vorhanden ist. Durch den Einbau der Bereichsweiche und der Sat-Dose entstehen zusätzliche Dämpfungen für die terrestrischen Programme, die dazu führen können, dass ein guter Empfang der terrestrischen Programme nicht mehr möglich ist. Mit einem terrestrischen Mehrbereichsverstärker, der oben im Bereich der Antennen zu montieren ist, kann das Problem relativ kostengünstig beseitigt werden, wenn für den Verstärker ein 230-V-Anschluss vorhanden ist. Eine nachträglich zu installierende 230-Volt-Schukosteckdose, die eine Elektrofachkraft anbringen sollte, kann teuer werden, wenn zum Beispiel von einer der unteren Etagen eine 230-Volt-Leitung zum terrestrischen Verstärker auf dem Dachboden verlegt werden muss.

Bei der brillanten Bild- und Tonqualität, die das digitale Sehen und Hören via Satellit mit sich bringt, kann man ohne weiteres auf den Empfang der terrestrischen Programme verzichten. Der einzige Vorteil, den die Kombination Satelliten- und terrestrisches Fernsehen bietet, ist die Möglichkeit, dass Sie gleichzeitig eines der terrestrischen Programme mit dem Videorecorder aufzeichnen können, während Sie sich eine von Satellit ausgestrahlte Sendung ansehen oder umgekehrt. Bei Radiohörern sind die vielen kleinen regionalen Rundfunksender sehr beliebt. Aus diesem Grund wird bei der Montage von Neuanlagen der digitale Satellitenempfang meist nur noch mit einer terrestrischen UKW-Antenne kombiniert (Bild 2.66).

2.12 Digitale Sat-Anlagen, kombiniert mit analogem Sat-Empfang

Digitale Satellitenreceiver sind in der Regel mit einem Antennendurchschleifsystem ausgestattet. Das heißt, dass der digitale Receiver über zwei F-Anschlussbuchsen verfügt, von denen eine mit LNB-Input und die zweite mit LNB-Output bezeichnet ist. Das Universal-LNB der Sat-Antennen verbinden Sie am digitalen Receiver immer mit dem Input-Anschluss. Der mit Output beschriftete F-Anschluss am digitalen Satelliten-Receiver kann

für den zusätzlichen Anschluss eines eventuell noch vorhandenen analogen Receivers genutzt werden, indem Sie mit einem Antennenkabel eine Verbindung schaffen, die vom LNB-Ausgang (Output) des digitalen Receivers zum LNB-Eingang (Input) des analogen Receivers führt. Auch für das exakte Ausrichten der Satelliten-Antenne kann ein analoger Receiver sehr hilfreich sein.

Da eine digitale Single-Satelliten-Empfangsanlage als Komplettanlage sehr preisgünstig im Handel erhältlich ist, können Sie entsprechend ihren Wünschen ein Komplettset käuflich erwerben und dieses zu-

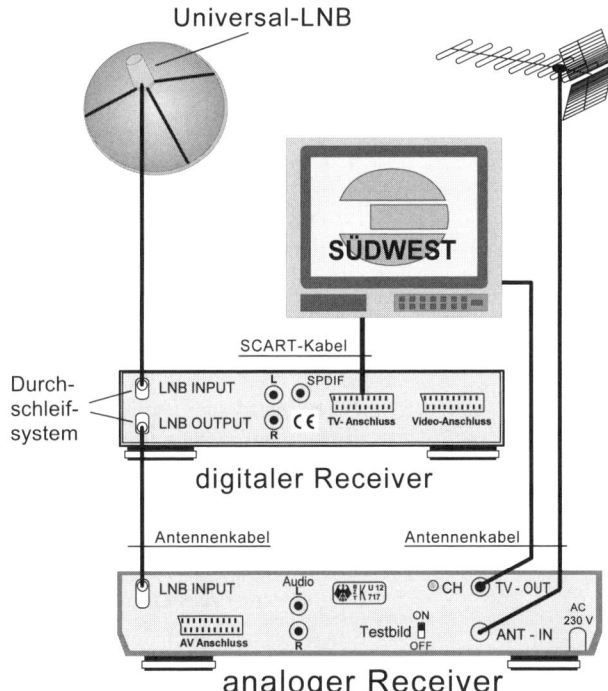

Bild 2.67.

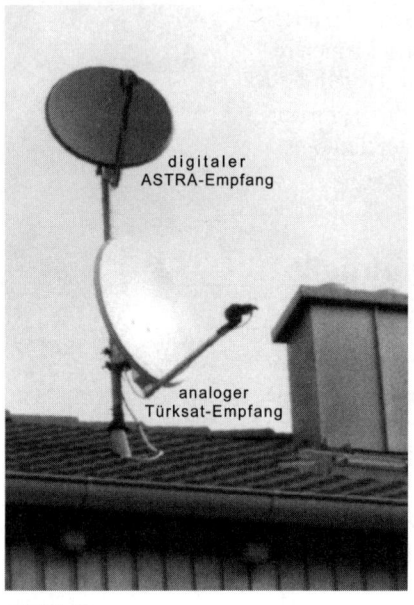

digitaler
ASTRA-Empfang

analoger
Türksat-Empfang

Bild 2.68.

sätzlich zu der vorhandenen analogen Sat-An-lage installieren, wenn das Verlegen eines zusätzlichen Antennenkabels von der Sat-Antenne zum Receiver keinen zu großen Aufwand verursacht. Die neue digitale Sat-Antenne sollten Sie wegen des vielseitigen und umfangreichen digitalen Programmangebotes auf das ASTRA-Satellitensystem auf 19,2° Ost ausrichten; die Schüssel der vorhandenen analogen Sat-Anlage können Sie für den Empfang eines anderen Satelliten nutzen. Verfügt die analoge Sat-Antenne über ein leistungsfähiges LNB oder über einen Schüsseldurchmesser ca. 80 cm, dann ist zum Beispiel der Empfang von Türksat auf 42° Ost problemlos möglich. Von den beiden in Bild 2.68 gezeigten Sat-Antennen ist die unten am Antennenstandrohr angebrachte analoge Antenne auf Türksat ausgerichtet, und die neue digitale Sat-Antenne empfängt mehrere hundert digital ausgestrahlte Radio- und Fernsehprogramme, die von ASTRA kommen.

2.13 Das Antennenkabel

Ein Sat-Antennen-Kabel ist standardmäßig ein koaxiales Kabel mit dem genormten Wellenwiderstand von 75 Ohm. Der Wellenwiderstand einer Antennenleitung ist der Widerstand, mit dem die Antennenleitung abgeschlossen werden muss, damit keine Energie reflektiert wird. Die am meisten verwendete Antennenleitung ist die asymmetrische Koaxialleitung mit einem Wellenwiderstand von 75 Ohm. Für den Sat-Empfang verwendet man doppelt geschirmte Koaxialkabel. Wegen der hohen Sat-Zwischenfrequenz von 2.400 MHz ist eine durchgängige und gute Abschirmung im System sehr wichtig. Ein Schirmdämpfungsmaß von >75 dB ist heute üblich. Bei einem geringeren Schirmdämpfungsmaß könnte der digitale Sat-Empfang gestört werden oder störende Auswirkungen auf andere Systeme haben.

Sat-Antennenkabel, die in geschlossenen Räumen und im Freien zum Beispiel am Antennenstandrohr verlegt werden dürfen, bestehen in der Regel aus einem PVC-Außenmantel, einem Geflecht- und Folienschirm sowie einer PE-Isolierung um den Innenleiter. Das Antennen-Erdkabel hat im Regelfall einen mechanisch belastbareren, witterungs- und UV-beständigen, schwarzen PE-Außenmantel; den Außenleiter bildet ein Kupfergeflechtschirm. Der Innenleiter des Erdkabels ist ein in der Regel 0,8 mm dicker, PE-isolierter Kupferleiter (Bild 2.69). Für die Planung ist es wichtig, dass Sie die Dämpfung des Antennen-Kabels beachten. Die Dämpfung wird angegeben in dB/100 m Kabel bei einer Temperatur von +20 °C (Bild 2.70). Als grobe Regel gilt: Je größer der Außendurchmesser des Kabels, umso geringer die Dämpfung. Vor allem bei sehr langen Leitungen für Mehrteilnehmeranlagen sollte ein Sat-Antennen-Kabel mit möglichst geringer Dämpfung gewählt werden. Das Bild 2.70 zeigt sehr deutlich die unterschiedlichen Dämpfungswerte, die diese verschiedenen Kabeltypen aufweisen. Die Dämpfung eines Sat-Antennen-Kabels ist abhängig von der Frequenz. Hohe Frequenzen werden durch das Kabel mehr gedämpft als Frequenzen, die im unteren Bereich der Sat-Zwischenfrequenz liegen. Das kann bei einem zu langen Antennen-Kabel bewirken, dass nur Programme empfangen werden können, deren Übertragung im unteren Frequenzbereich stattfindet.

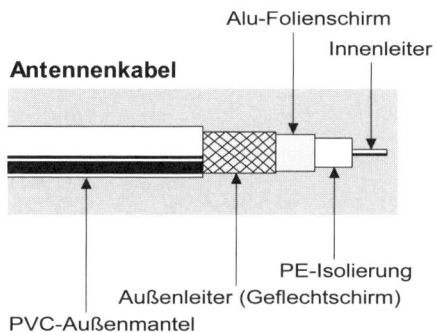

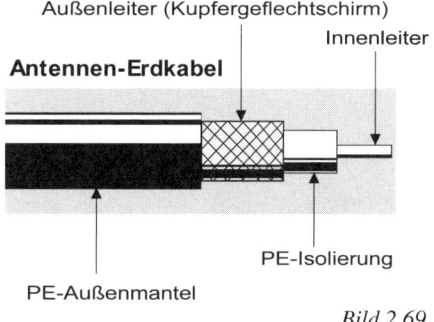

Bild 2.69.

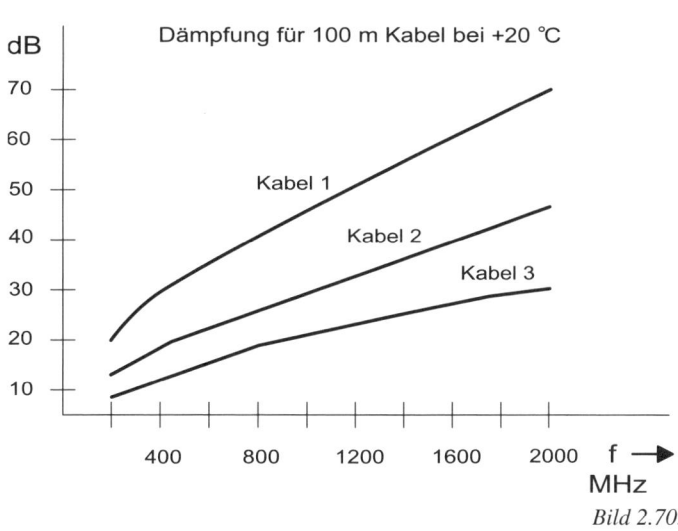

Bild 2.70.

2. Planung

Ein Antennen-Kabel, das eine Dämpfung von 70 dB bei einer Frequenz von 2.000 MHz aufweist (Kabel 1 in Bild 2.70), ist für den digitalen Sat-Empfang ungeeignet. Solche Antennen-Kabel sind bei kurzen Leitungslängen eventuell für Kabel-Fernsehanlagen oder für terrestrische Empfangsanlagen, mit Frequenzen bis etwa 800 MHz, einsetzbar. Unter Umständen kann durch den Einsatz eines qualitativ hochwertigen und dämpfungsarmen Antennen-Kabels, das etwas mehr kostet, Geld gespart werden, wenn auf Grund der geringen Leitungsdämpfung auf einen Sat-Antennenverstärker verzichtet werden kann.

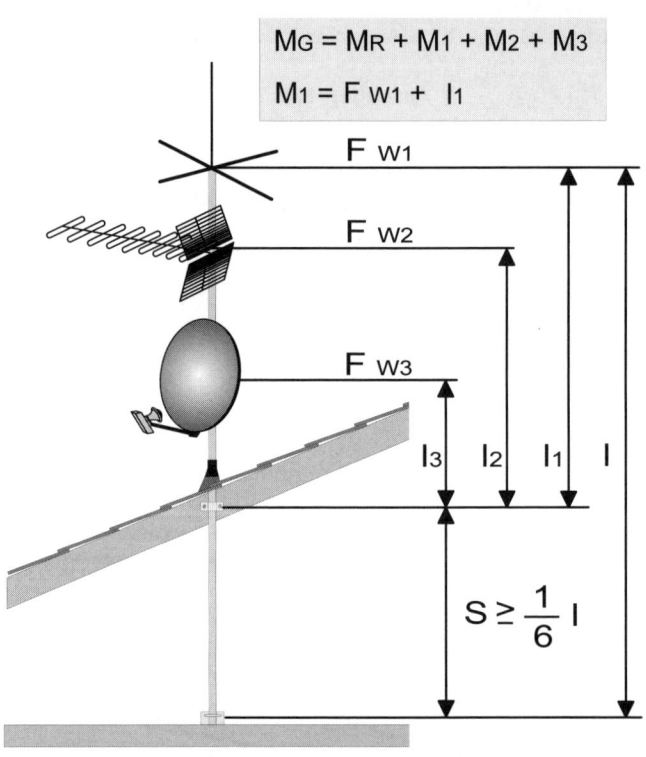

$$M_G = M_R + M_1 + M_2 + M_3$$

$$M_1 = F_{W1} + l_1$$

F_{W1}

F_{W2}

F_{W3}

l_3 l_2 l_1 l

$$S \geq \frac{1}{6} l$$

M_{1-3}	Biegemomente der Antennen
M_R	Eigenbiegemoment des Rohrmastes
$F_{W1} - F_{W3}$	Windlast
$l_1 - l_3$	Abstände von der oberen Einspannstelle
M_G	Gesamtbiegemoment

Bild 2.71.

Von Vorteil ist die Anfertigung eines Ausführungsplanes, in den Sie die erforderlichen Antennen-Kabellängen eintragen. Anhand der Kabellängen und der vom Kabelhersteller angegebenen Dämpfungswerte lässt sich ermitteln, ob und welche Antennen-Verstärker erforderlich sind. Zuerst muss die Gesamtdämpfung für den Leitungsweg von der Sat-Antenne bis zu dem Receiver festgelegt werden, der über den längsten Leitungsweg mit der Sat-Antenne verbunden ist. Nicht nur die Leitungsdämpfung ist maßgebend, sondern auch die Dämpfung von allen in den Leitungsweg eingebauten Systemkomponenten müssen

Berücksichtigung finden. Ein Berechnungsbeispiel enthält das Kapitel 2.15.

Erfordert die geplante Sat-Anlage eine Verlegung von mehreren Antennenkabeln in einem Strang, kann der Zeitaufwand für die Leitungsverlegung erheblich reduziert werden, wenn Twin- oder Quatro-Sat-Koaxialkabel zum Einsatz kommen.

Zu beachten ist, dass für die Leitungsführung immer der kürzest mögliche Leitungsweg gewählt werden sollte; das spart Zeit bei der Leitungsverlegung und Geld bei der Materialbeschaffung. Darüber hinaus sollten Sie bei der Planung nicht vergessen, dass für die Verlegung der Antennenkabel geeignetes Befestigungsmaterial zu beschaffen ist, wie zum Beispiel Kabelschellen, Kabelkanal, Kabelschutzrohr, Dübel, Schrauben (usw).

Bild 2.72.

2.14 Windlast und mechanische Sicherheit der Antenne

Für Antennenmaste bis zu einer freien Länge von maximal sechs Metern darf das Biegemoment an der oberen Befestigungsstelle nicht größer als 1.650 Nm sein. Das Biegemoment ist die Kraft, die über alle auf dem Mast montierten Antennen bei Windbelastung auf die obere Befestigungsstelle des Mastes wirkt. Die Eigenwindlast des Antennenmastes muss mit berücksichtigt werden (Bild 2.71). Bei einer größeren Mastlänge als sechs Meter, oder wenn das maximal zulässige Biegemoment überschritten wird (Bild 2.72), ist die Berechnung eines Statikers erforderlich, aus der hervorgeht, dass die Sicherheit des Gebäudes bestehen bleibt.

Antennenmaste müssen an tragenden Bauteilen befestigt werden. Die Mindesteinspannlänge S muss ein Sechstel der Gesamtrohrlänge betragen. Für die Befestigung der Mastschellen müssen mindestens zwei Schlüsselschrauben mit 8 mm Durchmesser verwendet werden. Für die Befestigung des Antennen-Standrohres an Stahlbeton oder Stahlkonstruktionen sind mindestens zwei Schrauben M8 je Mastschelle erforderlich. Das Standrohr und alle Montageteile müssen korrosionsgeschützt sein. Das vom Hersteller des Standrohres angegebene maximale Biegemoment des Standrohres darf nicht überschritten werden. Um das an der oberen Befestigungsstelle des Antennenstandroh-

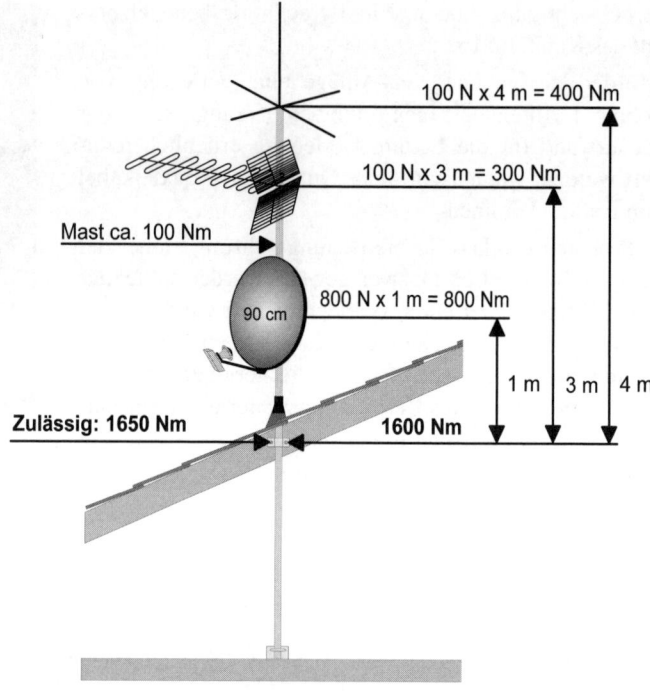

Bild 2.73.

res auftretende Biegemoment festlegen zu können, muss die Summe des Biegemomentes, das vom Mast selbst verursacht wird (MR = ca. 100 Nm), und der Biegemomente aller am Mast montierten Antennen (M1 + M2 + ...) errechnet werden (Bild 2.73).

Die Windlastangabe einer Antenne wird in der Regel vom Antennenhersteller vorgegeben. Besonders große Windlasten treten verständlicherweise bei Sat-Antennen auf, da hier die Windangriffsfläche wesentlich größer ist als bei einer terrestrischen Antenne. Bei einer terrestrischen Antenne ist die Windlast meist kleiner als 100 N. Eine Schüssel mit 60 cm Durchmesser verursacht eine Windlast von ca. 350 N, mit 75 cm Durchmesser ca. 500 N und mit 90 cm Durchmesser ca. 800 N.

Zu beachten ist, dass diese Windlastangaben und die Windlastangaben der Antennenhersteller im Normalfall von einem Staudruck mit 800 N/qm ausgehen. Das entspricht einer Windgeschwindigkeit von 130 km/h (Windstärke 12, siehe Tabelle).

Maßgebend sind die 130 km/h bis zu einer Höhe von maximal 20 Meter über Grund. Bei einem höher gelegenen Montageort, wie zum Beispiel dem Flachdach eines Hochhauses, muss gegebenenfalls auch mit höheren Windgeschwindigkeiten gerechnet werden.

Auch andere ungünstige Umgebungsbedingungen können erforderlich machen, dass man höhere Staudruckwerte für die Berechnung einsetzen muss. Für eine Windgeschwindigkeit von 160 km/h (Windstärke 14) beträgt der Staudruck 1.250 N/qm, und für eine Windgeschwindigkeit von 200 km/h (Windstärke 16) liegt der Staudruck bei 1.900 N/qm. Zur Umrechnung des Staudruckes von zum Beispiel 800 auf 1.250 N/qm beträgt der Faktor 1,56 (1.250 : 800).

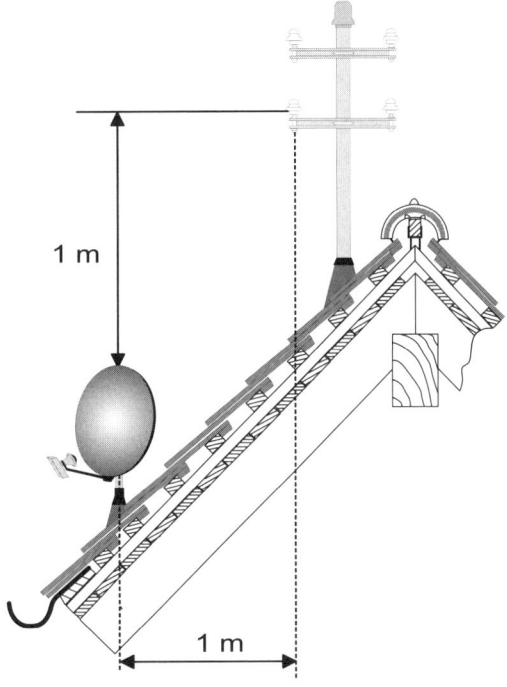

Bild 2.74.

Der Stahl für Standrohre muss eine gewährleistete Streckgrenze haben, und die maximale Werkstoffbeanspruchung darf 90 % nicht überschreiten, so dass der Antennenmast bei Überlastung nicht abbricht, sondern sich nur verbiegt. Die Wanddicke des Mastes im Einspannbereich muss mindestens 2 mm betragen.

Wenn Starkstromfreileitungen vorhanden sind, ist ein Sicherheitsabstand von der Antenne zu der Niederspannungs-Freileitung einzuhalten (Bild 2.74 und 2.75). Die Antenne muss so aufgebaut werden, dass beim Abbrechen oder Abknicken der Antenne eine Berührung mit der Freileitung ausgeschlossen ist. An diesen Forderungen erkennt man, dass die Montage der Sat-Antenne am vorhandenen Antennen-Standrohr oder mit Antennen-Standrohr zu den schwierigsten Arten der Sat-Antennenmontage gehört.

Bild 2.75.

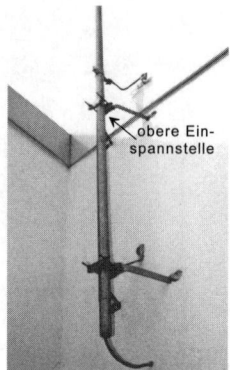

obere Ein-
spannstelle

Bild 2.76.

Das Bild 2.76 zeigt das negative Beispiel einer Antennen-Stand-rohrmontage an einer Außenwand. Die dreibeinige Mauerhalte-rung sollte oben und nicht unten angebracht sein, da sich die Windkräfte überwiegend auf die obere Einspannstelle des An-tennenmastes auswirken.

	Windstärken in km/h	Bezeichnung
1	1,08–5,40	leiser Zug
2	5,76–11,88	leichte Brise
3	12,24–19,44	schwache Brise
4	19,80–28,44	mäßige Brise
5	28,80–38,52	frische Brise
6	38,88–49,68	starker Wind
7	50,40–61,56	steifer Wind
8	61,92–74,52	stürmischer Wind
9	74,88–87,84	Sturm
10	88,20–102,24	schwerer Sturm
11	102,60–117,36	orkanartiger Sturm
12	117,72–132,84	Orkan
13	133,20–149,04	Orkan
14	149,40–165,96	Orkan
15	166,32–183,24	Orkan
16	183,60–201,60	Orkan

2.15 Dämpfungsberechnungen

Das dB (Dezibel) ist eine Maßeinheit und der zehnte Teil eines Bell (B). Das Bell ist benannt nach dem amerikanischen Erfinder A. G. Bell und ist ein logarithmisches Maß für das Verhältnis zweier Spannungen bei gleichen Widerstandswerten. Ist das Spannungsverhältnis U2 zu U1 kleiner als 1, so erhält man einen negativen Wert. Ein positiver Wert ergibt sich, wenn das Span-nungsverhältnis größer ist als 1.

Dämpfung entsteht bei passiven Bauelementen, wie zum Beispiel Multischaltern, Verteilern, Abzweigern, Antennensteckdosen und Antennenleitungen. Verstärkung ergibt sich bei aktiven Bauteilen, zu denen Verstärker und Umsetzer gehören.

Voraussetzung für die Berechnung des Nutzpegels, der an den Antennensteckdosen oder direkt am Sat-Receiver zur Verfügung steht, sind folgende Punkte:

1. Anfertigen eines Anlageplans (Handskizze ist ausreichend).

2. Kabellängen mit den dazugehörigen Dämpfungswerten ermitteln. Die Kabeldämpfung sollte in Abhängigkeit zu der ungünstigsten und günstigsten Sat-Zwischenfrequenz (950 und 2.150 MHz) und terrestrischer Frequenz (47 und 862 MHz) ermittelt werden.

3. Dämpfungen der verschiedenen Systemkomponenten (Antennensteckdosen, Multischalter, Einschleusweichen usw.), auch in Abhängigkeit zu der ungünstigsten und günstigsten Frequenz, bestimmen.

4. Ausgangspegel der aktiven Systemkomponenten (LNB, Verstärker) ermitteln und in den Plan eintragen.

Damit die Berechnung beurteilt werden kann (Bild 2.77), muss man wissen, dass die Signalgrößen ausreichend sind, wenn der Nutzpegel am Empfänger für terrestrische Programme nicht größer ist als 84 dB und nicht kleiner sein darf als 57 dB. Für Sat-Programme sollte der Nutzpegel zwischen 47 bis 75 dB liegen.

Die Berechnung kann nur durchgeführt werden, wenn die Ausgangspegel bekannt sind. Der Ausgangspegel einer Sat-Antenne mit 85 cm Durchmesser und einem 1,0 dB LNB, die Sie in der Kernausleuchtzone auf ASTRA (19,2°) ausrichten, beträgt ca. 80 dB. Üblich sind Werte, die zwischen 70 bis 80 dB liegen. Das gilt auch für terrestrische Antennen. Da sich durch Temperaturänderungen (usw.) Abweichungen von berechneten Ausgangspegel ergeben können, sollten Sie eine Sicherheitsreserve berücksichtigen, indem Sie zum Beispiel mit einem Ausgangspegel von nur 75 dB und nicht mit dem ermittelten Ausgangspegel von 80 dB rechnen.

Die Nutzpegelberechnung ist relativ einfach. Es werden alle ermittelten Dämpfungswerte der Leitungen und Systemkomponenten addiert. Das Ergebnis, die Gesamtdämpfung, wird vom Ausgangspegel abgezogen. Daraus ergibt sich der Nutzpegel, der zwischen dem Mindestpegel und dem Höchstpegel liegen soll (Bild 2.77).

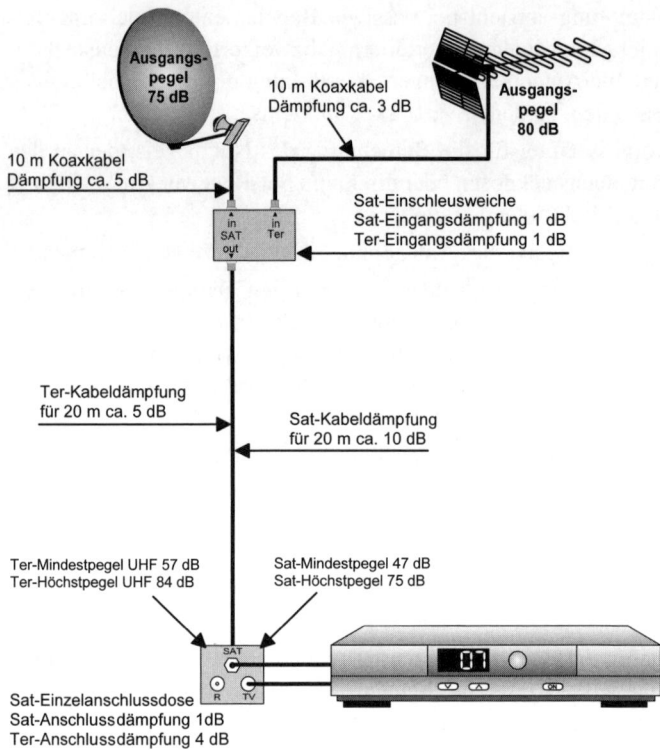

Ausgangspegel 80 dB - Ter-Gesamtdämpfung 13 dB = Nutzpegel 67 dB

Ausgangspegel 75 dB - Sat-Gesamtdämpfung 17 dB = Nutzpegel 58 dB

Bild 2.77.

2.16 Der Antennenverstärker

Ein handelsüblicher Sat-Leitungsverstärker erhöht den Signal-pegel um ca. 20 dB. Das ist für viele Anwendungsfälle ausrei-chend. Bei der Auswahl eines geeigneten Verstärkers ist zu be-achten, ob nur der Satelliten-Zwischenfrequenzbereich (950 bis 2.300) oder der Frequenzbereich für terrestrischen Empfang (40 bis 2.300 MHz) und der Satelliten-Zwischenfrequenzbereich verstärkt werden soll. Die Spannungsversorgung für den Anten-nenverstärker erfolgt über das Antennenkabel je nach Anlagen-konfiguration, entweder durch den Sat-Receiver oder durch den Sat-Multischalter.

Wenn möglich, soll der Montageort für den Antennenverstärker erschütterungsfrei, trocken und jederzeit zugänglich sein. Die Herstellerangaben über zulässige Umgebungstemperaturen (usw.) sind grundsätzlich zu beachten, vor allem dann, wenn ein Verstärker zum Einsatz kommt, der sich für die Montage im Außenbereich eignet. Für die Montage im Außenbereich sollte immer ein Montageort gewählt werden, an dem der Verstärker keiner direkten Sonneneinstrahlung ausgesetzt ist, weil sonst an sehr heißen und sonnigen Tagen die maximal zulässige Betriebstemperatur überschritten werden könnte.

Wichtig: Der Verstärker darf nicht in unmittelbarer Nähe des Satelliten-Receivers montiert werden. Der Einsatzort sollte an einer Stelle sein, an der der Nutzpegel bzw. die Signalstärke noch ausreichend ist, denn dort, wo nichts mehr ist, kann man auch nichts mehr verstärken. Ein geeigneter Einsatzort für die Anbringung des Verstärkers ist im Normalfall die Mitte des Antennenkabels (Bild 2.78). Ab einer Antennen-Kabellänge von ca. 20 bis 25 m, gemessen vom LNB bis zum Satelliten-Receiver, kann der Einbau eines Leitungsverstärkers erforderlich sein.

Der Einbau des Verstärkers ist meist einfach und problemlos möglich. An einer geeigneten Einbaustelle wird das Antennenkabel ab-

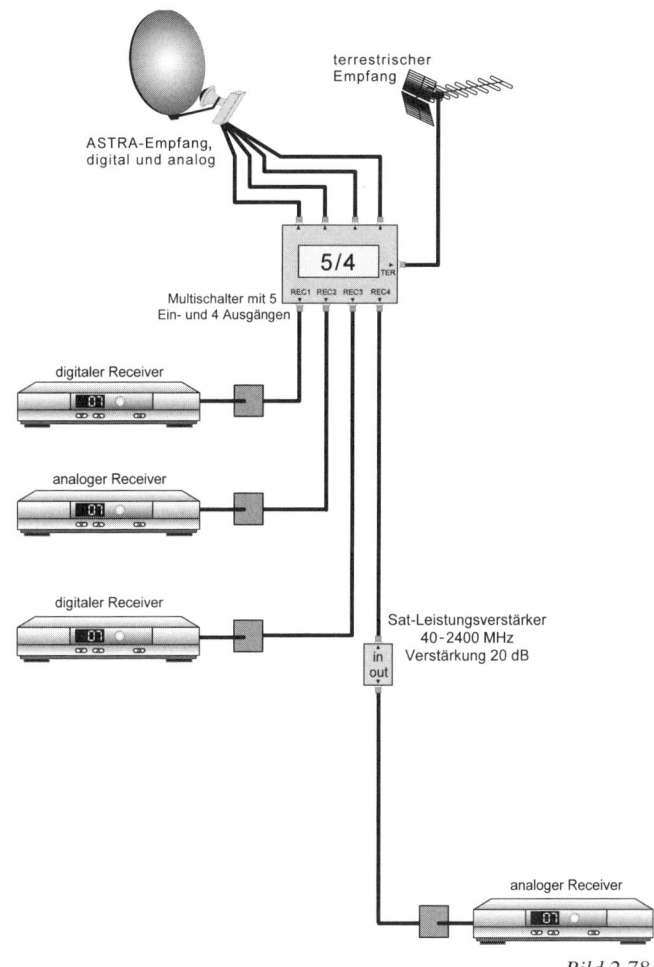

Bild 2.78.

2. Planung

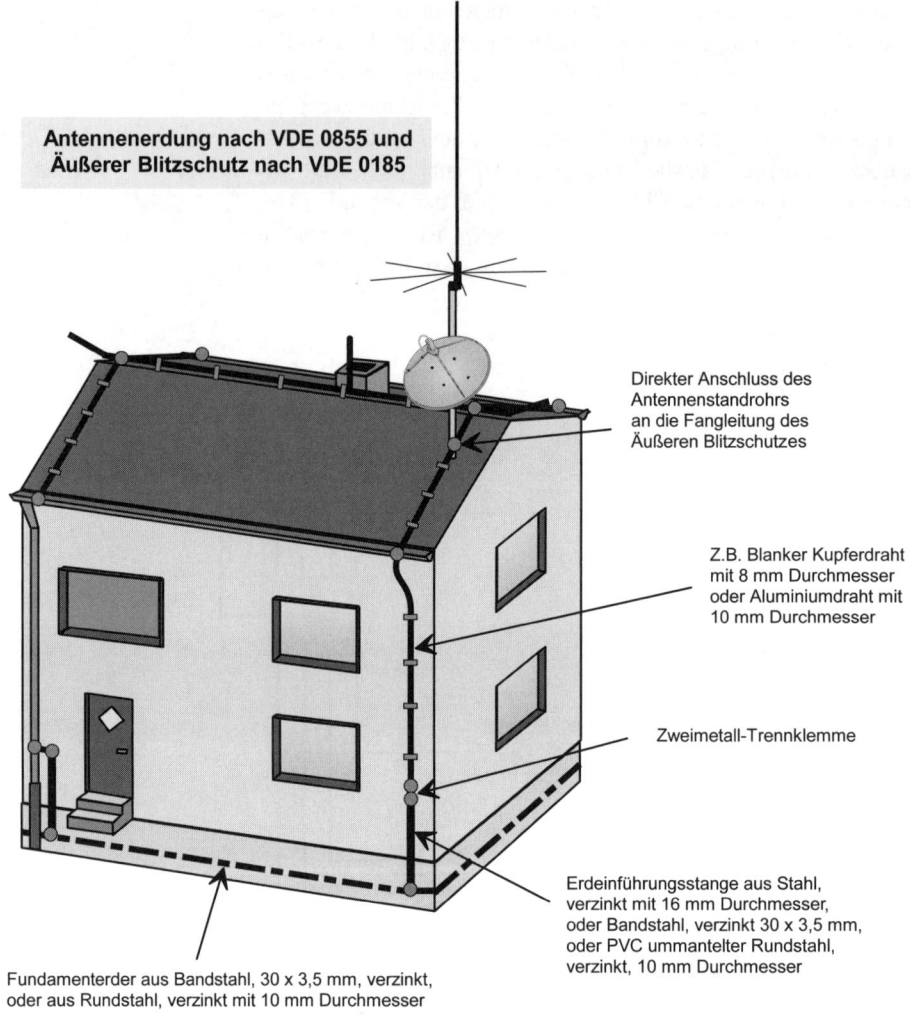

Direkter Anschluss des
Antennenstandrohrs
an die Fangleitung des
Äußeren Blitzschutzes

Z.B. Blanker Kupferdraht
mit 8 mm Durchmesser
oder Aluminiumdraht mit
10 mm Durchmesser

Zweimetall-Trennklemme

Erdeinführungsstange aus Stahl,
verzinkt mit 16 mm Durchmesser,
oder Bandstahl, verzinkt 30 x 3,5 mm,
oder PVC ummantelter Rundstahl,
verzinkt, 10 mm Durchmesser

Fundamenterder aus Bandstahl, 30 x 3,5 mm, verzinkt,
oder aus Rundstahl, verzinkt mit 10 mm Durchmesser

Bild 2.79.

geschnitten und an beiden Enden der abgeschnittenen Leitung
ein F-Stecker angebracht. An der mit „in" oder „Eingang" ge-
kennzeichneten F-Kupplung des Verstärkers schließen Sie das
von der Sat-Antenne kommende Leitungsende an.

Sollte nur die Verstärkung der terrestrischen empfangenen Programme erforderlich sein, kann ein Breitbandverstärker eingesetzt werden, der zum Beispiel den Frequenzbereich von 40 bis

860 MHz verstärkt. Der Einsatzort eines Breitbandverstärkers, der nur die terrestrischen Signale verstärkt, sollte zwischen der terrestrischen Antenne und der Einschleusweiche liegen. Wenn bereits ein Antennenverstärker mit regelbarer Signalstärke für die terrestrisch empfangbaren Programme vorhanden ist, können Sie eventuell mit einem Schraubendreher die Signalstärken erhöhen. Einen Antennenverstärker, dessen Verstärkung nicht ausreicht und der keine Erhöhung des Signalpegels zulässt, sollten Sie gegen eine leistungsfähigeren Typ auswechseln.

2.17 Antennenerdung

Die Antennenerdung soll bewirken, dass auf den Außenleitern der Koaxialkabel und den Metallteilen der Antennenanlage keine gefährlichen Spannungen auftreten. Sie ist unter Berücksichtigung der DIN VDE 0855 auszuführen. Das Vorhandensein einer Äußeren Blitzschutzanlage bietet gute Voraussetzungen für die Erdung eines Antennenstandrohrs, das auf möglichst kurzem Weg direkt mit der Fangleitung des Äußeren Blitzschutzes zu verbinden ist (Bild 2.79). Der Erdungsleiter sollte nach Möglichkeit aus demselben Werkstoff wie die Fangleitung bestehen und sollte auch den gleichen Durchmesser wie die Fangleitung der Äußeren Blitzschutzanlage aufweisen.

Für ein Gebäude ohne Äußeren Blitzschutz verlegt der Elektroinstallateur meist den Leitungstyp NYM 1×16 mm^2 als Erdungsleitung. Im Normalfall verbindet diese Erdungsleitung das Antennenstandrohr, auf dem Dach des Gebäudes, mit der Hauptpotentialausgleichsschiene (Bild 2.80), die sich in der Regel im Keller des Wohnhauses befindet. Der Kupferleiter des Leitungstyps NYM ist ab 16 mm^2 Querschnittsfläche nicht mehr eindrähtig, sondern mehrdrähtig und auf Grund dessen nicht gut für diesen Anwendungsfall geeignet. Der Kabeltyp NYY $1 \times$ 16 mm^2 enthält dagegen einen eindrähtigen Kupferleiter, der mechanisch belastbarer ist und somit den dynamischen Kräften, die auf einen vom Blitzstrom durchflossenen Leiter einwirken, eher standhält als der mehrdrähtige Leiter.

Bild 2.80.

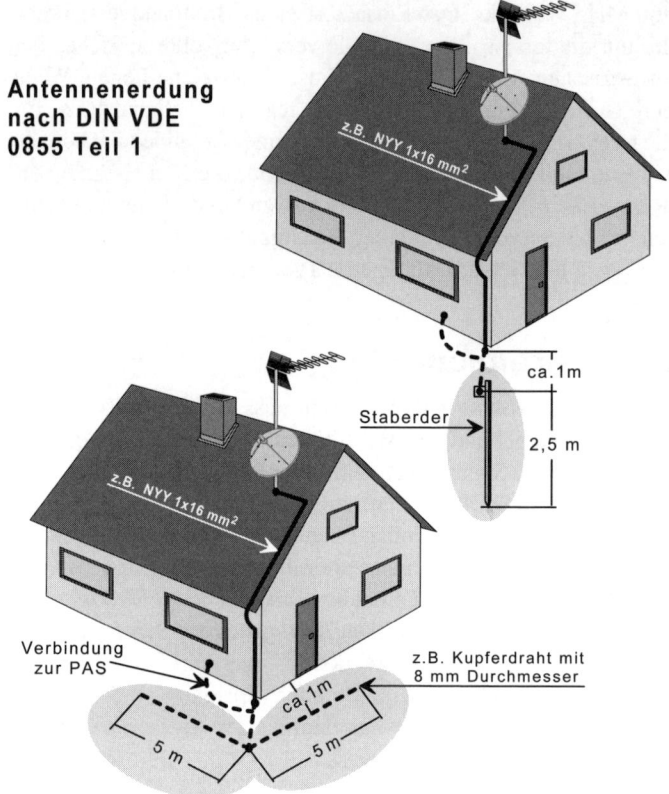

Antennenerdung
nach DIN VDE
0855 Teil 1

z.B. NYY 1x16 mm²

ca.1m

Staberder

2,5 m

z.B. NYY 1x16 mm²

Verbindung
zur PAS

z.B. Kupferdraht mit
8 mm Durchmesser

ca.1m

5 m

5 m

Bild 2.81.

Der alleinige Anschluss des Antennenstandrohrs an die Hauptpotentialausgleichsschiene kann in der Regel den Äußeren Blitzschutz nicht ersetzen, weil sich das Gebäude meist nicht vollständig im Schutzraum des Antennenmastes befindet. Aus diesem Grund sind nach wie vor Blitzeinschläge in ungeschützte Gebäudekanten möglich.

Üblicherweise verlegen die Elektriker die Erdungsleitung innen durch das Gebäude zur Hauptpotentialausgleichsschiene. Schlägt der Blitz in einen auf diese Weise angeschlossenen Anntennenmast ein, fließt mit Sicherheit der größte Teil des Blitzstromes über den Erdungsleiter durch das Gebäude zur Erdungsanlage. Erfahrungsgemäß ist ein im Wohnhaus verlegter Erdungsleiter fast immer parallel zu nachrichten- und energietechnischen Leitungen verlegt. Aufgrund der parallelen

Verlegung kommt es im Blitzeinschlagsfall nicht nur zu hohen induktiven Spannungseinkopplungen in die Gebäudeinstallationen. Darüber hinaus sind auch offene Überschläge in Form von Lichtbögen möglich (galvanische Kopplung), die nicht nur hohe Blitzüberspannungen, sondern auch hohe Blitzströme einkoppeln. Hinzu kommt, dass die heißen Lichtbögen unter Umständen einen Brand verursachen können.

Aus den zuvor genannten Gründen sollte die Antennerdungsleitung unter Einhaltung der Näherungsabstände immer außen am Gebäude verlegt werden (Bild 2.81). Die Einführung der Antennenerdungsleitung in das Gebäude sollte nahe der Geländeoberfläche an einer Stelle durchgeführt werden, die innerhalb des Gebäudes einen kurzen Leitungsweg zur Hauptpotentialausgleichsschiene ermöglicht.

Bild 2.82.

Für Gebäude ohne Fundamenterder muss der Antennenerdungsleiter zusätzlich zu dem Anschluss an die Hauptpotentialausgleichsschiene den Anschluss an einen Vertikalerder erhalten, der eine Länge von mindestens 2,5 Meter aufweist. Alternativ zum Vertikalerder ist auch ein Horizontalerder zulässig. Dieser muss aus zwei Strahlenerdern bestehen, die mit einer Mindestlänge von je 5 Metern, etwa 0,5 Meter tief, im Abstand von ca. 1 Meter zu der Außenwand des Gebäudes einzubringen sind (Bild 2.82). Als Horizontalerder sollten Sie einen blanken Kupferdraht mit 8 mm Durchmesser bevorzugen. Handelsübliche Stab-, Profilstab- (Bild 2.82) oder Rohrerder aus verzinktem Stahl eignen sich zum Beispiel für den Einsatz als Vertikalerder. Zu beachten ist, dass das Eintreiben eines 2,5 Meter langen Vertikalerders oft sehr schwierig und bei steinigem Boden nahezu unmöglich ist.

Das Bild 2.82 zeigt als negatives Beispiel einen Profilstaberder, der einen zu geringen Abstand zur Außenwand des Gebäudes aufweist. Der spulenförmig gewickelte Erdungsleiter ist mit Sicherheit nicht als möglichst kurze und impedanzarme Verbindung zu betrachten. Hinzu kommt, dass sich dieser Erder vermutlich keine 2,5 Meter tief im Erdreich befindet, da er die Geländeoberfläche um ca. 0,5 Meter überragt.

Anmerkung:

Grundsätzlich darf als Erdungsleiter für einen Antennenträger kein PE-, PEN- oder N-Leiter der elektrischen Anlage verwendet

2. Planung

Werkstoff	(Rho) ρ Spezifischer Widerstand	(Kappa) κ Leitfähigkeit
Kupfer (Cu)	0,0178	56
Aluminium (Al)	0,0303	33
Eisen (Fe)	0,1300	7,7
Niro (V4A / V2A)	1,4000	0,7

Bild 2.83.

werden. Die Schirme (Außenleiter) von Koaxialkabeln, die zur Verlegung in Wohngebäuden üblich sind, eignen sich wegen ihres viel zu geringen Querschnitts auch nicht als Erdungsleiter.

Wie in Bild 2.79 dargestellt, sollte als Erdungsleiter für die Antennenerdung ein Leiter verwendet werden, wie er für die Installation der Fangeinrichtung einer Äußeren Blitzschutzanlage üblich ist. Dazu gehören zum Beispiel der Kupferdraht mit 8 mm Durchmesser und der Aluminiumdraht mit 10 mm Durchmesser. Der Grund für die Anwendung dieser

Potentialausgleich und Erdung von Empfangsstellen und Antennen

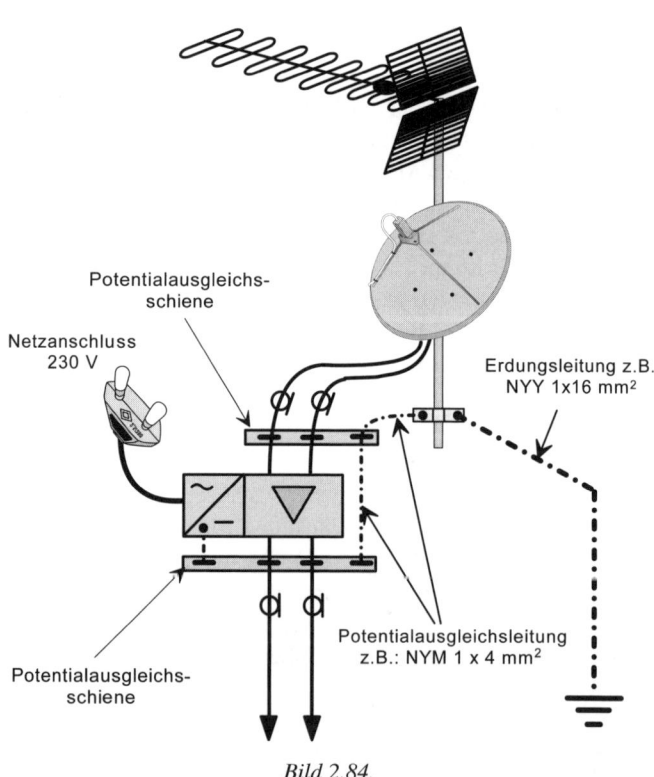

Bild 2.84.

Leitungen ist die gegenüber dem 16 mm^2 Kupferleiter höhere mechanische Festigkeit und größere Strombelastbarkeit. Hinzu kommt, dass es für Leitungen mit größeren Durchmesser eine große Auswahl an geeigneten Dachleitungs- und Wandleitungshaltern sowie Anschlussklemmen und Anschlussschellen im Handel gibt. Obwohl „nicht rostender Stahl" (V2A und V4A) von den Blitzschützern als zulässiger Werkstoff für das Errichten von Blitzschutzanlagen genormt wurde, ist dieser Werkstoff wegen seiner schlechten elektrischen Leitfähigkeit (Bild 2.83) nur bedingt als Erdungsleiter geeignet. Für die Elektroinstallation in Wohngebäuden wurde bereits vor Jahrzehnten der schlecht leitende Werkstoff Aluminium abgeschafft. In der Blitzschutztechnik ist das eher umgekehrt. Hier werden schlechter leitende Werkstoffe neu eingeführt und wegen der hohen Korrosionsbeständigkeit empfohlen, obwohl sie den mechanischen und thermischen Beanspruchungen, die bei einem energiereichen Blitzeinschlag auftreten können, nicht standhalten.

Ein Niroleiter, der von einem energiereichen Blitzstrom durchflossen wird, kann Temperaturen erreichen, die über seinem Schmelzpunkt hinausgehen. Aus diesem Grund ist der Einsatz von V2A-Stahl stets zu vermeiden. Zusätzlich zur Antennenerdung ist für das Antennensystem ein Potentialausgleich herzustellen, das gefährliche Potentialdifferenzen verhindert. Für diesen Zweck sind alle von den Antennen kommenden und zu den Empfangsgeräten abgehenden Koaxialleitungen über eine geeignete Schirmerdungsschiene mit der Potentialausgleichsschiene und dem Antennenstandrohr zu verbinden (Bild 2.84). Als Potentialausgleichsleiter eignet sich zum Beispiel ein grüngelb gekennzeichneter Leiter Typ H07V-U oder die Leitung NYM mit einer Leiterquerschnittsfläche von mindestens 4 mm^2 (Bild 2.85).

Bild 2.85.

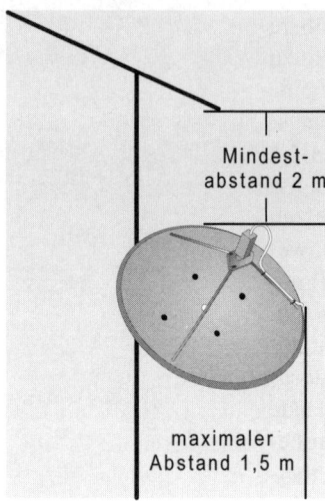

Mindest-
abstand 2 m

maximaler
Abstand 1,5 m

Bild 2.86.

Anmerkung:

Die Schutzvorschriften für den Schutz von Antennenanlagen gegen statische Aufladung und Blitzeinwir-
kung beziehen sich nicht auf Zimmerantennen und
auch nicht auf Antennen, die sich an der Außenwand
mehr als 2 Meter unterhalb der Dachkante befinden,
wenn sie zugleich nicht weiter als 1,5 Meter von der
Außenwand entfernt sind (Bild 2.86).

2.18 Überspannungsschutz für Sat-Anlagen

Um empfindliche elektronische Geräte wie Fernseher,
Videorecorder, Stereoanlage und Satellitenreceiver
wirkungsvoll vor den Überspannungen eines Blitzfer-
neinschlags zu schützen (Bild 2.87), sind die in 2.17
beschriebenen Maßnahmen meist nicht ausreichend.
Zusätzlich zur Antennenerdung nach VDE 0855 sollte ein kom-
binierter Geräteschutz zur Anwendung kommen, der die Heimelektronik vor Überspannungen aus dem 230-Volt-Netz und aus
dem Antennenkabel schützt. Leider besitzen die meisten handelsüblichen Kombi-Überspannungs-Schutzgeräte nur einen
Gasableiter, der vor Blitzüberspannungen aus dem Antennenkabel schützen soll (Bild 2.88). Dieser Gasableiter ist zum Schutz
vor induktiv eingekoppelten Überspannungen nahezu überflüssig, da er im Regelfall erst dann zünden kann, wenn ein sehr hoher Stoßstrom über den Schirm des Antennenkabels fließt. Stoß-
ströme, die zum Zünden eines Gasableiters, der
zwischen Innen- und Außenleiter eines Antennenkabels geschaltet ist, erforderlich sind, kann nur
ein sehr naher oder direkter Blitzeinschlag verursachen. Selbst wenn der Gasableiter zünden sollte,
ist der Schutzpegel, den er bietet (ca. 500 bis
1.000 V), in vielen Fällen nicht ausreichend, um
die Heimelektronik vor Schäden zu bewahren. Die
Erfahrung lehrt, dass viele Fernseher, Videorecorder, Satellitenreceiver (usw.) infolge von Blitzein-
wirkungen sterben, obwohl ein handelsüblicher
Kombi-Überspannungs-Schutzadapter zum Schutz
der Geräte angeschlossen war.

Bild 2.87.

Bei Blitzbeeinflussung entsteht hohe Potentialdifferenz zwischen dem geerdeten Antennenträger und dem Netzschutzleiter der 230-Volt-Steckdose, von der aus die zu schützende Heimelektronik mit der Netzspannung versorgt wird. Typisch ist ein Spannungsfall von mehreren 10.000 V pro Meter Leitung. Das heißt, die vom Spannungsfall verursachten Potentialdifferenzen können zwischen der Antennen- und Netzsteckdose mehrere 10.000 Volt betragen. Um einen guten Überspannungsschutz zu realisieren, ist zunächst auf dem kürzest möglichen Weg und in un-

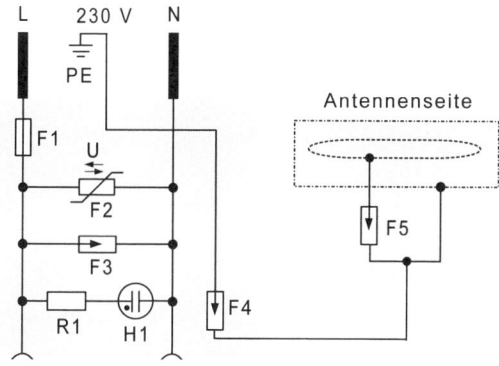

Schaltplan eines Überspannungsschutz-Adapters für TV-, HiFi- und Video-Geräte

Bild 2.88.

mittelbarer Nähe der zu schützenden Elektronik eine Verbindung zwischen dem Außenleiter (Schirm) des Antennenkabels und dem Netzschutzleiter (PE) herzustellen (Bild 2.89).

Für die Begrenzung der symmetrischen und asymmetrischen Überspannungen aus dem 230-Volt-Netz empfiehlt sich der Einsatz einer Netzsteckdosenleiste mit integriertem Überspannungsschutz, an der zumindest alle nicht EMV-gerechten Geräte angesteckt werden sollten (Bild 2.89).

Beim Kauf einer Netzsteckdosenleiste ist zu beachten, dass diese vor allem symmetrische Überspannungen zwischen Außenleiter (L) und Neutralleiter (N) auf möglichst tiefe Werte begrenzt. Ein exakt einzuhaltender Mindestschutzpegel kann nicht genannt werden, weil die Querspannungsfestigkeit von alten zu schützenden Geräten sehr unterschiedlich sein kann und meist nicht bekannt ist.

Die Verbindung zwischen dem Netzschutzleiter und dem Schirmleiter des Antennenkabels kann über die Antennensteckdose oder über handelsübliche Adapter hergestellt werden. Das Bild 2.90 zeigt den Überspannungsschutz für einen Satelliten-Receiver, der zum Schutz vor Überspannungen aus dem 230-Volt-Netz einen Netzsteckdosenadapter mit integriertem Überspannungsschutz erhält; ein Kupplungsstück mit F-Anschlusstechnik ermöglicht die niederohmige Verbindung vom Schutzleiter zum Leitungsschirm des Antennenkabels.

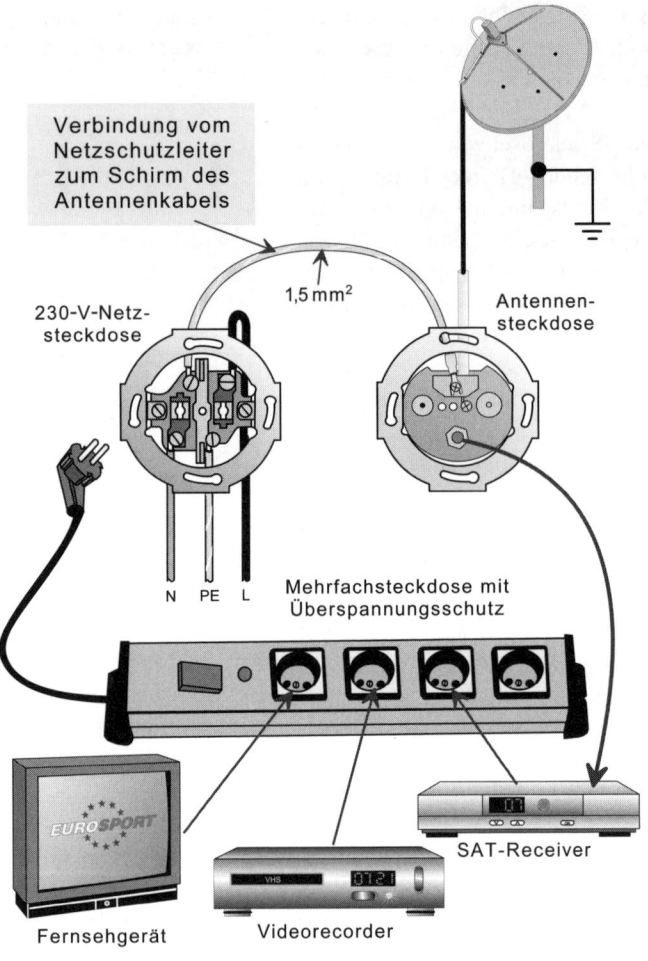

Verbindung vom
Netzschutzleiter
zum Schirm des
Antennenkabels

230-V-Netz-
steckdose

1,5 mm²

Antennen-
steckdose

N PE L

Mehrfachsteckdose mit
Überspannungsschutz

SAT-Receiver

Fernsehgerät

Videorecorder

Bild 2.89.

Der Schutzvorschlag auf Bild 2.91 zeigt die Punkte PA 1 und
PA 2, zwischen denen im Beeinflussungsfall hohe Potentialdifferenzen entstehen, und die für den Potentialausgleich erforderliche Verbindung vom Netzschutzleiter zum Schirmleiter des
Antennenkabels.

Einen wirkungsvollen Überspannungsschutz erhält das Fernsehgerät auf der Antennenseite durch die Beschaltung des Antennenkabels mit einem 25-Volt-Varistor. Der MOV begrenzt Überspannungen auf wesentlich tiefere Werte als ein Gasableiter.

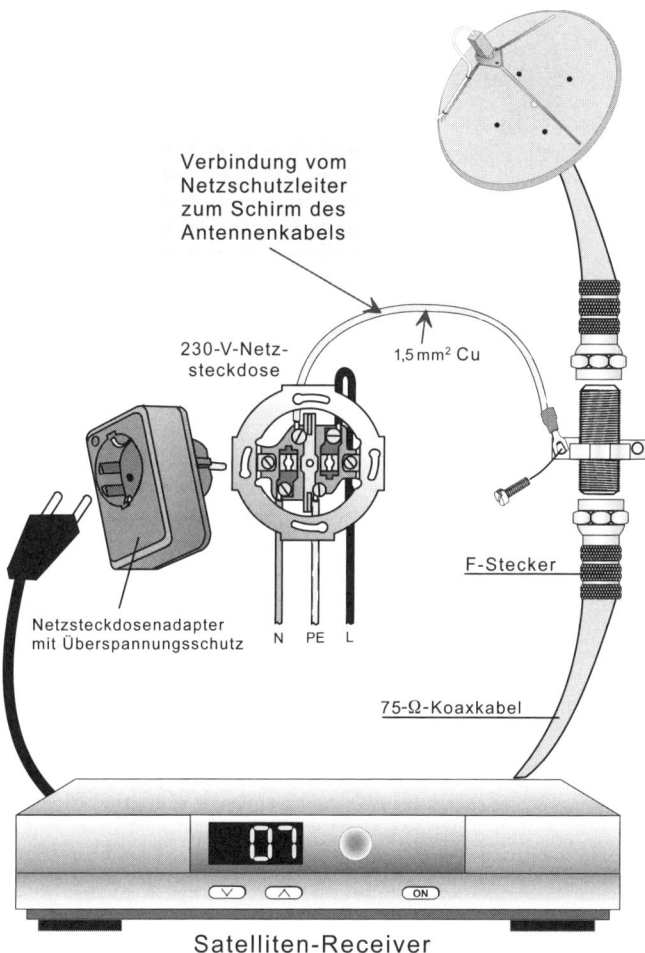

Verbindung vom
Netzschutzleiter
zum Schirm des
Antennenkabels

230-V-Netz-
steckdose

1,5 mm² Cu

F-Stecker

Netzsteckdosenadapter
mit Überspannungsschutz

N   PE   L

75-Ω-Koaxkabel

Satelliten-Receiver

Bild 2.90.

Einziger Nachteil bei der Anwendung eines Varistors ist der zusätzliche Aufwand, der für eine Frequenzkompensierung erforderlich ist. Die hohe Eigenkapazität des Varistors würde das HF-
Signal für den Fernseher zu stark dämpfen, wenn keine Frequenzkompensierung vorhanden ist. Die Eigenkapazität eines
Varistors erhöht sich mit zunehmendem Durchmesser des wirk-
samen Varistorelements und mit geringer werdender Varistorspannung. Zum Beispiel beträgt die Kapazität eines Varistors mit
5 mm Durchmesser und einer Varistorspannung von 30 Volt nur

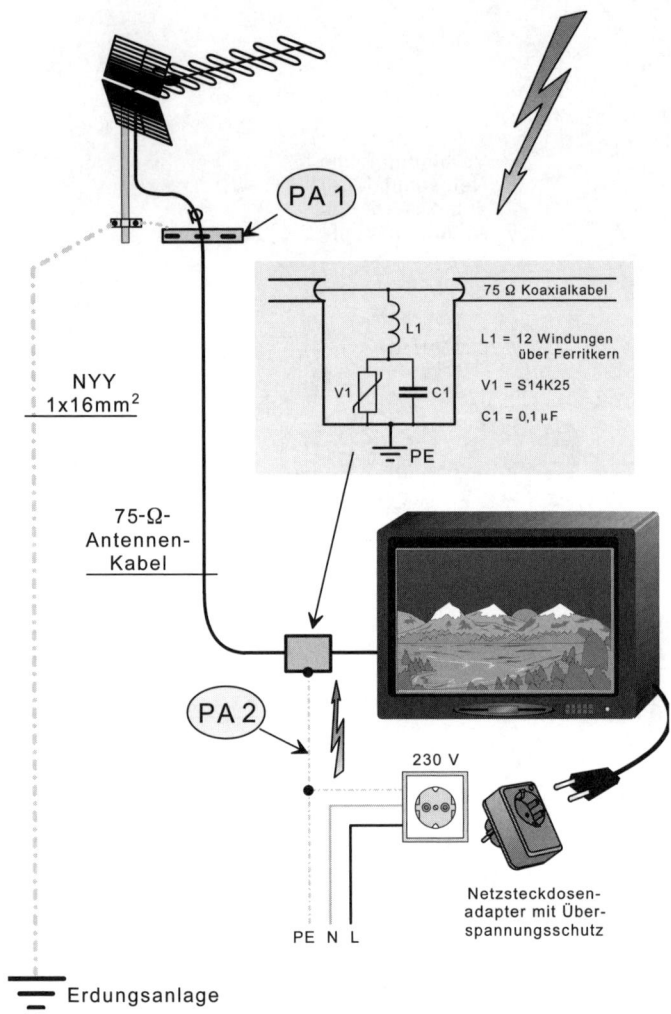

NYY
1x16mm^2

75-Ω-
Antennen-
Kabel

PA 1

75 Ω Koaxialkabel

L1 = 12 Windungen
über Ferritkern

V1 = S14K25

C1 = 0,1 µF

PE

PA 2

230 V

Netzsteckdosen-
adapter mit Über-
spannungsschutz

PE N L

Erdungsanlage

Bild 2.91.

580 pF bei 1 kHz. Die Kapazität eines 20er Scheibenvaristors mit der Nennspannung 11 Volt beträgt dagegen bereits 18.000 pF. Der Schaltplan auf Bild 2.91 zeigt die Frequenzkompensierung eines 14er Scheibenvaristors mit 25 Volt Varistorspannung mittels Kondensator und Spule.

Eine weitere Überspannungs-Schutzschaltung, die einen tiefen Schutzpegel auf der Antennenseite gewährleistet, enthält das

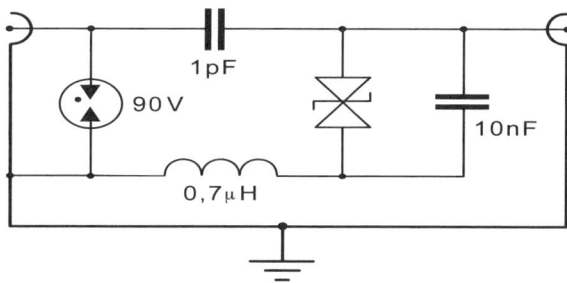

Bild 2.92.

Bild 2.92. Der 90-Volt-Gasableiter ermöglicht ein hohes Stoß-
stromableitvermögen, und die nachgeschaltete bipolare Sup-
pressor-Diode, deren Nennspannung ca. 20 bis 30 Volt betragen
kann, bietet einen sehr tiefen Schutzpegel. Der 1-pF-Kondensa-
tor dient zur Entkopplung von Gasableiter und Varistor, und mit
der 0,7-μH- Induktivität und dem 10-nF-Kondensator wird eine
ausreichende Frequenzkompensierung realisiert.

Auf dem Bild 2.93 ist ein handelsübliches Gehäuse zu sehen, das
sich für die Aufnahme einer guten Überspannungs-Schutzschaltung eignen kann. Überspannungs-Schutzgeräte sind mit dieser
oder einer ähnlichen Gehäuseform im Handel erhältlich. Diese
Teile enthalten aber meist nur einen Gasableiter, der im Regelfall
keinen wirkungsvollen Überspannungsschutz gewährleistet.

Wie ein Gebäude und die darin enthaltenen Geräte auch vor den harten Belastungen, die ein direkter Blitzeinschlag verursacht, wirkungsvoll
und wirtschaftlich geschützt werden kann, erklärt der Autor in dem ELEKTOR-PRAXIS-
BUCH „Blitzschutz, Realisierbarkeit und Grenzen". Mit den Kenntnissen, die das Praxisbuch
vermittelt, ist es möglich, bei der Planung und
Ausführung von Schutzmaßnahmen kompetent
mitzureden oder das Eigenheim teilweise selbst
mit einem Blitzschutz nachzurüsten, der das Gebäude sowie die darin enthaltenen Anlagen und
Geräte auch vor der harten Beanspruchung eines
direkten Blitzeinschlages schützen kann.

Bild 2.93.

2.19 Rechtliche Fragen

Der Satellitendirektempfang im Wohnhaus

Jeder, der in Deutschland seine Rundfunkgebühren pünktlich bezahlt und am öffentlichen Radio oder TV-Empfang teilnehmen will, ist rechtlich hochgradig geschützt. Der Empfang von Programmen, die via Satellit unverschlüsselt oder verschlüsselt abgestrahlt werden, ist zum einem durch das Grundgesetz und zum anderen durch die in der Europäischen Menschenrechtskonvention (EMRK) niedergelegte Informationsfreiheit jedem Volljährigen uneingeschränkt zu gewähren.

Auszug aus Artikel 5 des Grundgesetzes (GG)

Jeder hat das Recht, seine Meinung in Wort, Schrift und Bild frei zu äußern und zu verbreiten und sich aus allgemein zugänglichen Quellen ungehindert zu unterrichten. Die Pressefreiheit und die Freiheit der Berichterstattung durch Rundfunk und Film werden gewährleistet. Eine Zensur findet nicht statt ...

Auszug aus Artikel 10 der Europäischen Menschenrechtskonventionen (EMRK)

Jeder hat Anspruch auf freie Meinungsäußerung. Dieses Recht schließt die Freiheit der Meinung und die Freiheit zum Empfang und zur Mitteilung von Nachrichten oder Ideen ohne Eingriffe öffentlicher Behörden und ohne Rücksicht auf Landesgrenzen ein.

Bei der in Artikel 5 des Grundgesetzes beschriebenen Informationsfreiheit handelt es sich um ein Grundrecht, auf das sich in Deutschland jeder In- und Ausländer berufen kann. Im Rahmen der Bestimmungen gemäß Artikel 5 des Grundgesetzes und Artikel 10 der EMRK sind Empfangsbeschränkungen nur in besonderen Ausnahmefällen zum Schutz anderer und hochrangiger Rechtsgüter und zum Schutz von Minderjährigen gerechtfertigt. Viele grundlegende Urteile zum Miet- und Wohnungseigentumsrecht für den Bereich des Privatrechts bestätigen die zuvor genannten Gesetze immer wieder neu auf sehr eindrucksvolle Weise.

Auszug aus dem Urteil des LG Landau/Pfalz vom 7.12.1997

Ein deutscher Staatsbürger, der aus Polen stammt und der polnischen Sprache deutlich mehr mächtig ist als der deutschen, muss die am Balkon seiner Wohnung angebrachte Satellitenempfangs-

anlage nicht entfernen und sich auf die zentrale Anlage be-
schränken, wenn er mit seiner Antenne anders als mit dem Anschluss an die Zentralanlage auch polnische Sender empfangen
kann.

Auszug aus der Urteils-Begründung

Die Frage, ob der Informationsbedürftige die eine oder die andere Staatsangehörigkeit hat, ist ein mittlerweile als untauglich er-
kennbares Kriterium. Es gibt eine stetig wachsende Zahl deutscher Staatsangehöriger, die aus unterschiedlichsten Gründen
der deutschen Sprache weniger mächtig sind als einer Fremd-
sprache. Ob das Kriterium der Sprachmächtigkeit seinerseits ein
taugliches Kriterium ist, dürfte jedoch auch zweifelhaft sein.
Auch deutsche Staatsangehörige, die nicht nur der deutschen,
sondern auch fremder Sprachen mächtig sind, können höchst
nachvollziehbare Gründe haben, ihren Informationsbedarf aus
Quellen zu decken, die lediglich im Wege der Satellitenkommu-
nikation erreichbar sind.

Zuvor haben wir uns überlegt, wo die Schüssel aus technischen
Gründen am besten anzubringen ist. Wer aber zur Miete wohnt,
muss eventuell damit rechnen, dass der Vermieter gegen den ausgewählten Montageort etwas einzuwenden hat. Sei es aus optischen, vertraglichen oder anderen Gründen. Es ist zum Beispiel
verständlich, dass der Mieter einer Eigentumswohnung nicht
mehr Rechte in Anspruch nehmen kann, als sie dem Vermieter,
unter Berücksichtigung des Gemeinschaftseigentums, vertrag-
lich zustehen.

Eine Montage der Sat-Antenne auf dem Dach des Gebäudes
kann in der Regel der Wohnungsvermieter nicht verbieten. Er
kann aber darauf bestehen, dass die Installation, aus Sicherheits-
und haftungsrechtlichen Gründen, von einer Fachfirma ausgeführt wird. Darüber hinaus kann der Vermieter fordern, dass bei
der Anbringung einer Sat-Antenne zum Beispiel keine Dübellöcher in die Hauswand gebohrt werden, keine Holzschrauben in
den Balkon gedreht werden (usw). Das Aufstellen der Sat-Antenne auf dem Balkon mit einem geeigneten Balkonstandfuß
oder einem Teleskopstativ kann in der Regel niemand verbieten.

Um eventuelle Probleme zu vermeiden, könnte die Sat-Antenne
rein theoretisch auch in der Wohnung, hinter einem Fenster (an
der Südseite) aufgestellt werden. Wie bereits in Kapitel 1 erwähnt, verhalten sich die hohen Sat-Frequenzen ähnlich wie
Licht und können deshalb das Fensterglas durchdringen, aber

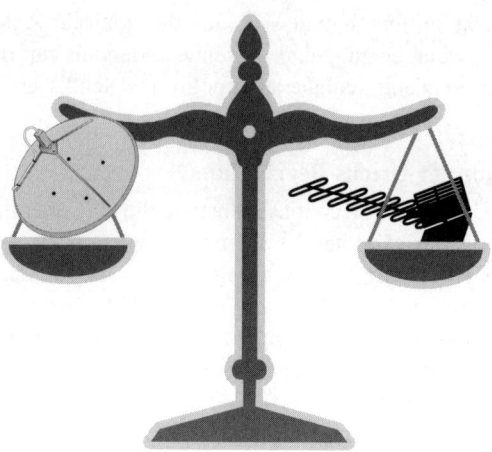

wer stellt sich schon gerne eine Sat-Schüssel in die Wohnung und dazu noch vors Fenster?

Bessere Karten hat der Besitzer eines Einfamilienhauses, denn er unterliegt nur den Einschränkungen des örtlichen Baurechtes. Er kann auf seinem Grund und Boden alles tun und lassen, was die Rechte der Allgemeinheit und vor allem die seiner Nachbarn nicht beeinträchtigt.

Baubehördliche Einschränkungen könnten sich in Bezug auf die Höhe des Antennenmastes ergeben. Je nach Bundesland sind Antennenmasthöhen von maximal 6 oder 10 Metern genehmigungsfrei. Eine weitere Rolle spielt die so genannte „Verschandelung" (Verunzierung der Landschaft). Bei einer Antennenmasthöhe von weniger als 3 Meter gibt es für Baubehörden kaum eine Einspruchsmöglichkeit. Handelsübliche Sat-Antennen bis zu einem Durchmesser von 1,2 m sind in der Regel, bauordnungsrechtlich gesehen, genehmigungsfrei. Nur bei größeren Antennen kann es von der jeweiligen Landesbauordnung oder anderen Verordnungen abhängig sein, ob eine Genehmigung erforderlich ist. Verschiedene Ortsbildsatzungen für denkmalgeschützte Gebäude können eventuell Antennenverbote vorsehen. Es sollte aber berücksichtigt werden, dass alle Antennenverbote bei einer verfassungsrechtlichen Überprüfung eingeschränkt werden können. Im Zweifelsfall lässt sich das mit einem Anruf beim zuständigen Bauamt klären. Um Rechtskonflikte in dieser Hinsicht zu vermeiden, sollten stets Antennen gewählt werden, die sich farblich und von der Anbringung her ihrem Hintergrund anpassen. Der Paragraph über die Verschandelung der Landschaft, der in den meisten Landesbauordnungen enthalten ist, kommt meist nur dann zur Anwendung, wenn bereits andere Schwierigkeiten oder Streitigkeiten mit Nachbarn vorhanden sind. Ansonsten gilt: Dort, wo kein Kläger ist, ist auch kein Richter.

Weitere Informationen zum Thema Recht erhalten Sie von der ASTRA-Marketing GmbH in Eschborn oder im Internet unter *ses-astra.com*. Das kostenlose ASTRA-Buch „Rechtspraxis des ASTRA-Satelliten-Direktempfangs" enthält Urteile und Informationen zum Thema Satelliten-Direktempfang in Hülle und Fülle.

3. Installation

3.1 Montage der Sat-Antenne am vorhandenen Antennenstandrohr

Für die Montage einer Sat-Antenne am vorhandenen Antennenmast ist kein Befestigungszubehör nötig. Eine geeignete Masthalterung gehört standardmäßig zum Lieferumfang einer Offset-Antenne.

Bevor die Einzelelemente der Sat-Antenne zusammengebaut werden, ist bei Steildächern zu prüfen, ob die Montage der Antenne vom Dachinneren aus durchgeführt werden kann. Voraussetzung dafür ist, dass der Dachsparrenabstand größer ist als der Sat-Antennendurchmesser. Die Sat-Antenne mit 60 cm Durchmesser kann fast immer zwischen den Dachlatten hindurch nach außen befördert werden. Wenn die Antenne von innen montiert werden kann, sollten zuerst, direkt neben dem Antennenstandrohr, einige Dachziegel abgenommen werden, so dass der untere Bereich des Antennenmastes von innen aus gut erreichbar ist. Anschließend wird die Masthalterung am Offsetreflektor befestigt (Bild 3.1) und die Antenne unter Verwendung eines Gabel- oder Ringschlüssels am Antennenmast angeschraubt.

Die Masthalterung sollte vorerst nur so angezogen werden, dass die Antenne für die Ausrichtung noch vertikal und horizontal bewegt werden kann. Erst nach der Ausrichtung wird die Antennenhalterung so fest angezogen, dass das Bewegen der Antenne nicht mehr möglich ist. Anschließend können Sie den LNB am

LNB-Arm befestigen. Die fertige Kombination (LNB-Arm mit LNB) wird außen am Offset-Reflektor angeschraubt. Wegen der Windlast ist die Sat-Antenne so nah wie möglich an der Dachoberfläche zu montieren.

Bei einem größeren Schüsseldurchmesser kann es sein, dass der Offset-Reflektor nicht durch die Dachsparren oder Dachlatten passt. Eine Antenne mit größerem Reflektor-Durchmesser kann aber

Bild 3.1.

Bild 3.2.

auch von innen montiert werden, wenn Sie die Antenne, an ein Seil befestigt, auf das Dach ziehen (Bild 3.2).

Kann die Sat-Antenne nur von außen montiert werden, ist auf die Absturzgefahr zu achten. Bei den üblichen Dachneigungen, die zwischen 30° und 40° liegen, darf auf dem Dach nur mit Sicherheitsgurt gearbeitet werden. Ein Dach gilt erst dann als begehbar, wenn die Dachneigung flacher ist als 15°. Bevor man mit der Arbeit auf dem Dach beginnt, sollte die Offset-Antenne fertig zusammengebaut sein.

Um eine mechanische Beschädigung des Antennenkabels und undichte Stellen an der Kabeleinführung zu vermeiden, ist das Antennenkabel stets zwischen dem regensicheren Abdeckkragen und der Mastdurchgangshaube nach innen zu führen. Ein vorhandenes Antennenkabel, das vom Dachgeschoss zum TV-Gerät führt, kann man meist auch für den digitalen Sat-Empfang verwenden. Der terrestrische Empfang bleibt weiterhin verfügbar, wenn für die Zusammenführung der Sat- und terrestrischen Signale eine Einschleusweiche zum Einsatz kommt (Bild 3.3).

3.2 Montage der Sat-Antenne mit Antennenstandrohr

Der Standort einer Sat-Antenne auf dem Dach ist zu bestimmen nach:

- freier Sicht zum Satelliten
- Reflektionsfreiheit
- ausreichendem Abstand von Störquellen
- ausreichendem Abstand von Niederspannungs-Freileitungen
- sicherer Montagemöglichkeit
- leichtem Zugang

Die Befestigung einer Antenne oder eines Antennenstandrohrs an einem Schornstein ist grundsätzlich nicht zulässig (Bild 3.4).

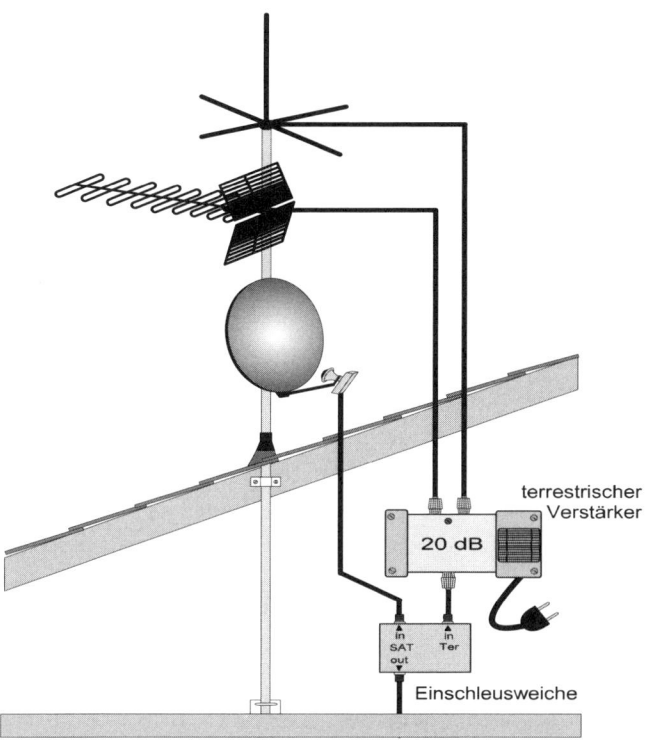

terrestrischer
Verständer

20 dB

in
SAT   in
out   Ter

Einschleusweiche

Bild 3.3.

Die Begehbarkeit der Zugänge von Schornsteinen und die Kehrarbeiten der Schornsteinfeger dürfen durch Antennen nicht behindert oder erschwert werden.

Für die Befestigung des Antennenstandrohres müssen tragende Konstruktionen ausgewählt werden. Nach Möglichkeit sollten Sie einen Standort auswählen, bei dem das Standrohr und die Antenne von innen aus mon-

Bild 3.4.

tiert werden können. Ein möglichst kurzes Standrohr hilft Geld zu sparen und ist einfacher zu montieren. Üblich ist eine Standrohrlänge von 2 oder 3 m, mit einer Mindestwandstärke von 2 mm. Grundsätzlich gilt, dass ein Antennenstandrohr mit einer Verzinkung gegen Korrosion geschützt sein sollte. Muffen mit Gewinde dürfen als Rohrverbindungen nicht eingesetzt werden, weil das Gewinde eine Schwachstelle ist, an der das Standrohr bei hoher Windlast brechen könnte.

Bild 3.5 zeigt die Befestigung eines Antennenstandrohres mit dem erforderlichen Zubehör.

1) Standrohrfuß zur Befestigung von Rohren von 30 bis 60 mm Durchmesser

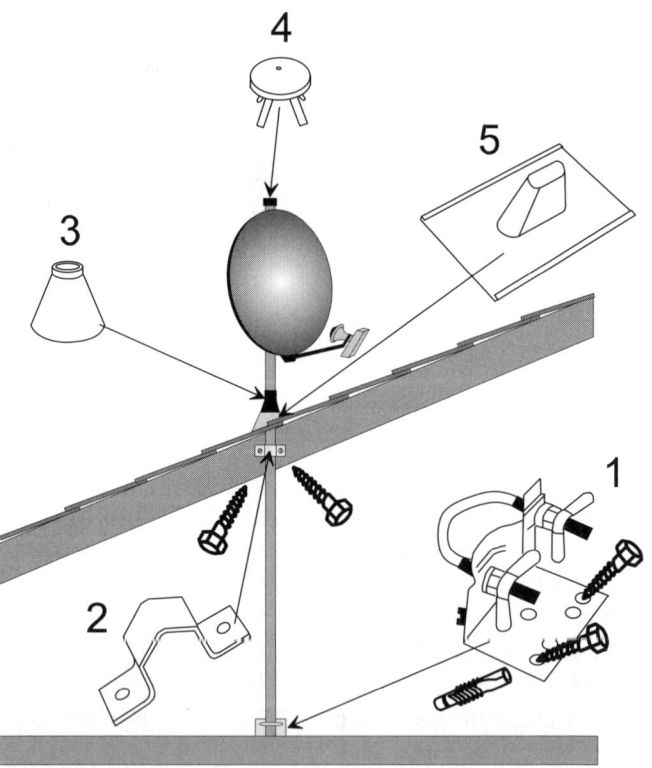

Bild 3.5.

2) Mastbefestigungsschelle mit Sechskantholzschrauben 8 × 50 mm

3) Neopren- oder PVC-Abdeckmanschette für regensichere Abdichtung

4) Standrohrkappe für den regensicheren Abschluss des Standrohres

5) Blei-Dachziegeldurchführung universell einsetzbar

Der Standrohrfuß muss ebenso wie die Mastbefestigungsschelle mit mindestens zwei Sechskantholzschrauben, die einen Mindestdurchmesser von 8 mm aufweisen, angeschraubt werden. Für die Befestigung des Standrohrfußes auf Betonboden eignen sich alternativ zum Beispiel Stahldübel (14/60 mm) mit Sechskantschrauben (M 8 × 60).

Die Mastbefestigungsschelle ist entsprechend dem Mast-Rohrdurchmesser auszuwählen und mit mindestens zwei Sechskantschrauben (8 mm Durchmesser) zu befestigen.

Der Neopren-Abdeckkragen muss exakt an den dafür vorgesehenen Schnittstellen (Bild 3.6), dem Standrohrdurchmesser entsprechend, abgeschnitten werden, so dass die Regensicherheit gewährleistet ist. Alternativ zu dem Abdeckkragen kann man zum Beispiel ein selbstverschweißendes Abdichtband aus Prewanol verwenden, mit dem Sie die Standrohrdurchführung und das Standrohr regensicher umwickeln können.

Am universellsten einsetzbar ist eine Antennenstandrohrdurchführung aus Blei, die sehr leicht verformt werden kann und sich somit an jeden Dachziegeltyp problemlos anpassen lässt (Bild 3.7). Für besseres Aussehen sorgt eine Standrohrdurchführung,

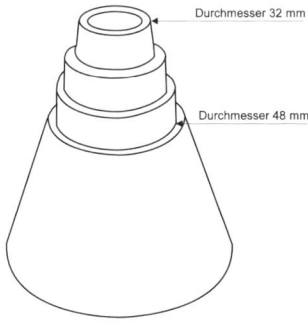

Bild 3.6.

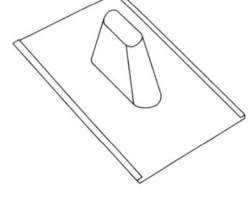

Bild 3.7.

3. Installation

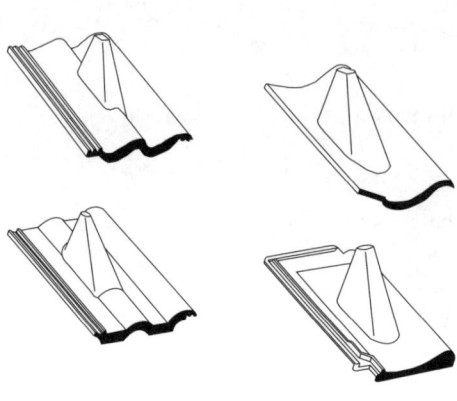

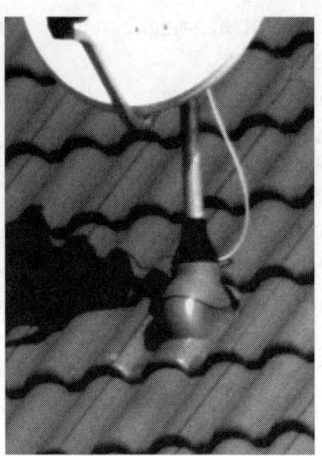

Bild 3.8.

Bild 3.9.

die der vorhandenen Dachziegelart entspricht. Jeder Hersteller von Dachziegeln hat Durchführungsziegel im Programm, die genau zu dem vorhandenen Dachziegeltypen passen. Einige Beispiele enthalten die Bilder 3.8 und 3.9.

Eine Befestigung des Standrohres, wie in Bild 3.10 dargestellt, bringt den Vorteil, dass bereits ein relativ kurzes Standrohr ausreicht und dass durch das Standrohr der begehbare Bereich des Dachbodens frei bleibt. An Stelle des Standrohrfußes ist eine zweite Mastrohrschelle zu verwenden, die Sie mit mindestens zwei 8-mm-Sechskantschrauben anschrauben sollten.

Zwischen den Dachlatten einer Biberschwanzdeckung sind Abstände von nur 14 bis 16 cm üblich, was bedeutet, dass für die Montage des Standrohres mindestens zwei Dachlatten ausgesägt

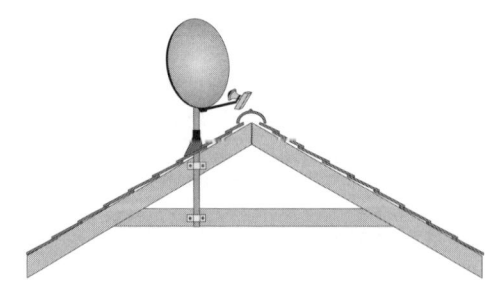

werden müssen. In Bild 3.11 ist der fachgerechte Ausschnitt einer Dachlatte zu sehen. Diese Art des Absägens bringt den Vorteil, dass die herausgenommenen Dachlatten nur aufeinander gelegt werden und nach der Eindeckung durch das Gewicht der Dachziegel ein ausreichender Halt gegeben ist. Ein Zusammenschrauben der Dachlatten ist somit nicht erforderlich. Zu beachten ist, dass die

Bild 3.10.

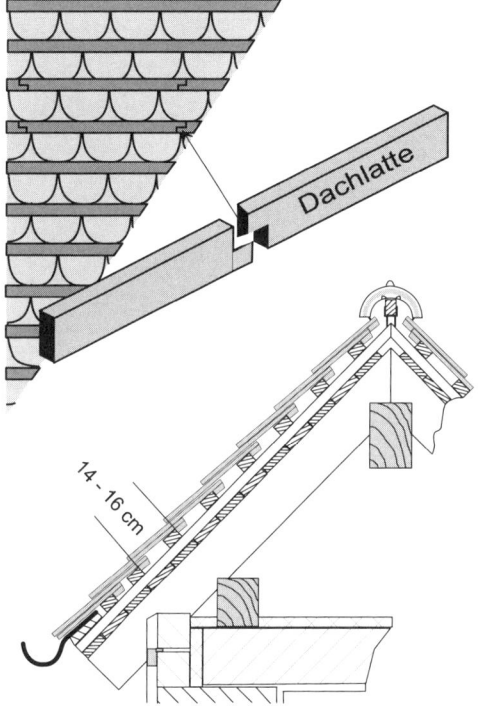

Bild 3.11.

untere Reihe der Biberschwanzziegel an der aufgedeckten Stelle des Daches nur lose auf der Dachlatte aufliegt, was bedeutet, dass sich der Ziegel bei einer unvorsichtigen Berührung sehr leicht löst und nach unten fallen kann. Das ist vor allem dann gefährlich, wenn unterhalb des Daches eine Straße oder ein Gehweg vorbeiführt. Der Abstand zwischen den Dachlatten auf Dächern, die mit Pfannenziegel gedeckt sind, ist mit ca. 30 cm wesentlich größer, so dass meist die Montage der Sat-Antenne ohne ein Ausschneiden der Dachlatten möglich ist. Für die Antennenmontage reicht es im Regelfall aus, wenn Sie zwei oder drei Reihen der Dachziegel auf eine Länge von etwa 1 m abdecken.

In ländlichen Gebieten mit aufgelockerter Bauweise sind Niederspannungs-Freileitungsnetze für die Stromversorgung immer noch vorhanden. Doch die meisten Freileitungsnetze müssen auf Grund ihres Alters erneuert werden. Viele Energie-Versorgungs-

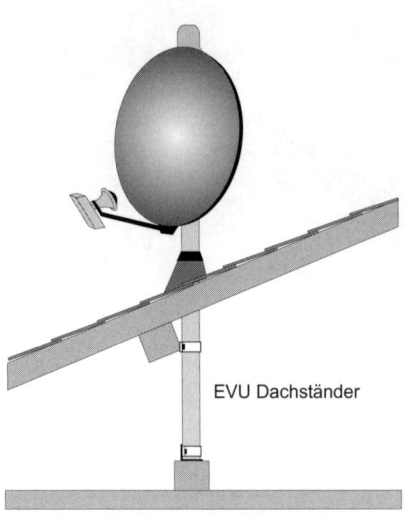

EVU Dachständer

Bild 3.13.

Bild 3.12.

Unternehmen nützen diese Gelegenheit und stellen bei der Erneuerung des Niederspannungsnetzes auf Erdverkabelung um. Nach der Demontage der Freileitung können Sie den sehr stabil angebrachten Freileitungsdachständer kostenlos als Antennenstandrohr verwenden. Die Energie-Versorgungs-Unternehmen überlassen Ihnen den Dachständer meist gerne und ersparen sich den Zeitaufwand für die Demontage, den Abtransport sowie die Entsorgung des Dachständers. EVU-Dachständer bestehen aus feuerverzinkten Stahlrohren mit einem Durchmesser von 75 bis 100 mm. Für die Montage der Sat-Antenne an einem Dachständer ist es wichtig, dass die Masthalterung der Sat-Antenne einen dem Durchmesser des Dachständers entsprechend großen Klemmbereich besitzt. Optisch sieht das Ganze besser aus, wenn der Dachständer abgesägt wird, so dass er die Sat-Antenne nur um wenige Zentimeter überragt (Bild 3.12 und Bild 3.13). Der Dachständereinführungskopf kann als regensichere Abdeckung auch bei dem gekürzten Dachständer wieder ver-

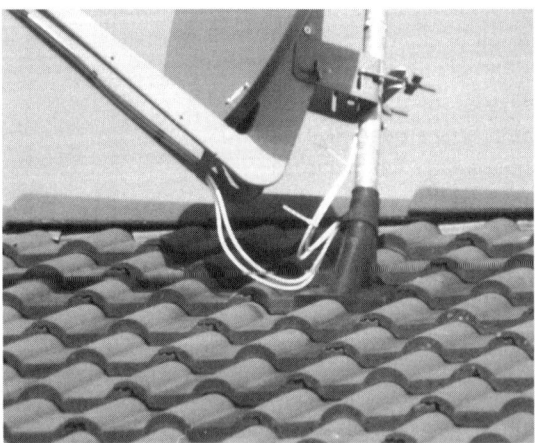

Bild 3.14.

wendet werden. Das Antennenkabel sollte, wie zuvor die Freileitung, am Dachständereinführungskopf eingeführt werden.

Bei den üblichen Antennenstandrohren ist eine Kabeleinführung zwischen dem Abdeckkragen und dem Durchführungsziegel zu bevorzugen (Bild 3.14).

3.3 Montage der Sat-Antenne an der Wand

Für die Auswahl eines geeigneten Wandhalters ist der Sat-Schüsseldurchmesser von Bedeutung. Die Windlastbeanspruchung für einen Wandhalter, die von einer 35-cm-Schüssel verursacht wird, ist bei weitem nicht so groß wie die Beanspruchung, die von einer 85-cm-Schüssel ausgeht. Für die Wandmontage einer kleinen Sat-Antenne ist oft schon ein Wandhalter aus feuerverzinktem Stahl, der nur wenige Euro kostet, ausreichend (Bild 3.15). Für Antennen mit größerem Durchmesser sollte eine Wandhalterung verwendet werden, die dementsprechend belastbarer ist. Wandhalter, die aus einem abgewinkelten Rohr mit einer daran angeschweißten Wandplatte bestehen, sind mit einem Wandabstand von 30 bis 55 cm im Handel erhältlich (Bild 3.16 und 3.17). Der Wandabstand von dieser Halterung sollte so klein wie möglich sein, so dass die Hebelwirkung auf die Befestigungspunkte

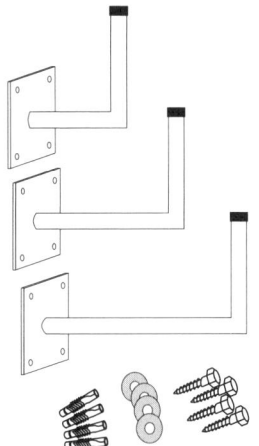

Bild 3.16.

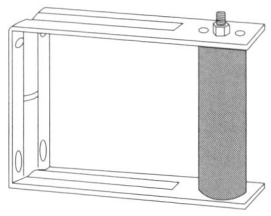

Bild 3.15.

Bild 3.17.

dementsprechend gering ist. Ein Wandabstand von 45 cm sollte nur dann gewählt werden, wenn eine Schüssel mit großen Durchmesser montiert wird, für deren Ausrichtung dieser Abstand auch wirklich erforderlich ist. Die geringste Beanspruchung für die Wandhalterung tritt dann auf, wenn die Schüsselposition nach der Ausrichtung parallel zur Wand verläuft. Je mehr die Schüsselkante in Richtung Wand steht, umso größer ist die an der Wandhalterung auftretende Windlast.

Die Befestigung auf Beton oder Vollmauerwerk bietet in der Regel einen sicheren Halt. Es ist zu beachten, dass im Vollmauer-

Falsch

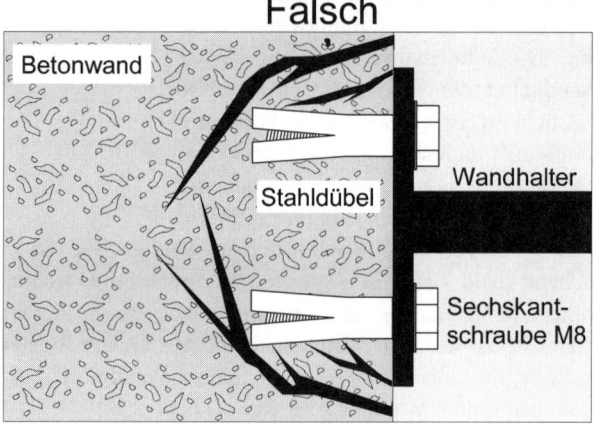

Richtig

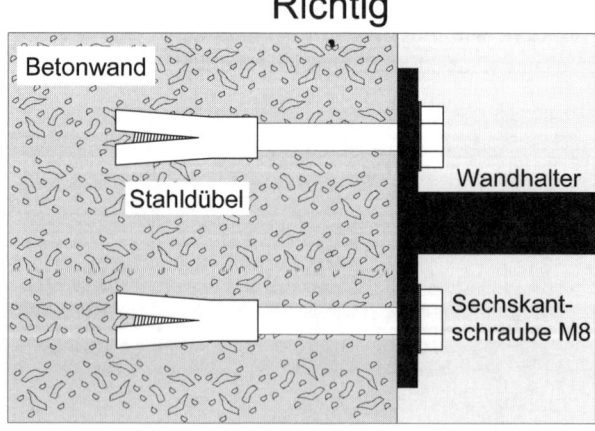

Bild 3.18.

werk die Dübellöcher nicht in eine Fuge gebohrt werden. Mit der Verwendung von Stahldübel erreicht man in Beton oder Vollmauerwerk den besten Halt. Wichtig ist, dass Sie ausreichend lange Dübel bzw. lange Schrauben verwenden. Zu kurz ausgewählte Schrauben und Dübel können dazu führen, dass bei extremer Belastung das Mauerwerk um den Stahldübel herum ausbricht. (Bild 3.18). Die empfohlene Dübel- bzw. Schraubenlänge liegt bei 10 cm.

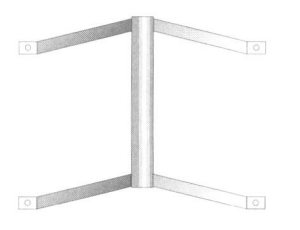

Bild 3.19.

Ein Halt auf Hohlblock- oder gelochtem Ziegelstein ist nur mit Kunststoff- oder Spezialdübel zu erreichen. Der Kunststoffdübel sollte einen Mindestdurchmesser von 10 mm haben; für die Sechskantholzschrauben ist eine Mindestgröße von 8 × 70 mm erforderlich. Ein besserer Halt ist möglich, wenn Sie für das Bohren der Dübellöcher einen Steinbohrer verwenden, dessen Durchmesser geringfügig kleiner ist als der Dübeldurchmesser. Dem Vollsteinmauerwerk hingegen bringt bei Hohlblock- oder gelochten Ziegelsteinen das Bohren der Dübellöcher in den Mauerfugen eventuell eine bessere und ausreichende Belastbarkeit.

Der so genannte Affe, ein Wandhalter aus Alu (Bild 3.19), zeichnet sich durch seine äußerst gute mechanische Belastbarkeit aus und ist für Sat-Antennen bis zu einem Durchmesser von etwa 90 cm geeignet. Die vier Haltearme ermöglichen ein variables Anpassen, zum Beispiel an die Mauerfugen. Diese Halterung ermöglicht einen Wandabstand von ca. 17 bis 23 cm.

Zu den belastbarsten Halterungen zählt die so genannte Giebel-Wandhalterung (Bild 3.20). Zwei Ausleger, von denen einer eine zusätzliche Stütze besitzt, ermöglichen bei einem Mindestabstand von 1 m zwischen den Auslegern auch die Befestigung eines Antennenstandrohres mit einer Gesamtlänge von maximal 6 m. Im Normalfall tritt die größte Beanspruchung am oben montierten Ausleger auf. Aus diesem Grund ist der Ausleger mit der zusätzlichen Stütze auch immer oben anzubringen. Diese Wandhalterung gehört zwar zu den teuersten, dafür bietet sie

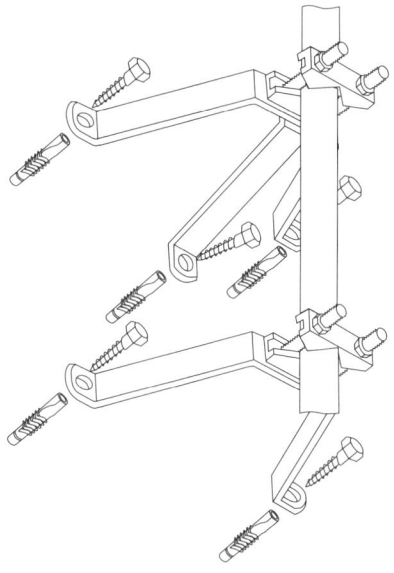

Bild 3.20.

3. Installation

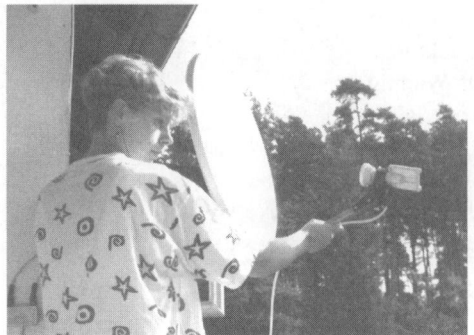

Bild 3.21.

Bild 3.22.

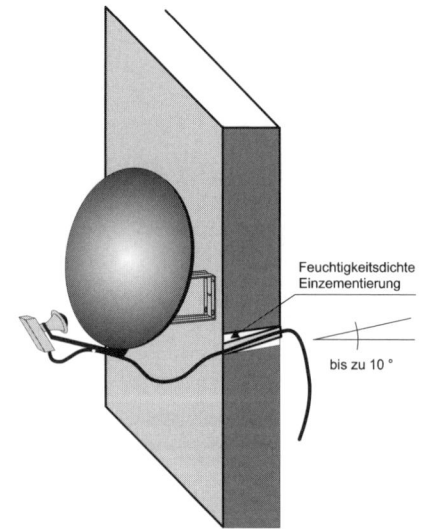

Feuchtigkeitsdichte
Einzementierung

bis zu 10 °

Bild 3.23.

aber auch für Sat-Antennen mit 120 cm Durchmesser einen ausreichende Stabilität.

Für die Auswahl des Montageortes an der Wand sollten zwei Kriterien berücksichtigt werden. Ein kurzer Leitungsweg von der Sat-Antenne zum Sat-Receiver und die leichte Zugängigkeit der Antenne. Montieren Sie die Antenne an einem Ort, der problemlos erreichbar ist, so können Sie die Schüssel auch drehen und per Handantrieb auf einen anderen Satelliten ausrichten (Bild 3.21). Die Ausrichtung der Antenne auf andere Satelliten erleichtert sich, wenn Sie entsprechend den Satellitenpositionen Markierungen an der Masthalterung und an der Antenne anbringen (Bild 3.22). Die Sechskantmuttern an der Antennenmasthalterung können gegen Flügelmuttern ausgetauscht werden, so dass die Antenne zur Ausrichtung (auf einen anderen Satelliten) ohne die Verwendung eines Werkzeuges machbar ist.

Nach Möglichkeit sollten Sie für die Hauseinführung des Antennenkabels ein isolierendes Schutzrohr verwenden (Bild 3.23). Da das glatte Kabel keine Verbindung mit dem Mörtel herstellt, kommt es ohne Schutzrohr eventuell zu einer Undichtigkeit an der Einführungsstelle. Grundsätzlich sollte die Bohrung immer ein leichtes Gefälle nach außen aufweisen und den ca. doppelten Durchmesser des Schutzrohres besitzen.

Zum Einmauern des Schutzrohres sollten Sie zuerst die Bohrung mit einem feuchtigkeitsdichten Mörtel ausfüllen und anschließend das mit Isolierband geschlossene Schutzrohr mit Gefälle nach außen durch die Bohrung schieben. Das Schutzrohr können Sie nach der Einführung des Antennenkabels mit PU-Schaum oder Silikon abdichten. Als vorteilhaft erweist sich das Schutzrohr, weil sich für Nachrüstungen die Silikonabdichtung des Schutzrohres problemlos entfernen lässt und ohne großen Aufwand zusätzliche Kabel eingeführt werden können. Am unauffälligsten ist die Hauseinführung, wenn Sie diese direkt hinter der Sat-Antenne anbringen.

Eine andere Art der Hauseinführung für das Antennenkabel ist das Durchbohren eines Fensterstockes. Noch einfacher und zeitsparender ist es, ein hochflexibles HF-Flachband zu verwenden. Das Flachbandkabel mit 20 cm Länge, das an beiden Enden eine F-Buchse besitzt, wird über den Fensterrahmen gelegt und mit Klebebändern befestigt. Das HF-Flachband bringt eine Signaldämpfung von etwa 4 dB und einen geringen Kostenaufwand mit sich, aber die Bohrarbeiten an der Wand oder am Fensterrahmen erübrigen sich durch die Anwendung eines Flachbandkabels.

3.4 Montage der Sat-Antenne am Balkon

Wie bereits erwähnt, gehört der Balkon zu den besten Montageorten. Er ist fast immer an der Südseite eines Gebäudes, also an der Seite, an der die Sat-Antenne zu montieren ist. Es gibt an oder im Balkon viele Montage- und Befestigungsmöglichkeiten für eine Sat-Antenne. Einige Beispiele dafür sehen Sie auf den Bildern 3.24 bis 3.27. Viele, die in einem Mehrfamilienhaus wohnen, sei es als Eigentümer oder Mieter einer Wohnung, bekommen keine Genehmigung für die Montage einer Schüssel. Die

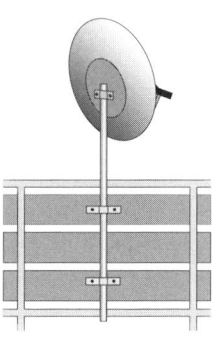

Bild 3.24.

113

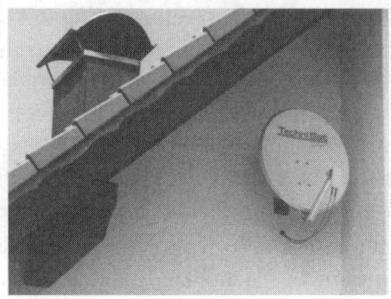

Bild 3.25.   *Bild 3.26.*

Gründe der Hauseigentümer oder Hauseigentümergemeinschaften sind meist die Verschandelung bzw. Verunstaltung des Gebäudes, die von unkontrolliert angebrachten Sat-Antennen ausgeht, wenn eine oder mehrere Antennen sichtbar am Balkon oder an der Außenwand angebracht sind. Ein weiterer Grund ist, dass als Folge der Sat-Antennenbefestigung sowie der Antennenkabelverlegung die Bausubstanz des Gebäudes beschädigt wird. Das trifft aber nicht immer zu. Vor allem der Balkon bietet sehr oft die Möglichkeit, eine Sat-Antenne so zu montieren, dass sie

von außen kaum sichtbar ist und auch die Bausubstanz in keiner Weise Beschädigungen aufweist, wenn geeignetes Montagematerial zur Anwendung kommt. Wenn bei der Montage der Sat-Antenne nicht gebohrt wird und auch keine Nägel eingeschlagen oder Schrauben eingedreht werden müssen, und wenn die Antenne das Aussehen eines Gebäudes nicht beeinträchtigt, gibt es keinen Grund, der ein Montageverbot für Sat-Antennen rechtfertigt. Jeder hat in Deutschland das Recht auf Informationsfreiheit, das in unserem Grundgesetz verankert ist.

Wie eine Sat-Antenne unauffällig auf dem Balkon angebracht werden kann, zeigt Bild 3.28. Wichtig ist die freie Sicht zum Satelliten. Auf einem großen Südbalkon findet sich fast immer ein Standort für die Antenne, der den Empfang von mehreren Satellitensystemen ermöglicht. Herrschen sehr beengte Verhältnisse auf Ihrem Südbalkon, und um eventuellen Hindernissen entgegenzuwirken, können Sie die Sat-Antenne

Bild 3.27.

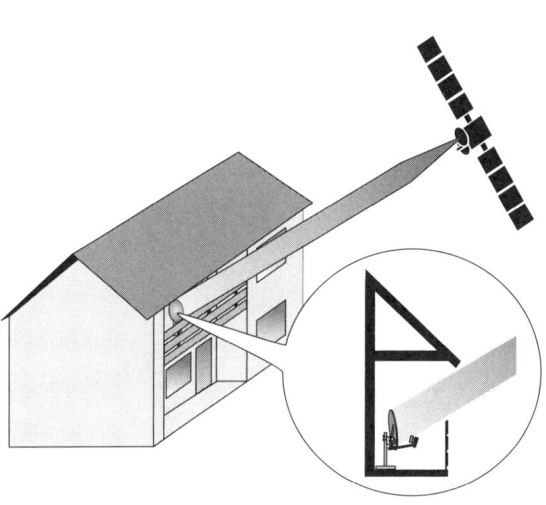

Bild 3.30.

Bild 3.28.

zum Beispiel auch „liegend" anbringen (Bild 3.29).

Um unnötige Kosten zu vermeiden, kann ein begabter Heimwerker eine für diesen Zweck geeignete Halterung selbst anfertigen, zum Beispiel, indem er in einen ausrangierten Autoreifen ein Rohr für die Befestigung der Sat-Antenne einbetoniert. Oft hat man Gegenstände, die eigentlich für den Sperrmüll gedacht sind, die aber als Haltekonstruktion für eine Schüssel hervorragend geeignet sind. Das könnte beispielsweise der Ständer eines alten, nicht mehr zu gebrauchenden Sonnenschirms sein (Bild 3.30) oder ein alter Tischfuß, der sich überraschend gut für die Anwendung als Antennenhalterung eignet (Bild 3.31). Ein Tischfuß wie dieser erleichtert zudem auch die Ausrichtung auf mehrere verschiedenen Satellitensysteme. Nachdem eine Satellitenposition durch das Drehen der Sat-Antenne empfangbar ist, kann die Position der Antenne am Tischfuß, wie in Bild 3.32 dargestellt, gekennzeichnet werden, so dass ein Umstellen der Sat-Antenne zum Beispiel von ASTRA auf 19,2° Ost auf HOT BIRD 13° Ost keine Probleme bereitet. Darf der Balkonboden angebohrt werden, ist

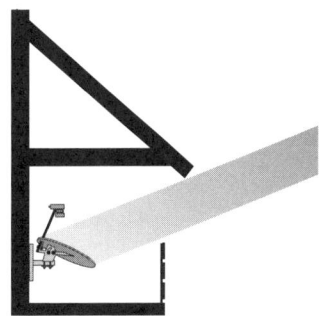

Bild 3.29.

115

Bild 3.31.

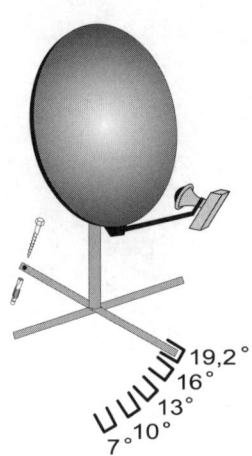

Bild 3.32.

die Ausrichtung noch einfacher, und ein Umkippen der Sat-Antenne, als Folge von heftigen Windböen, wird durch die Befestigung verhindert.

3.5 Montage der Sat-Antenne auf dem Boden

Das so genannte Bodenstativ eignet sich besonders gut für die Antennenmontage auf der Terrasse. Wenn neu gebaut oder auf der Terrasse neue Platten verlegt werden, kann man den Rahmen des Stativs eventuell in die Bodenplatten integrieren (Bild 3.33). Um auch bei starken Windböen eine ausreichende Standfestigkeit zu erhalten, ist das Stativ zusätzlich mit einigen Dübeln und Schrauben zu befestigen.

Der so genannte Erdspieß (Bild 3.34) ist sehr schnell im Erdreich befestigt. Mit ein paar Hammerschlägen oder nur mit der bloßen Hand ins Erdreich getrieben, dauert das Einsetzen nur wenige Minuten. Für Sat-Antennen mit größerem Durchmesser sollte der Erdspieß ein kleines Betonfundament erhalten.

Für das Fundament ist eine Würfelform mit einer Kantenlänge von ca. 60 cm vorzusehen. Zuerst wird mit einem Spaten vom eventuell vorhandenen Rasen ein 60 × 60 cm großes Stück in mehreren Teilen abgehoben und beiseite gelegt. Nachdem die

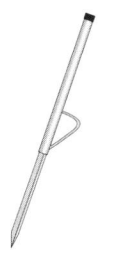

Bild 3.34.

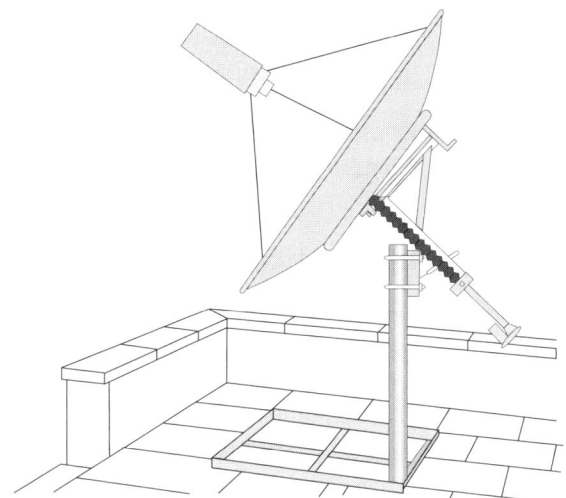

Bild 3.33.

Grube ausgehoben ist, kann man den Mast mittig einsetzen. Bevor Sie mit dem Ausbetonieren beginnen, sollte der Erdspieß an ein quer über die Grube gelegtes Kantholz mit einer Schraubzwinge befestigt werden und vertikal ausgerichtet sein. Die Ausrichtung erfolgt mit einer Wasserwaage, die Sie am Antennenmast anlegen und dabei den Mast in eine Position bringen, in der sich die Luftblase der Wasserwaage genau zwischen den beiden Linien des Glasröhrchens befindet. Die gleiche Prozedur ist nochmals durchzuführen, nachdem Sie, wie in Bild 3.35 dargestellt, die Wasserwaage um 90° versetzt am Antennenmast bzw. am Erdspieß angelegt haben. Danach sollte das Kantholz am Boden befestigt oder zumindest mit Gewichten beschwert werden. Für die Verlegung des Antennenkabels können Sie ein flexibles Schutzrohr ins Erdreich einbringen.

Wegen der Korrosionsgefahr sollte das Antennen-Rohr an der Stelle, an der es in den Beton eintritt, durchgängig innerhalb und außerhalb des Betons einen ca. 30 cm langen Korrosionsschutzanstrich erhalten. Für diesen Zweck eignet sich auch eine PVC-Ummantelung, die ebenfalls mindestens 30 cm lang und alternativ zum Anstrich angebracht werden kann.

Wasserwaage und
Mast in der Draufsicht

Bild 3.35.

Anschließend schaufeln Sie den angerührten Fertigbeton so in die Grube, dass einige Zentimeter zwischen der Betonoberfläche und der Geländeoberfläche unbedeckt bleiben. Nach einigen Stunden ist der Beton so ausgehärtet, dass Sie den unbedeckten Bereich oberhalb des Betons mit Erde auffüllen und den zuvor sorgfältig abgetragenen Rasen wieder bündig mit der Geländeoberfläche über dem Fundament einbringen können.

3.6 Verlegen der Antennenleitung auf Putz

Die Aufputzinstallation wird in erster Linie dort angewendet, wo es nicht auf die Schönheit ankommt. In der Garage, dem Keller und am Dachboden ist die Aufputzinstallation üblich. Für die Aufputzverlegung eignet sich jedes Antennenkabel.

Bei der Aufputzverlegung kann man das Antennenkabel „frei in Luft" verlegen, indem man es mit so genannten Druck- oder Nagelschellen befestigen. In den zuvor genannten Bereichen, dort, wo die Aufputzinstallation nicht unschön oder störend aussieht, kann alternativ zu der Verlegung mit Druck- oder Nagelschellen ein Kabelkanals montiert werden. Vor allem, wenn die Gefahr einer mechanischen Beschädigung besteht oder mehrere Antennenkabel zu verlegen sind, erweist sich die Verlegung eines Schutzrohres oder eines Kabelkanal als vorteilhaft. Die Materialkosten sind für diese Verlegart zwar etwas höher, dafür ist aber der Zeitaufwand für die Installation der Kabel bei weitem nicht so hoch, zumindest dann nicht, wenn es mehrere Leitungen zu verlegen gilt. In ein Schutzrohr können nicht nur mehrere Kabel zugleich eingezogen werden, es ergibt sich eine zusätzliche Zeitersparnis bei der Anbringung

Verlegen der Leitung a.P.

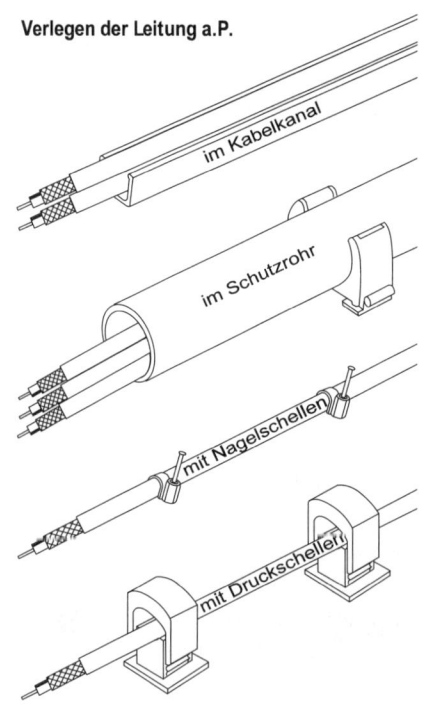

im Kabelkanal

im Schutzrohr

mit Nagelschellen

mit Druckschellen

Bild 3.36.

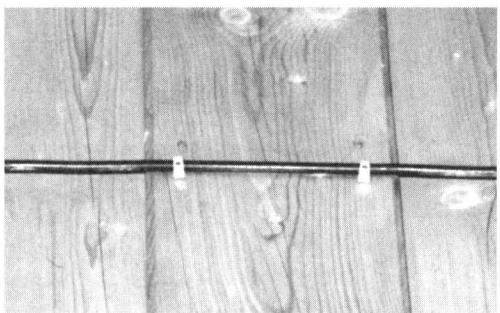

Bild 3.38.

Bild 3.37.

des Schutzrohres aufgrund der größeren Befestigungsabstände (Bild 3.36).

Bei einem waagerechten Verlauf der Leitung auf
Decken oder an Wänden sollte ein Schellenabstand vom 35- bis 40fachen des Leitungsdurch-
messers ausreichend sein. Das entspricht in etwa
einem Abstand zwischen den Schellen von etwa
20 cm (Bild 3.37 und 3.38). Verläuft das Kabel
senkrecht, kann der Schellenabstand um das
1,5fache erhöht werden. Die Nagelschellen sind
ausschließlich mit Stahlnadeln angenagelt, deren
Dicke und Länge der Stärke der vorhandenen
Putzschicht und der Härte des Mauersteines entspricht. Der übliche Durchmesser für Stahlnadeln beträgt 2 mm
bei einer Länge von 23, 30, 40 oder 50 mm. Für die Verlegung
auf Holz sind Stahlnadeln mit einer Länge von 23 mm gut geeignet. Für eine schnellere Verlegung sorgen so genannte vorgestiftete Nagelschellen. Die übliche Nagelschellengröße für Antennenkabel beträgt 7–11 mm.

Bekommen Sie mit der Stahlnadel auf dem vorhandenen Mauerwerk keinen ausreichenden Halt, dann können die Nagelschellen
mit einem Metallbohrer auf 3,5 mm aufgebohrt werden, so dass
auch eine Befestigung mit 5-mm-Kunststoffdübeln und Holzschrauben, deren Durchmesser 3,5 mm beträgt, möglich ist. Alternativ zu aufgebohrten Nagelschellen lassen sich zum Beispiel
Klemmfixschellen für Aufputzverlegung verwenden. Die
Klemmfixschelle bietet den Vorteil, dass Sie nur ein Dübelloch
ins Mauerwerk bohren müssen, ohne dass Schrauben und Dübel
zur Anwendung kommen. Die Schelle wird in das Bohrloch ge-

3. Installation

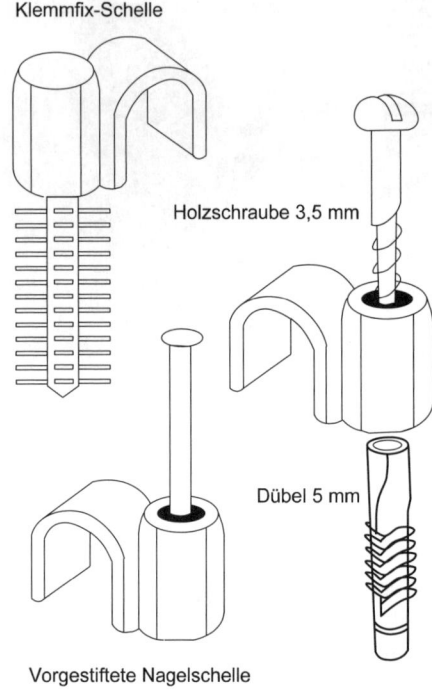

Klemmfix-Schelle

Holzschraube 3,5 mm

Dübel 5 mm

Vorgestiftete Nagelschelle

Bild 3.39.

drückt oder geschlagen, fertig. Das spart Zeit und Geld (Bild 3.39).

Für die Aufputzverlegung mit Druck- oder Greifkabelschellen eignen sich die gleichen Befestigungsabstände wie für Nagelschellen. Die Druck- oder Greifschellen befestigen Sie am besten mit 6-mm-Kunststoffdübeln und Holzschrauben mit 4,5 mm Durchmesser, deren Länge 25, 35, 40 oder 50 mm betragen kann. Die Druckschelle hat den Vorteil, dass Sie auch mehrere Antennenkabel mit einer Schelle befestigen können, wenn Sie die Größe der Schellen dementsprechend auswählen (Bild 3.40). Gängige Größen für Druckschellen sind 6–12, 7–16, und 14–24 mm Durchmesser. Für die Befestigung der Druckschellen auf Holz sind Holzschrauben 4,5 × 25 mm immer ausreichend.

Um das Bohren von Dübellöchern zu vermeiden, können auf einer glatten Oberfläche auch Klebeschellen zum Einsatz kommen (Bild 3.41). Diese Schellen besitzen eine sehr hohe Klebekraft

Bild 3.40.

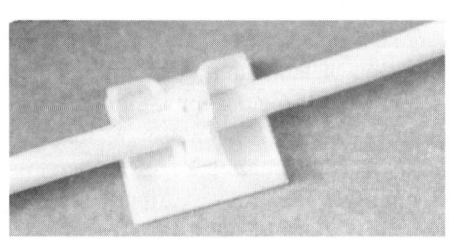

Bild 3.41.

auf glattem Holz, Steinfliesen, Fenster oder Türstöcken aus Holz, Kunststoff oder Metall. Auch auf Metallverkleidungen ist das Verlegen der Antennenleitungen möglich. Für die Befestigung der Klebeschellen ist kein Kleber erforderlich, Sie ziehen nur die Schutzfolie auf der Unterseite der Schelle ab und drücken sie an. Mit einem Kabelbinder 98 × 2,5 mm werden anschließend ein oder auch mehrere Antennenkabel an der Klebeschelle befestigt. Im Freien sollte man die Klebeschellen nicht verwenden, da durch die Witterungseinflüsse, vor allem bei starkem Frost, die Klebekraft nachlässt, so dass die Schellen, wie reifes Obst von den Bäumen, abfallen.

Bei der Verlegung eines Schutzrohres aus Kunststoff oder Aluminium ist ein Befestigungsabstand von etwa 60 bis 80 cm einzuhalten. Das Schutzrohr wird zur Befestigung nur in so genannte Klemmschellen gedrückt. Für ein, zwei oder drei Antennenkabel ist eine Schutzrohr-Nenngröße von 13,5 mm passend. Verlegen Sie zusätzlich ein Steuerkabel oder mehr als drei Antennenkabel, sollte ein Schutzrohr mit der Nenngröße 16 mm zum Einsatz kommen. An den Stoßstellen werden die Schutzrohre mit Steckmuffen miteinander verbunden. Als Zubehör für Schutzrohre gibt es 90°-Bögen, auf die man verzichten kann, wenn keine mechanische Beschädigungsgefahr an den ungeschützten Stellen für das Kabel besteht. Das Weglassen der Bögen erleichtert das Einziehen der Kabel. Um eine Beschädigung des Antennenkabels zu vermeiden, darf das Kabel nicht geknickt oder gequetscht werden. An den Bögen sollte für Antennenkabel ein Biegeradius vom mindestens dem 10fachen Leitungsdurchmesser angehalten werden. Besteht eine große mechanische Beschädigungsgefahr, empfiehlt sich die Anwendung eines Kunststoffpanzer-, Stahlpanzer- oder Aluminiumrohres (Bild 3.42).

Zur Verlegung von Antennenkabeln in Wohnräumen, für die eine Schutzrohrverlegung aus optischen Gründen nicht in Frage kommt oder die nachträgliche Unterputzinstallation zu viel Schmutz verursachen würde, eignet sich zum Beispiel ein zusammenfaltbarer PVC-Minikabelkanal, den Sie wie ein flaches Kunststoffband auf die gewünschte Fläche kleben, nageln oder schrauben. Die üblichen Kabelkanalgrößen reichen von 16 × 16 bis 38 × 16 mm. Die Größe 16 × 16 mm reicht aus für die Aufnahme von vier Anten-

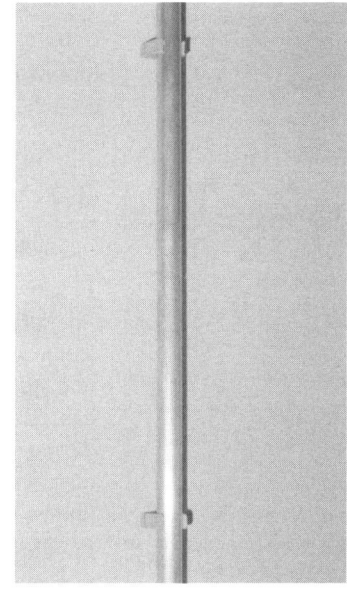

Bild 3.42.

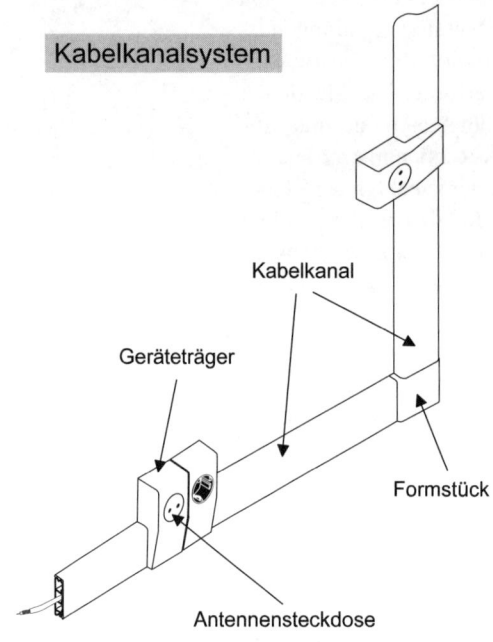

Kabelkanalsystem

Kabelkanal

Geräteträger

Formstück

Antennensteckdose

Bild 3.43.

nenkabeln. Beim Einlegen der Leitungen werden die Seitenwände des Kabelkanals aufgestellt und anschließend mit dem Kanaldeckel geschlossen. Handelsübliche Kabelkanäle sind in den Farben grau, braun und weiß im Handel erhältlich.

Eine weitere Möglichkeit zur Nachinstallation der Antennenkabel in Wohnräumen bietet ein Sockel- oder Teppichleistenkanal, der gegen die vorhandenen Sockelleisten oder Teppichleisten ausgetauscht werden kann. Kabelkanalsysteme gibt es heute für die verschiedensten Anwendungen. Vom Türumfahrungskanal bis zum Bodenkanal ist alles im Fachhandel erhältlich. Umfangreiches Zubehör wie T- und Kreuzstücke, Innen und Außenecken, Flachwinkel, Endstücke sowie Geräteträger ermöglichen dem Heimwerker eine problemlose Montage von Kabelkanalsystemen einschließlich der erforderlichen Antennensteckdosen (Bild 3.43).

3.7 Verlegen der Antennenleitung unter Putz

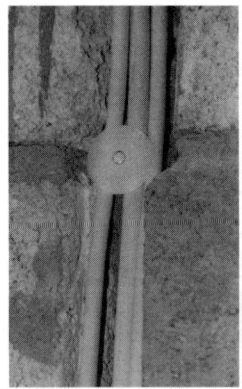

Bild 3.44.

Es gibt Normen, die eine Verlegung des Antennenkabels direkt im Putz für unzulässig halten. Darüber hinaus fordern diese technischen Regelwerke, dass eine Antennenleitung geschützt und jederzeit auswechselbar verlegt werden muss. Das bedeutet, dass Sie ein Antennenkabel unter Putz nur im Leerrohr verlegen dürfen. Darüber hinaus gibt es eine Norm, die eine waagerechte oder senkrechte Verlegung verlangt. Das heißt, Rohre und Leitungen dürfen nicht schräg bzw. quer verlegt werden.

Für die Verlegung von Leerrohren in Mauerschlitzen ist eine Befestigung der Rohre mit Schellen nicht praxisgerecht. Wegen der Unebenheiten in Mauerschlitzen ist es meist schwierig, Schellen dort richtig anzubringen. Aus diesem Grund ist es üblich, Rohre oder Kabel in Mauerschlitzen mit Nägeln zu befestigen, die mit einer Kunststoffscheibe ausgestattet sind (Bild 3.44). Die Nägel sollten sehr sorgfältig und nicht krumm eingeschlagen werden, da flexible Leerrohre relativ leicht brechen können. Die eigentliche Fixierung des Rohres erfolgt danach durch angebrachte Gipsbänder oder vollständiges Schließen des Schlitzes mit Haftputz. Die Nägel sollten nach der Aushärtung des Haftputzes entfernt werden, damit es zu keinen Korrosionserscheinungen an der fertig getünchten Wand kommt.

Bei der Verwendung einer elektrischen Mauerfräse, mit einem der Rohrgröße entsprechenden Fräseinsatz, ist keine Befestigung für das Rohr erforderlich. Die Fräseinsätze sind so dimensioniert, dass das Rohr durch bloßes Eindrücken in den Mauerschlitz gut befestigt ist (Bild 3.45).

Beim Stämmen oder Fräsen von Mauerschlitzen in tragende Wände ist Vorsicht geboten. Tragende Wände sind Wände, die vertikale Lasten (Deckenlasten) und horizontale Lasten (Windlasten) aufnehmen können. Die geforderte Standfestigkeit des Mauerwerkes darf durch Schlitze nicht beeinträchtigt werden. Ebenso sollten Sie darauf achten, dass sich durch die Mauerschlitze der Brand-, Wärme- und Schallschutz mindert. Schlitze, die eine bestimmte Größe nicht überschreiten, können in tragende Wände gestemmt werden, ohne dass ein statischer Nachweis für die vorgenommene Schwächung erbracht werden muss (Bild 3.46 und 3.47).

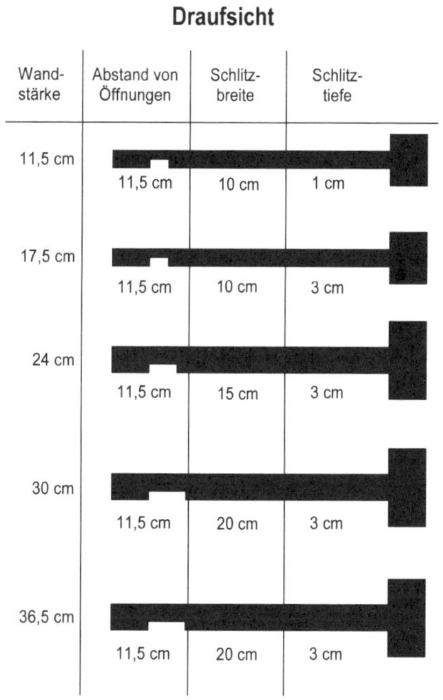

Nach der Feuerungsverordnung (FeuVO) sind Mauerschlitze jeglicher Art in Schornsteinen unzulässig.

Am häufigsten kommt für die Unterputzverlegung der

Bild 3.45.

Bild 3.46.

Draufsicht

Wand-stärke	Abstand von Öffnungen	Schlitz-breite	Schlitz-tiefe
11,5 cm	11,5 cm	10 cm	1 cm
17,5 cm	11,5 cm	10 cm	3 cm
24 cm	11,5 cm	15 cm	3 cm
30 cm	11,5 cm	20 cm	3 cm
36,5 cm	11,5 cm	20 cm	3 cm

Ohne statischen Nachweis zulässige vertikale Schlitze
in tragenden Wänden nach DIN 1053 Teil 1

123

Bild 3.47.

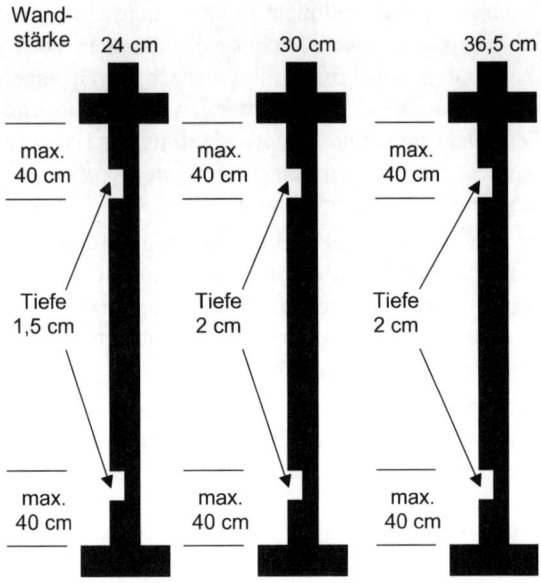

Querschnitt

Ohne statischen Nachweis zulässige horizontale Schlitze
in Tragenden Wänden nach DIN 1053 Teil 1

Leerrohrtyp FFKu oder die stabilere Ausführung FBY, mit der Nenngröße 13,5 und 16 mm, zur Anwendung. Bei der Rohrverlegung ist zu beachten, dass jeweils nach 10 Metern Rohr eine Zugdose einzusetzen ist. Senkrecht verlegte, etagenüberschreitende Rohre sollten mindestens eine Zugdose je Etage erhalten.

Zu berücksichtigen ist, dass vor dem Verputzen so genannte Zugdrähte in die Leerrohre einzubringen sind. Am Zugdraht wird das einzuziehende Kabel angehängt. Anschließend ist an einem Ende des Rohrs das Kabel einzulassen, während gleichzeitig am anderen Ende des Leerrohrs das Antennenkabel am Zugdraht durchgezogen wird. Auf diese Weise ist das nachträgliche Einziehen von einem oder auch einigen Antennenkabel, auch über längere Distanzen hinweg, möglich.

3.8 Verlegen der Antennenleitung im Erdreich

Zur direkten und ungeschützten Verlegung im Erdreich eignen sich nur Antennen-Erdkabel. Ein gutes Erdkabel kostet etwas mehr als ein einfaches Satellitenkabel, das zur Verlegung in Wohnräumen bestimmt ist. Die geringere Dämpfung eines guten Antennen-Erdkabels bringt den Vorteil, dass längere Kabelwege ohne den Einsatz eines Antennenverstärkers möglich sind und dass das Erdkabel ohne Schutzrohr ins Erdreich eingebracht werden darf. Dennoch ist die Verwendung eines Kunststoffschutzrohres zu empfehlen, weil das Schutzrohr nicht nur einen Schutz vor mechanischer Beschädigung und vorzeitiger Verrottung bietet, sondern bei Nachrüstungen das Einziehen von zusätzlichen Steuer- und/oder Antennenkabeln ermöglicht.

Erdkabel sind mit oder ohne Schutzrohr etwa 0,6 m tief auf glatter steinfreier Grabensole zu verlegen. Steine, die im Kabelgraben liegen, können nach dem Auffüllen des Kabelgrabens mit dem Gewicht der Grabenfüllung auf das Kabel drücken und es beschädigen. Wegen der Beschädigungsgefahr sollten Sie vor der Kabelverlegung den Kabelgraben mit einer ca. 10 cm hohen Sandschicht auffüllen. Nach der Kabelverlegung sind weitere 10 Zentimeter des Kabelgrabens mit Sand aufzufüllen (Bild 3.48). Ein zusätzlicher Schutz durch Abdecken des Kabels mit Kunststoff-Kabelhauben, Betonplatten oder Kabelabdeckungen aus ölgetränktem Holz – wie früher üblich – wird heute nicht mehr gefordert.

Bewährt hat sich der Einsatz von so genannten Trassenbändern aus Kunststoff, die im Erdreich oberhalb des Erdkabels zu verlegen sind und den gesamten Verlauf des Erdkabels kennzeichnen. Bei nachträglichen Grabarbeiten kann ein Trassenband, das nur wenige Zentimeter unter der Geländeoberfläche eingelegt ist, das Erdkabel vor versehentlicher Beschädigung bewahren.

Bild 3.48.

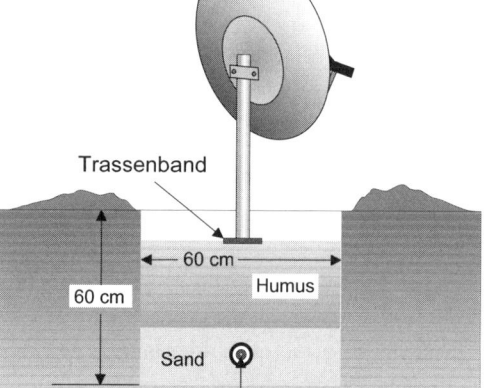

Zu beachten ist, dass Antennen-Erdkabel an Kreuzungs- und Näherungsstellen zu einem im Erdreich verlegten Starkstromkabel einen Mindestabstand von 30 cm aufweisen müssen.

In der Vergangenheit durften im Erdreich, mit oder ohne Schutzrohr-Umhüllung, nur Erdkabel zum Einsatz kommen. Unter Verwendung eines Schutzrohres, das im Erdreich sicher gegen Eindringen von Wasser und Feuchtigkeit verlegt ist, darf heute auch eine Leitung eingezogen werden, die sich eigentlich nur zur Verlegung in Innenräumen eignet.

3.9 Montage der Antennensteckdose

Das Wohnzimmer ist im Regelfall der schönste Raum in Haus und Wohnung. Keiner sieht dort gerne auf Putz verlegte Leitungen. Aus diesem Grund wählt man für die Aufputzverlegung den an das Wohnzimmer angrenzenden Raum, in dem die Wand an der Stelle durchbohrt werden kann, an der im Wohnzimmer die Antennensteckdose angebacht werden soll.

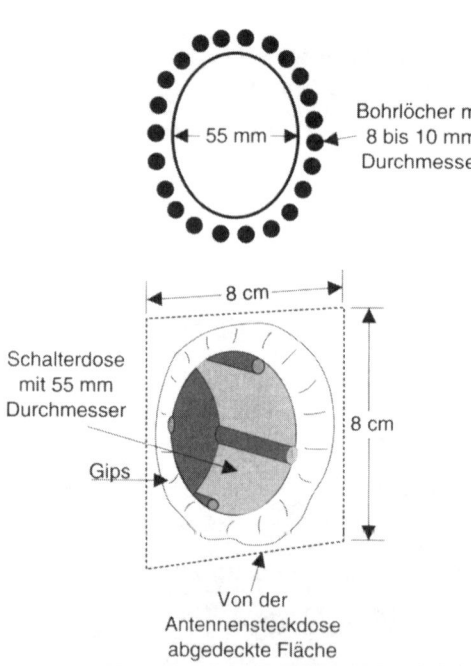

Die Unterputzmontage einer 55 mm Unter-Putz-Schalterdose kann im Wohnzimmer so ausgeführt werden, dass die Steckdosenmontage keine Spuren an der Wand hinterlässt. Dazu zeichnen Sie an der Wanddurchbruchstelle einen Kreis mit einem Durchmesser von 55 mm und bohren um den Kreis in gleichmäßigen Abständen Löcher mit 8 bis 10 mm Durchmesser (Bild 3.49). Anschließend wird des Mauerwerk mit einem Hammer und einem kleinen Flachmeißel vorsichtig zwischen den Bohrlöchern ausgestemmt. Es ist zu beachten, dass nur in dem Bereich gestemmt wird, der unterhalb von der Steckdosenabdeckung liegt. Die meisten Steckdosen-Abdeckungen haben eine quadratische Form mit etwa 8 cm Seitenlänge. Nach dem vorsichtigen Eingipsen der Unter-Putz-Schalter-

Bild 3.49.

126

dose kann die Antennensteck-dose so eingebaut werden, dass von den Mauerarbeiten nichts mehr zu sehen ist.

Für die Montage einer Antennensteckdose in Leichtbauwänden, Schränken oder Verkleidungen sind Hohlwandschalterdosen bzw. Hohlwandgerätedosen geeignet. Am häufigsten kommen Hohlwanddosen mit Halterand zur Anwendung (Bild 3.50). Für die fachgerechte Montage der Hohlwanddose ist ein Hohlwanddosen-Fräser mit Randversenker zu verwenden. Das Ausfräsen der Einbauöffnung erfolgt mit Dosenfräser (Durchmesser 68 mm) und dem am Dosenfräser angebrachten Randversenker – der die Vertiefung für den Dosenhalterrand herstellt – in einem Arbeitsgang. Die Randversenkung ist wichtig, da ohne sie keine wandbündige Montage der Hohlwanddose möglich ist. Hohlwanddosen sind in der Regel mit vorgestanzten Einführungen ausgestattet, so dass eine Zugentlastung für eingeführte Leitungen und flexible Rohre an der Hohlwanddose möglich ist (Bild 3.51 und 3.52).

Für die Befestigung der Antennensteckdosen an der Hohlwanddose sind nach Möglichkeit die für diesen Zweck an der Hohlwanddose angebrachten Schrauben zu verwenden. Eine Befestigung der an der Antennensteckdose angebrachten Krallen ist wegen der Beschädigungsgefahr des Antennenkabels zu vermeiden. Darüber hinaus könnte

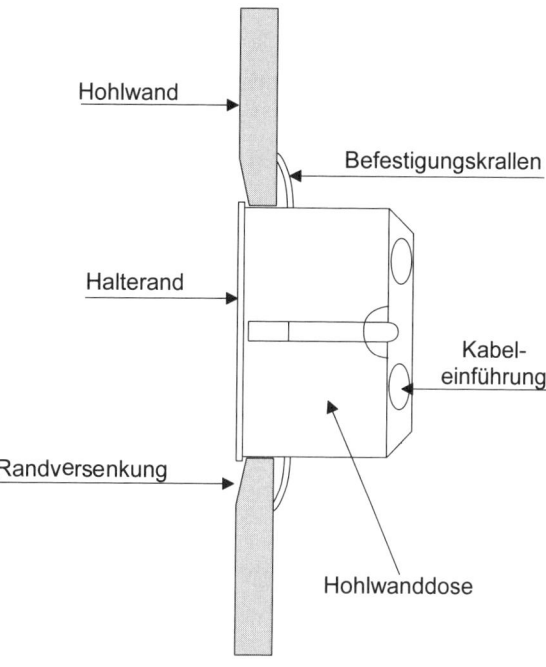

Bild 3.50.

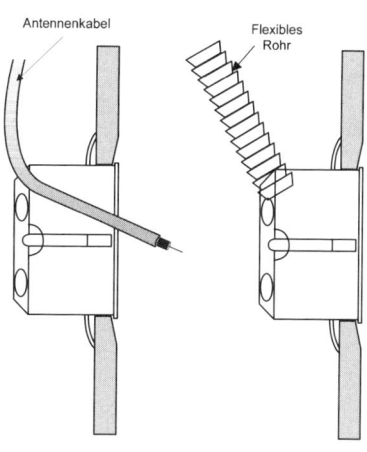

Bild 3.51.

3. Installation

Bild 3.52.

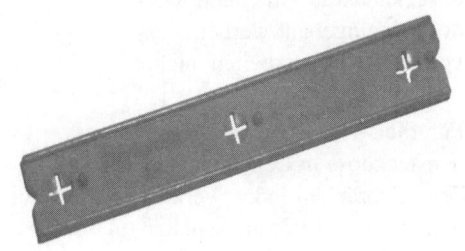

Bild 3.53.

die Krallenbefestigung die Hohlwanddose verformen oder beschädigen.

Für die Montage einer Hohlwanddosen-Kombination (Bild 3.53) sind im Handel Schablonen erhältlich, die das exakte Anzeichnen der Bohrlöcher erleichtern (Bild 3.54). Grundsätzlich gilt, dass Antennensteckdosen nicht mit 230-V-Steckdosen älteren Baujahrs kombiniert werden dürfen. Sie müssen getrennte Abdeckungen tragen. Eine gemeinsame Abdeckung ist nur zu-

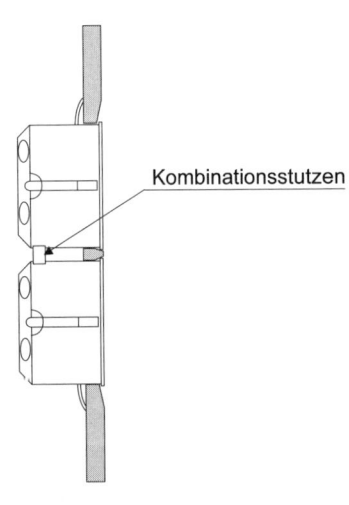

Bild 3.54.

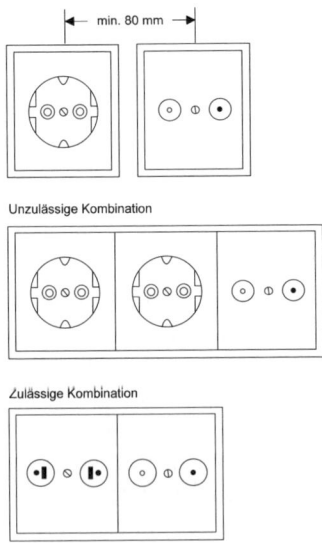

Bild 3.55.

lässig, wenn nach Entfernen der Abdeckung die 230-V-Steckdose gegen di-
rektes Berühren geschützt bleibt, was
bei neuen 230-V-Schutzkontakt-Steck-
dosen immer zutrifft.

Für eine getrennt anzubringende
Steckdosen-Kombination sollte der
Abstand von Dosenmitte zu Dosenmit-
te etwas mehr als 80 mm betragen.
Dieses Maß ist auf die empfohlene
Größe für Abdeckplatten von 80 ×
80 mm zurückzuführen (Bild 3.55).

Unter Verwendung eines Aufputzrahmens lässt sich jede Antennensteckdose auch problemlos auf Putz installieren (Bild 3.56). Es sieht jedoch besser
aus, wenn Sie für die Aufputzinstallation anstelle des Aufputzrahmens einen

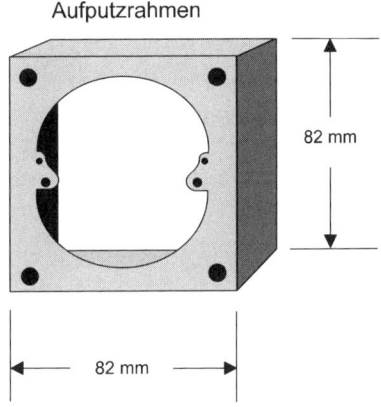

Aufputzrahmen

82 mm

82 mm

Bild 3.56.

formschönen Metallkabelkanal verwenden (Bild 3.57). Zu berücksichtigen ist, dass für die Montage der Antennensteckdose
im Kabelkanal eine zum verwendeten Kanal passende Geräte-
einbaudose erforderlich ist (Bild 3.58).

Vor dem Anschluss des Antennenkabels an die Antennensteckdose muss das Antennenkabel abisoliert werden. Grundsätzlich
gelten die vom Hersteller der Antennensteckdose vorgegebenen
Abisolierlängen. Der Außenmantel des Kabels wird zuerst auf
eine Länge von 18 bis 30 mm abisoliert (Bild 3.59). Zum Abisolieren schneidet man mit einem
Messer oder ei-
nem speziellen
Abisolierwerk-
zeug um den Au-
ßenmantel, ohne
ihn ganz zu durch-
schneiden, da
sonst durch den
Einschnitt der
feindrähtige Ge-
flechtkabelschirm
beschädigt wer-
den könnte. Um

Bild 3.57.

Bild 3.58.

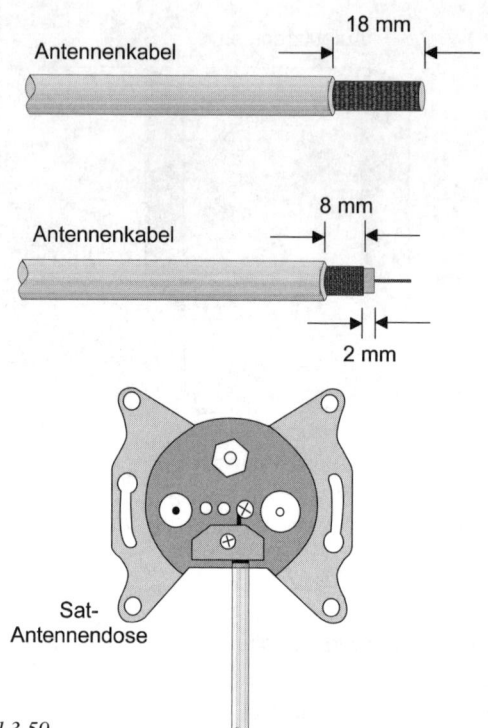

Bild 3.59.

den nicht vollständig durchschnittenen Kabelmantel vom Kabel zu lösen, sollten Sie das Antennenkabel an der Schnittstelle soweit umbiegen, bis der Kabelmantel aufreißt. Danach kann man den Außenmantel problemlos vom Kabel abziehen. Auch beim Abisolieren des Innenleiters dürfen Sie die Isolierung unter dem Kabelschirm ganz durchschneiden. Der Einschnitt sollte kurz vor dem Innenleiter enden. Wie beim Außenmantel lässt sich nach dem Einschneiden und Biegen die Isolierung des Innenleiters unter geringem Kraftaufwand abziehen. Um einen Kurzschluss des Antennenkabels zu vermeiden, sollten Sie den Geflechtschirm mindestens 2 mm kürzer abschneiden als die Isolierung des Innenleiters (Bild 3.59).

3.10 Anschluss der Geräte

Für den Antennen-Anschluss eines digitalen Satelliten-Receivers kommen grundsätzlich F-Stecker (Bild 3.60) zum Einsatz. Beim Vorhandensein einer Sat-Antennensteckdose ist als Verbindungskabel von der Antennen-Steckdose zum Sat-Receiver ein 75-Ohm-Antennenkabel erforderlich, an dem auf beiden Seiten ein F-Stecker angebracht ist (Bild 3.61). Für den direkten Anschluss des Receivers (Anschluss ohne Antennen-Steckdose) an das Antennenkabel ist auch ein F-Stecker erforderlich, der folgendermaßen am Kabel angebracht werden kann:

Bild 3.60.

- Entfernen Sie zunächst den äußeren PVC-Mantel am Antennenkabel auf eine Länge von 12 mm.

- Streifen Sie anschließend den Geflechtschirm und den darunter liegenden Folienschirm zurück.

- Kürzen Sie den Folienschirm und den Geflechtschirm auf eine Länge von 5 mm.

- Als Nächstes entfernen Sie von der inneren PE-Isolierung 10 mm, so dass ca. 2 mm von der PE-Isolierung bestehen bleiben.

- Danach drehen Sie die Metallhülse des F-Steckers auf das Antennenkabelende, bis die innere Kunststoffisolierung bündig mit dem Durchführungsloch im Stecker ist und der Innenleiter des Kabels das Ende des F- Steckers um 1 bis 2 mm überragt (Bild 3.62).

- Zu beachten ist, dass keine versehentliche Verbindung zwischen dem Schirmgeflecht und dem Innenleiter zustande kommt, da sonst ein Kurzschluss entsteht, der den Satelliten-Receiver beschädigen kann.

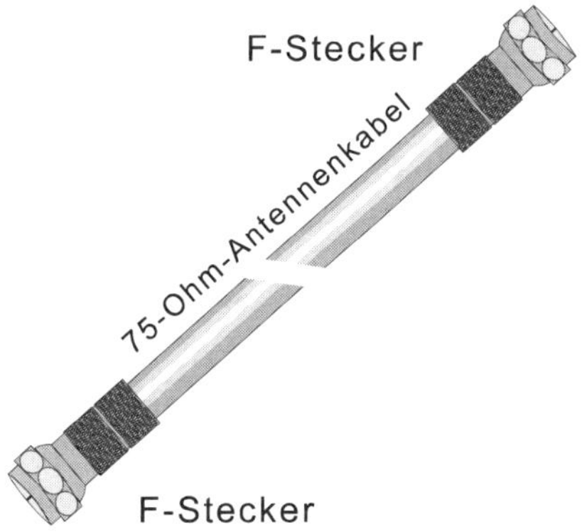

Die Vorgehensweise für die Anbringung des F-Steckers am Antennenkabel ist immer die gleiche, unabhängig davon, ob der F-Stecker zum Anschluss vom Receiver, LNB, Weiche, Multischalter, Antennenverstärker, Antennensteckdose usw. dient.

Unter Verwendung eines 75-Ohm-Antennenkabels in der erforderlicher Länge können Sie ein Verbindungskabel für den Anschluss des Receivers an die Antennensteckdose selbst anfertigen, indem Sie auf die zuvor beschriebene Weise an beiden Seiten des Kabels einen F-Stecker anbringen. Mit dem gleichen Antennen-Anschlusskabel lässt sich über das Durchschleifsystem – über das fast jeder digitale Sat-Receiver verfügt – auch ein zweiter analoger oder digitaler Receiver an einem vorhandenen digitalen Sat-Receiver anschließen, mit dem Sie gleichzeitig andere Programme empfangen können. Darüber hinaus können Sie für diese Zwecke natürlich auch ein fertiges Anschlusskabel verwenden.

F-Stecker

75-Ohm-Antennenkabel

F-Stecker

Bild 3.61.

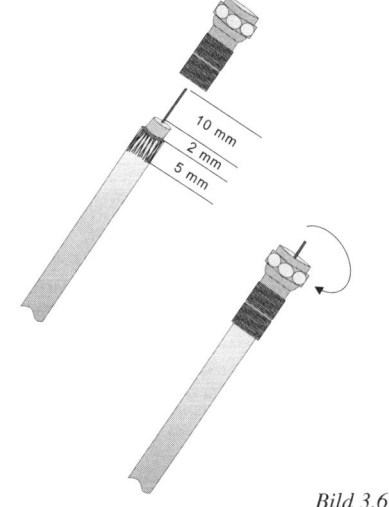

Bild 3.62.

3. Installation

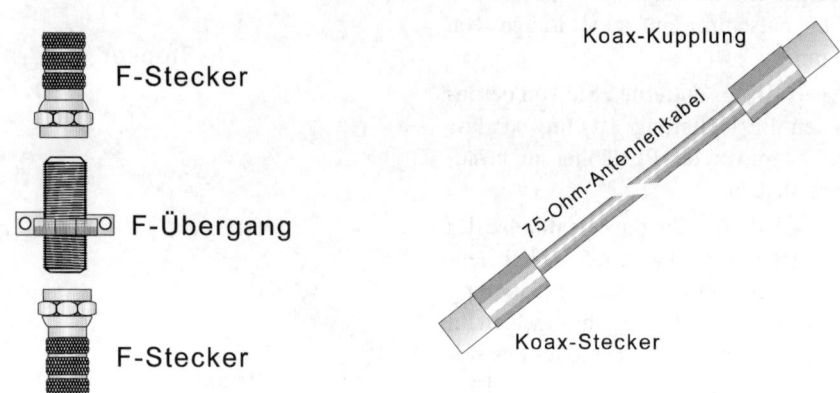

F-Stecker

F-Übergang

F-Stecker

Koax-Kupplung

75-Ohm-Antennenkabel

Koax-Stecker

Bild 3.63.   *Bild 3.64.*

Ein zu kurzes Antennenkabel können Sie unter Verwendung eines Kupplungsstückes, das beidseitig mit einer F-Buchse ausgestattet ist, verlängern, indem Sie das vorhandene Kabel über das Kupplungsstück (Bild 3.63) mit einem zweiten Anschlusskabel verbinden. Alternativ dazu kann ein zu kurzes Antennenkabel mit einem so genannten Koaxialkabelverbinder verlängert werden.

Der Antennen-Anschluss des TV-Gerätes und/oder der Stereo-Anlage an eine eventuell noch vorhandene terrestrische Empfangsanlage erfolgt über die Sat-Antennensteckdose mit einem Koax-Anschlusskabel (Bild 3.64), die vorkonfektioniert in den

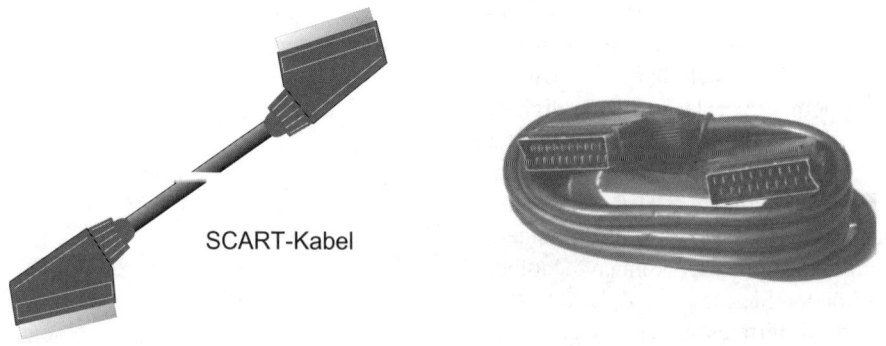

SCART-Kabel

Bild 3.65.   *Bild 3.66.*

üblichen Längen 1,5 m, 3 m, 5 m und 10 m im Handel erhältlich sind. Um Geld zu sparen, können Sie, unter Verwendung eines Sat-Antennenkabels und eines Koax-Steckers sowie einer Koax-Kupplung, das Anschlusskabel für den terrestrischen Empfang auch selbst anfertigen.

Für die Verbindung vom digitalen Satelliten-Receiver zum TV-Gerät, Videorecorder und DVD-Player sind nach Möglichkeit ein

Bild 3.67.

oder zwei bzw. mehrere vollbeschaltete SCART-Verbindungskabel zu verwenden (Bild 3.65 und 3.66). Zu empfehlen ist, dass die Verbindung zu einem Videorecorder auch mit einem SCART-

Kabel hergestellt wird. Die meisten digitalen Sat-Receiver bieten eine zweite SCART-Buchse für eine Verbindung zum Videorecorder. Für den Anschluss von mehreren Geräten an den digitalen Sat-Receiver verwenden Sie eine SCART-Umschaltbox, über die zum Beispiel zwei Videorecorder, das TV-Gerät, der Sat-Receiver und die Stereo-Anlage anschließbar sind (Bild 3.67 und 3.68). Das Bild 3.69 enthält den Schaltplan der SCART-Umschaltbox von Bild 3.68; das Bild 3.70 enthält die Beschreibung für eine SCART-Anschlussbuchse.

Die analoge Verbindung zur Stereoanlage wird in der Regel mit einem Audio-Verbindungskabel hergestellt, das an den Kabelenden mit je zwei Cinch-Steckern ausge-

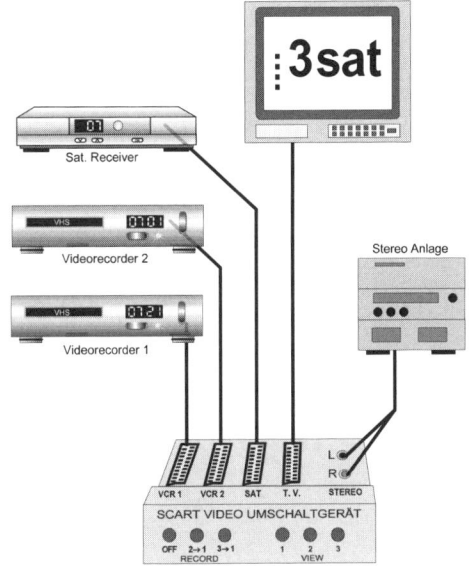

Bild 3.68.

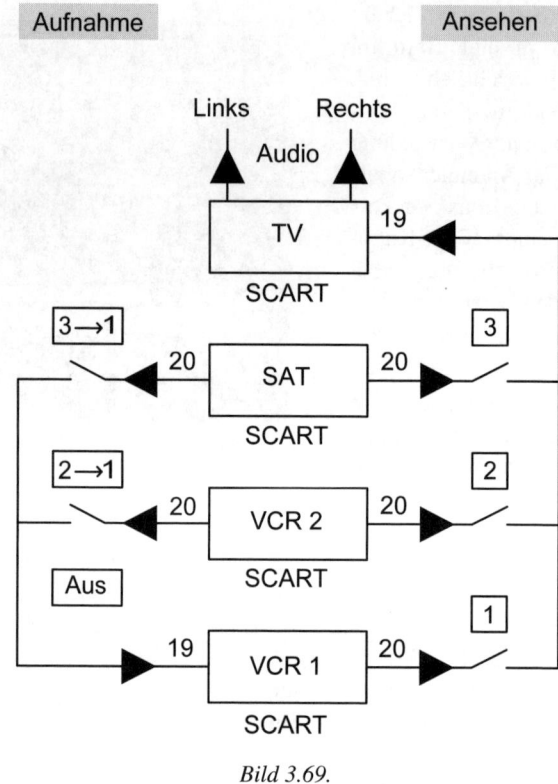

Bild 3.69.

stattet ist (Bild 3.71). Verfügt Ihre Stereo-Anlage über einen Verstärker mit Eingängen für digitale Signale, dann können Sie die
Programme von Ihrem digitalen Sat-Receiver in CD-Qualität
über die Stereo-Anlage wiedergeben! Hierzu ist auch ein Cinch-
Kabel erforderlich, das aber nicht wie bei der analogen Verbindung zwei, sondern nur einen Cinch-Stecker an jedem Kabelen-
de benötigt. Der digitale Audio-Anschluss ist mit „SPDIF" gekennzeichnet (Bild 3.72).

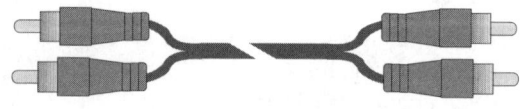

Bild 3.71.

Beschreibung der Scart Buchse

Pin	Signal
1	Audio-Ausgang B
2	Audio-Eingang B
3	Audio-Ausgang A
4	Audio-Masse
5	RGB blau Masse
6	Audio-Eingang A
7	RGB blau Signal
8	Schaltspannung
9	RGB grün Masse
10	Datenleitung 2
11	RGB grün Signal
12	Datenleitung 1
13	RGB rot Masse
14	Reserve
15	RGB rot Signal
16	Austastsignal
17	Video Masse
18	Austastsignal Masse
19	Video Ausgang
20	Video Eingang

Audio-Eingangspegel	**0,5 Vrms**
Audio-Eingangsimpedanz	**10 kΩ**
Audio-Ausgangspegel	**0,5 Vrms**
Audio-Ausgangsimpedanz	**1 kΩ**
Ausgangspegel/Videoeingang	**1 V ss**
Impedanz Ein-/Ausgang Video	**75 Ω**
Signalpegel Ein-/Ausgang RGB	**0,7 V ss**
Impedanz Ein-/Ausgang RGB	**75 Ω**
Umschaltpegel 0 (Pin 8)	**0 / 2 V**
Umschaltpegel 1 (Pin 8)	**9,5 / 12 V**
Impedanz Ein-/Ausgang	**10 kΩ-2 nF**
Dunkeltastungspegel 0 (Pin 16)	**0 / 0,4 V**
Dunkeltastungspegel 1 (Pin 16)	**1 / 3 V**
Impedanz Ein-/Ausgang Dunkelta.	**75 Ω**
Offset d. c. Video und RGB	**0 / 2 V**

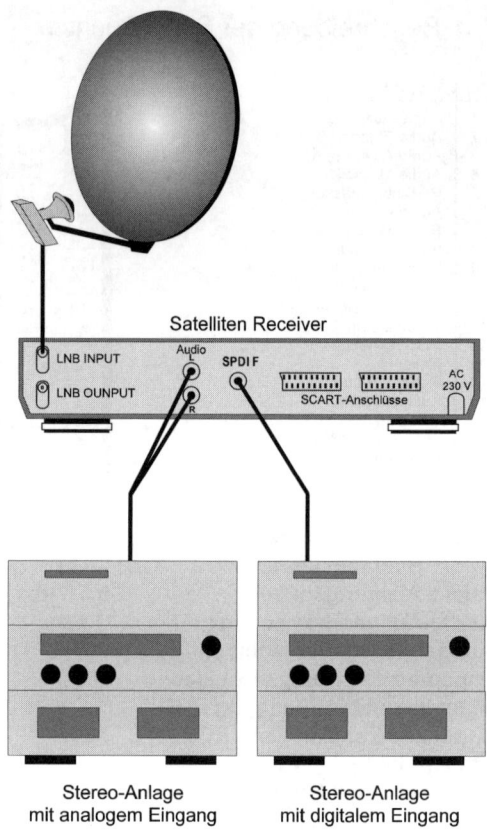

Bild 3.72.

3.11 Drahtlose Verbindungen zum Sat-Receiver

Ein Antennenkabel sauber und unauffällig zu verlegen, kann vor allem im Wohnbereich sehr schwierig und aufwändig sein. Abhilfe schafft ein Videosender-Set mit einer drahtlosen Verbindung vom Satelliten-Empfänger zum TV-Gerät (Bild 3.73). Den Videosender können Sie gemeinsam mit dem Sat-Receiver an jeden Ort in der Wohnung platzieren, der mit der Infrarot-Fernbedienung des Satelliten-Receivers erreichbar ist. Der Videoempfänger hingegen kommt in der Nähe des Fernsehgerätes zum Einsatz.

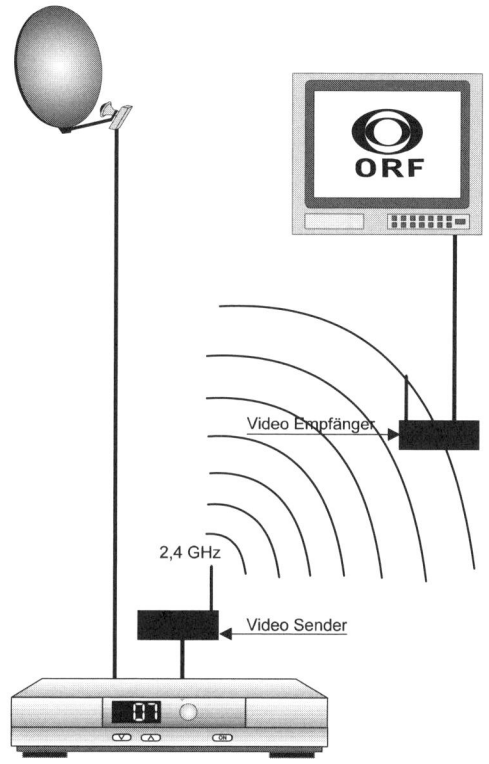

Bild 3.73.

Für den Anschluss des Videosenders benötigen Sie ein SCART-Verbindungskabel mit 6-poligem DIN-AV-Stecker und SCART-Stecker oder Cinch-Stecker. Das Gleiche gilt für den Anschluss des Video-Empfängers. Sobald Sender und Empfänger eingeschaltet sind, werden Bild und Ton des Sat-Receivers per Funk (2,4 GHz) zum Fernsehgerät übertragen. Mit einer ausgezeichneten Wiedergabequalität – auch durch mehrere Wände hindurch – ist innerhalb von Gebäuden eine Reichweite von 30 m problemlos möglich.

Das Videosender-Set bietet viele weitere Möglichkeiten. Es können grundsätzlich alle Geräte mit Video- und/oder Audio-Ausgang (auch der PC) drahtlos verbunden werden. Egal, wo Sie Ihr

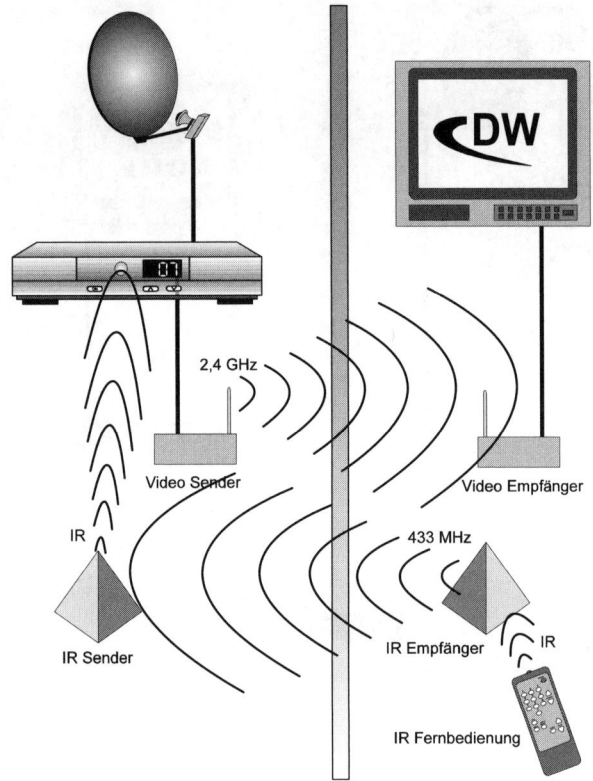

Bild 3.74.

Fernsehgerät oder auch mehrere Fernsehgeräte mit Videoempfänger aufstellen, ob drinnen oder draußen, ob im Garten, im Kinder- oder Schlafzimmer oder in der Küche, der Empfang eines Satellitenprogramms ist fast überall möglich.

Ein Problem ist die Infrarot-Fernbedienung des Sat-Receivers. Sie ist nur bei Sichtkontakt zum Sat-Receiver funktionsfähig. Eine drahtlose Verlängerung für die Infrarot-Fernbedienung kann Abhilfe schaffen und erspart Ihnen den ständigen Weg zum Sat-Receiver, wenn Sie ein-, um- oder ausschalten möchten (Bild 3.74).

Das Prinzip der drahtlosen IR-Verlängerung ist simpel und einfach. Der Sender wird in der Nähe des Fernsehgerätes aufgestellt, so dass er zum IR-Empfänger des Sat-Receivers Sichtkontakt hat. Das IR-Signal der Fernbedienung wird vom Sendeteil der drahtlosen Verlängerung in ein Hochfrequenzsignal umgesetzt und als 433-MHz-Funksignal zur Empfangseinheit übertragen. Dieses wandelt das Funksignal wieder in ein IR-Signal um, das mit Sichtverbindung zum Sat-Receiver übermittelt werden kann. Auf diese Art und Weise können Sie durch Wände und Decken hindurch Ihre Satelliten-Programme empfangen und den Sat-Receiver von einem anderen Raum aus bedienen. Sie haben dadurch die Möglichkeit, den Sat-Receiver gemeinsam mit dem Video- und Infrarotsender, zum Beispiel auf dem Dachboden bzw. in der Nähe der Sat-Antenne, aufzustellen. Jede Kabelverlegung vom Dachboden zum Fernsehgerät wird dadurch überflüssig.

Die drahtlose Übertragung der Sat-Programme kann auch mit einem Videosender realisiert werden, der wie ein terrestrischer Fernsehsender arbeitet. Dieser Videosender wird mit einem AV-Verbindungskabel an den Sat-Receiver angeschlossen und kann im Umkreis von ca. 100 m von jedem Fernsehgerät, über eine terrestrische UHF-Antenne oder über eine UHF-Zimmerantenne zum Beispiel auf Kanal 36 empfangen werden (Bild 3.75). In den meisten Ländern der EU sind solche Videosender leider nicht zulässig.

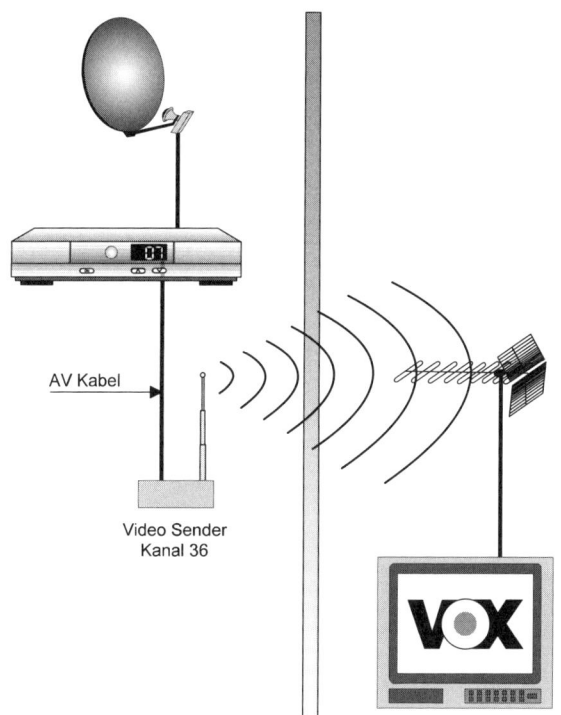

Bild 3.75.

4. Inbetriebnahme

4.1 Antennen-Ausrichtung

Beim analogen Satellitenempfang verursacht eine nicht exakt ausgerichtete Antenne einen schlechten Empfang. Dagegen führt beim digitalen Empfang eine Abweichung der Sat-Antennen-Ausrichtung von mehr als 2° zum vollständigen Verlust des Empfangs (Bild 4.1). Das heißt, Sie haben entweder ein sehr gutes Bild oder kein Bild, bzw. ein Standbild, wenn während der Sendung das Digitalsignal unterbrochen wird. Daher ist es besonders wichtig, die Antenne für den digitalen Satellitenempfang sehr genau auszurichten. Bei einer Satellitenübertragung legen die Signale eine Strecke von mehr als 70.000 km zurück. Aus diesem Grund ist eine exakte Antennen-Ausrichtung besonders wichtig und der entscheidende Faktor für einen guten und auch bei schlechten Witterungsbedingungen unbeeinflussten Empfang.

Voraussetzung für den Empfang ist eine hindernisfreie Sicht zum Satelliten. Hindernisse wie Gebäude, Berge, Bäume oder Büsche können den Empfang einschränken bzw. unmöglich machen. Bei der Ausrichtung einer Sat-Antenne müssen immer zwei Winkel beachtet werden, der Elevationswinkel (Erhebungswinkel) und der Azimutwinkel (Richtungswinkel). In Bild 4.2 sind beide Winkel dargestellt.

Die Elevationseinstellung für das ASTRA-Satellitensystem liegt in Deutschland, Österreich, Schweiz und Holland zwischen 28° und 36°. Die Azimuteinstellung für diese Länder liegt hingegen zwischen 4° und 19°

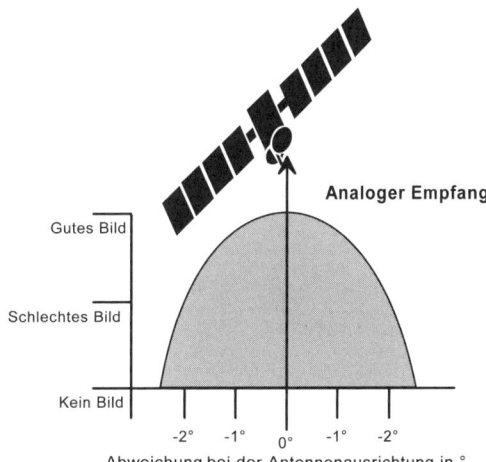

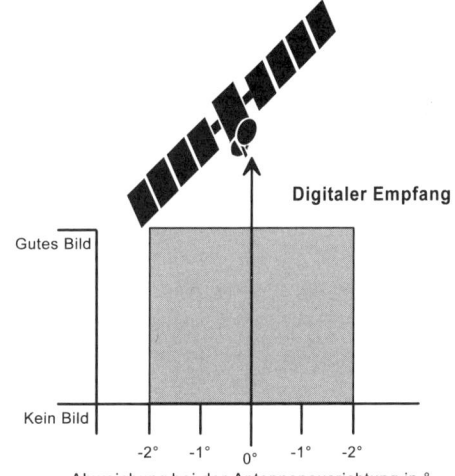

Bild 4.1.

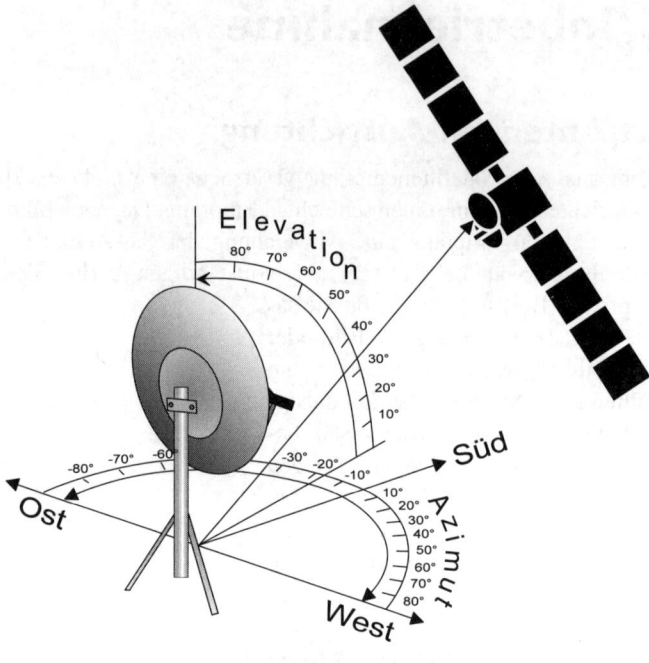

Bild 4.2.

Ost. Vor der Antennen-Ausrichtung entnehmen Sie der Azimut/ Elevations-Tabelle die Einstell-Winkel für die Stadt, in der Sie wohnen. Sollte Ihr Wohnort nicht in der Tabelle aufgeführt sein, dann wählen Sie die Stadt aus, die die geringste Entfernung zu Ihrem Wohnort aufweist.

Zuerst sollte der Elevationswinkel eingestellt werden. Die Elevationseinstellung erleichtert ein absolut senkrecht stehender Antennenmast. Überprüfen Sie die senkrechte Montage des Mastes mit einer Wasserwaage, die Sie am Mast anlegen (Bild 4.3). Legen Sie die Wasserwaage zunächst an einer beliebigen Stelle an. Anschließend wird die Wasserwaage um 90° versetzt noch einmal angelegt. Steht der Mast senkrecht, können Sie an der Langloch-Skala der Sat-Antenne eine relativ genaue Voreinstellung für den Elevationswinkel vornehmen. Die Befestigungsschrauben für die Elevationseinstellung sollten Sie nach der Voreinstellung nur so anziehen, dass Sie den Erhebungswinkel (Elevationswinkel) nach dem Auffinden des Satelliten noch korrigieren können.

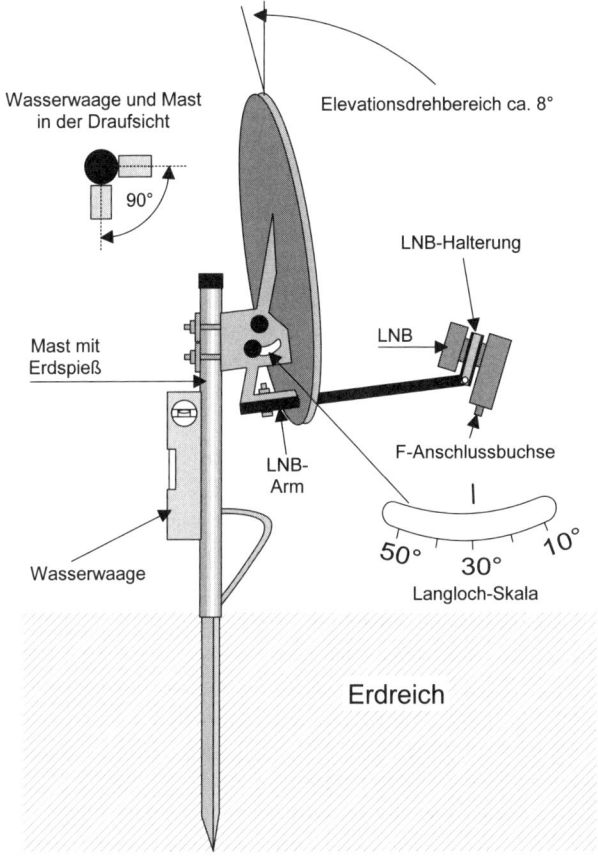

Bild 4.3.

Für die Einstellung des Azimutwinkels lockern Sie die Antennenhalterung am Mast, so dass sich die Antenne mit geringem Kraftaufwand drehen lässt. Mit einem Kompass (Bild 4.4) legen Sie die Südrichtung fest und drehen die Antenne dorthin. Die Suche nach dem Satelliten wird erleichtert, wenn beim Ausrichten der Antenne das TV-Gerät an einem Ort aufgestellt wird, an dem es während der Ausrichtung zu sehen ist. Vergewissern Sie sich, dass der Fernseher das Receiversignal empfängt. Fast alle digitalen Satelliten-Receiver sind für den Empfang der ASTRA- und HOT-BIRD-Programme vorprogrammiert, so dass Sie den Receiver nur auf ein unverschlüsseltes Programm – zum Beispiel RTL – einstellen müssen. Für die Richtungseinstellung nehmen Sie einen Winkelmesser zu Hilfe und drehen die Sat-Antenne,

Bild 4.4.

um die zuvor aus der Tabelle entnommene Gradzahl, nach links in Richtung Osten, bis das Programm von RTL auf dem Bildschirm erscheint. Stellt sich kein Empfang ein, dann korrigieren Sie den Elevationswinkel um 2 bis 3° nach oben und drehen anschließend die Antenne noch einmal sehr langsam von Süden um maximal 25° nach Osten. Bleibt auch der zweite Versuch erfolglos, dann drehen Sie die Antenne nochmals in dem zuvor beschriebenen Bereich mit um 4 bis 6° nach unten korrigiertem Elevationswinkel. Abschließend ziehen Sie alle Schrauben bzw. Muttern so fest an, dass sich die Sat-Antenne auch bei starker Windeinwirkung nicht mehr verdrehen kann.

Um auch bei schlechtem Wetter den Empfang aufrechtzuerhalten, ist es wichtig, dass Sie die Antenne auf den Mittelpunkt von dem Schwenkbereich einstellen, in dem das Digital-Signal empfangbar ist. Sie können bei schönem Wetter der Sat-Antenne eine ungünstige Wetterlage vorgaukeln, indem Sie zum Beispiel ein feuchtes Tuch über den LNB legen. Korrigieren Sie zur „Feineinstellung" mit aufgelegtem Tuch gegebenenfalls noch einmal die Azimut/Elevations-Einstellungen, bis der Empfang wieder möglich ist und so wenig „Aussetzer" (Signalunterbrechungen) wie möglich vorhanden sind. Noch exakter lässt sich die Antenne ausrichten, wenn Sie einen Sat-Finder (elektronisches Messgerät) in das Antennenkabel zwischen LNB und Receiver schalten und anschließend die Antenne so lange drehen und schwenken, bis sich der Zeiger des Sat-Finders auf dem Maximalwert befindet.

4.2 Receiverprogrammierung

Digitale Satelliten-Receiver sind in der Regel vom Hersteller für den Empfang der wichtigsten Satellitensysteme, die in Zentraleuropa empfangbar sind, vorprogrammiert. Eine neue Programmierung ist nur dann erforderlich, wenn ein oder mehrere neue Satelliten hinzugekommen sind, deren Programme sie zusätzlich empfangen möchten.

Für die Programmierung neuer Programme bieten die meisten digitalen Receiver zwei Möglichkeiten, die der „Manuellen Suche" und die der „Automatischen Suche". Mit der Funktion der „Manuellen Suche" können Sie den Receiver dazu veranlassen, Fernseh- und Radioprogramme auf einem bestimmten Satelliten-Transponder zu suchen. Jeder Satellit verfügt über mehrere Sender, die so genannten Transponder, von denen jeder Einzelne zum Beispiel ein analoges Fernsehprogramm oder sechs bis neun digitale Programme zur Erde senden kann. Um manuell zu programmieren, müssen einige Angaben des Programmanbieters bekannt sein. Zu den erforderlichen Angaben gehört die Transponderfrequenz, Polarisationsebene und die Fehlerkorrekturrate. Diese Angaben erhalten Sie entweder direkt beim Programmanbieter oder aus Fachzeitschriften; natürlich finden Sie im Internet zum Beispiel unter *www.satcoDX.com* alle Angaben, die Sie für eine manuelle Programmierung Ihres digitalen Receivers benötigen.

Verfügen Sie über die erforderlichen Informationen, die für eine manuelle Programmierung nötig sind, aktivieren Sie an der Fernbedienung des Receivers das Setup-Menü. Der Begriff „Setup" kommt aus der Computertechnik und steht für das Einrichten von Programmen. Anschließend wählen Sie im Setup-Menü den Menü-Punkt „Manuelle Suche" und stellen zuerst den gewünschten Satelliten ein – zum Beispiel ASTRA 19,2° Ost – auf dem der Suchlauf durchgeführt werden soll. Als Nächstes geben Sie die Frequenz, Polarisation, Symbolrate und Fehlerkorrekturrate ein. Danach müssen Sie noch angeben, ob Sie nur nach frei empfangbaren oder auch nach verschlüsselten Programmen suchen möchten und ob Sie die bereits einprogrammierten Programme beibehalten oder überschreiben wollen. Haben Sie diese Angaben vollständig vorgegeben, können Sie mit der „OK"-Taste den Suchlauf starten.

Wenn die Suchvorgaben nicht bekannt sind oder Ihnen die „Manuelle Suche" zu umständlich erscheint, dann können Sie sich auch für die einfachere und unkompliziertere „Automatische Suche" entscheiden. Mit dieser Funktion können Sie Ihren digitalen Receiver dazu veranlassen, eine komplette Suche über den gesamten Frequenzbereich durchzuführen. Einziger Nachteil, der sich bei der „Automatischen Suche" ergibt, ist die Zeit der Suche, die über 30 Minuten dauern kann, zumindest dann, wenn eine Antenne angeschlossen ist, die mehrere Satellitensysteme empfangen kann.

Für die „Automatische Suche" muss auch das Setup-Menü über die Fernbedienung des Receivers aktiviert werden. Anschließend müssen sie noch bestimmen, ob nur frei empfangbare oder auch verschlüsselte Programme zu suchen sind und ob Sie die vorhandene Programmierung beibehalten wollen, indem Sie dem Receiver vorgeben, welche Programmplätze – zum Beispiel Programmplatz 500 bis 1.000 – der Receiver mit den gefundenen Programmen belegen soll. Danach können Sie den „Automatischen Suchlauf" aktivieren – und spätestens nach 30 Minuten ist Ihr digitaler Satelliten-Receiver wieder auf den neuesten Stand. Um den „Automatischen Suchlauf" durchzuführen, benötigen Sie keinen Fachmann, das kann jeder selber machen – selbst wenn Sie sich in technischen Dingen für unbegabt halten, werden Sie das hinbekommen.

4.3 Selbsthilfe, Tipps und Ratschläge

*   Reparaturen dürfen wegen der damit verbundenen Gefahren nur vom Fachmann durchgeführt werden!

*   Öffnen Sie niemals das Gerät! Es befinden sich keinerlei Bedienelemente im Inneren des Satelliten-Receivers. Bei geöffnetem Gehäuse besteht Lebensgefahr durch elektrischen Schlag!

*   Wenn das Gehäuse oder das Netzkabel beschädigt ist, ziehen Sie den Stecker aus der Steckdose! Wenn dies nicht gefahrlos möglich ist, lösen Sie zuvor die Netzsicherung für den Stromkreis aus, an dem der Receiver angeschlossen ist. Auf keinen Fall dürfen Sie das Gerät weiter benutzen, solange die Schäden nicht ordnungsgemäß repariert sind.

*   Das Netzkabel oder der Netzstecker dürfen nicht repariert werden, sie müssen gegen ein neues Original-Netzkabel mit vergossenem Netzstecker ausgetauscht werden.

*   Außer dem Abstauben sind keinerlei Wartungs- und Pflegearbeiten notwendig. Wenn Sie den Digitalreceiver reinigen wollen, dann ziehen Sie zuvor den Netzstecker aus der Steckdose und vermeiden Sie unbedingt das Eindringen von Feuchtigkeit in das Gerät. Das Abwischen mit einem trockenen Tuch genügt! Damit verhindern Sie, dass im Fehlerfall oder durch Feuchtigkeit Gefahren entstehen können. Sorgen Sie dafür, dass niemals Flüssigkeiten in das Gerät tropfen können, verwenden Sie insbesondere keine flüssigen Reini-

gungsmittel. Andernfalls kann Lebensgefahr bestehen und das Gerät beschädigt werden!

- Ziehen Sie stets den Netzstecker aus der Steckdose, wenn der Satelliten-Receiver für längere Zeit unbeaufsichtigt bleibt (z. B. im Urlaub)! Damit verhindern Sie die Entstehung einer Brandgefahr.

- Wenn ein Gewitter aufzieht, ziehen Sie nicht nur den Netzstecker, sondern schrauben auch die Antennenkabel vom Digitalreceiver ab. Damit verhindern Sie, dass bei einem Blitzeinschlag in der Umgebung Ihre Geräte beschädigt werden. Stecker ziehen bei Gewitter ist noch lange nicht passé, sondern nach wie vor die sicherste Methode, um Überspannungsschäden während eines Gewitters zu vermeiden. Zu beachten ist, dass Sie die Stecker rechtzeitig entfernen und nicht erst dann, wenn das Gewitter bereits in Ihrer Nähe ist. Bei einem nahen Gewitter sollten Sie die Geräte nicht mehr berühren! Andernfalls kann Lebensgefahr bestehen, wenn im Moment des Berührens der Blitz in die Außenantennen einschlägt! Führen Sie niemals Anschlussarbeiten aus, wenn ein Gewitter heranzieht oder bereits im Gange ist!

- Bedecken Sie niemals die Belüftungsöffnungen des Satelliten-Receivers (z. B. mit der Programmzeitschrift), auch dann nicht, wenn das Gerät „nur" in Bereitschaft geschaltet ist. Andernfalls kann der Receiver überhitzen und Brandgefahr entstehen! Stellen Sie den Receiver auch nicht auf Teppiche oder ähnliche Oberflächen, da sonst die Luftzirkulation durch den Receiver gemindert oder unterbrochen werden kann. Die Folge wäre eine Überhitzung, die den Receiver eventuell beschädigen kann. Wenn Sie den Receiver in einen Schrank oder in ein Regal stellen, sollten Sie sich vergewissern, dass eine gute Belüftung möglich ist. Um eine gute Belüftung für den Receiver zu erhalten, sollte der Abstand vom Receiver – nach oben und an den Seiten – bei offener Vorderfront zu Schrank- und/oder Regalwänden mindestens 10 cm betragen.

- Lassen Sie Kinder niemals unbeaufsichtigt an elektrischen Geräten spielen. Kinder können mögliche Gefahren an elektrischen Geräten meist nicht erkennen.

- Der Receiver sollte nie einer direkten Sonneneinwirkung ausgesetzt sein.

4. Inbetriebnahme

- Stellen Sie den Receiver auf festen und sicheren Untergrund auf.

- Heizungen oder andere Wärmequellen unter dem Receiver können zu Fehlfunktionen oder Beschädigung des Gerätes führen.

- Standorte mit hoher Luftfeuchtigkeit (Küche usw.) sollten Sie vermeiden.

- Um eventuelle gegenseitige Störungen zu verhindern, sollten Sie den Receiver nicht direkt auf das Fernsehgerät, Videorecorder, DVD-Player usw. stellen.

Wenn etwas nicht funktioniert!

- Wenn das Display am Digitalreceiver nicht leuchtet und auch sonst keine Funktion feststellbar ist, kann eventuell der Netzstecker nicht oder nicht richtig in der Steckdose sitzen? Achten Sie auf festen Sitz und guten Kontakt.

- Die ordnungsgemäße Funktion der Netzsteckdose kann nur der Fachmann überprüfen und eventuell eine Reparatur durchführen! Versuchen Sie es an einer anderen Steckdose oder prüfen Sie die Netzsteckdose auf Funktion, indem Sie zum Beispiel eine Nachttischlampe an der besagten Steckdose anstecken.

- Wenn kein guter Empfang möglich ist, sich häufig im Bild „Klötzchen" zeigen, das Bild stehen bleibt oder der Ton des Öfteren aussetzt, dann sollten Sie die Ausrichtung der Satellitenantenne überprüfen und gegebenenfalls korrigieren. Beim digitalen Satellitenempfang kommt es auf genaue Ausrichtung und sorgfältigen Antennenanschluss an.

- Wenn die zuvor beschriebenen Fehler nur während starker Regen- oder Schneefälle auftreten, kann das auch an der Antennenausrichtung liegen. Lässt sich das Problem durch eine bessere Ausrichtung, zu der ein Satellitenfinder bzw. ein Messgerät erforderlich ist, nicht beheben, dann müssen Sie eventuell das LNB gegen ein leistungsfähigeres oder die Schüssel gegen eine mit größerem Durchmesser austauschen. Noch bessere Empfangsergebnisse, bei ungünstigen Witterungseinflüssen, erhalten Sie, wenn Sie beides – also die komplette Außeneinheit – gegen eine leistungsfähigere auswechseln.

4.4 Fehlersuche

Problem	Ursache	Fehlersuche
Kein Bild	Receiver ist ausgeschaltet	Receiver einschalten
Receiver-Betriebsanzeige leuchtet nicht	Kein Strom	Netzzuleitung überprüfen
Receiver defekt	unbekannt	Garantieumtausch
Kein Bild, obwohl die Receiver-Betriebsanzeige leuchtet	Receiver ist nicht oder nicht richtig angeschlossen	Überprüfen Sie die SCART-Verbindung vom Receiver zum TV-Gerät und stellen Sie sicher, dass das TV-Gerät in der richtigen Betriebsart läuft
Kein Bild / Kanalanzeige leuchtet / Eventuelle Fehlermeldung / „Kurzschluss" im Bild des TV-Gerätes	Kurzschluss auf dem Antennenkabel	Prüfen Sie mit einem Ohmmeter oder Durchgangsprüfer das an beiden Seiten abgeschraubte Antennenkabel zwischen Innen- und Außenleiter auf Kurzschluss
Das Receiversignal ist am TV-Gerät sichtbar, und der Empfang von Satelliten-programmen ist nicht möglich	Satellit wird nicht empfangen	Antennenausrichtung korrigieren
Störungen im Bild, wenn sich häufig im Bild „Klötzchen" zeigen, das Bild stehen bleibt oder der Ton des Öfteren aussetzt	Antennenausrich-tung / Hindernisse / zu schwaches Signal vom Satelli-ten	Antenne genauer ausrichten oder den Antennenstandort wechseln, wenn Hindernisse zum Teil den Weg versperren oder die Außeneinheit gegen eine leistungsfähigere austauschen
Kein oder schlechter Ton	Einstellung nicht richtig	Einstellungen am TV-Gerät korrigieren oder den Audiomode bzw. die Audioprogrammierung am Satellitenreceiver entsprechend der Bedienungsanleitung ändern
Fernbedienung funktioniert nicht	Batterien	Überprüfen Sie oder, wenn nötig, wechseln Sie die Batterien
	Receiverstandort/ Hindernis	Stellen Sie sicher, dass die Receiverfront frei ist
	Reichweite oder Leistung der Fernbedienung ist zu gering	Gehen Sie mit der Fernbedienung näher an den Receiver und halten Sie die Fernbedienung genau in die Richtung zum Satelliten-receiver

5. Um- und Nachrüstungen

Für die Umrüstung einer analogen Single-Sat-Anlage auf digitalen Satellitenempfang ist das analoge Single-LNB gegen ein Universal-Single-LNB (siehe 2.3) auszuwechseln; der analoge Satelliten-Receiver muss durch einen digitalen Receiver ersetzt werden (siehe 2.4).

Zu beachten ist, dass der neue Universal-Single-LNB einen Hals-Durchmesser haben sollte, der in die LNB-Aufnahme (Bild 5.1) ihrer vorhandenen Sat-Antenne passt. Die üblichen Hals-Durchmesser der Uni-LNBs betragen 23 mm oder 40 mm. Beim Vorhandensein eines LNB-Halters mit 40 mm Durchmesser ergeben sich keine großen Probleme, wenn Sie einen Uni-LNB mit 23 mm Durchmesser verwenden, da im Handel Adapterringe erhältlich sind, die den Einsatz eines LNBs mit 23-mm-Hals-Durchmesser in eine LNB-Aufnahme, deren Durchmesser 40 mm beträgt, ermöglichen (Bild 5.2).

Bild 5.1.

Im umgekehrten Fall, wenn Sie ein Universal-Single-LNB erwerben, dessen Halsdurchmesser 40 mm beträgt und die vorhandene LNB-Aufnahme nur einen Durchmesser von 23 mm aufweist, kann es Probleme geben, weil Sie eine neue LNB-Halterung benötigen, die auf den LNB-Arm Ihrer Sat-Antenne passen muss. Leider sind nicht für jeden LNB-Arm neue LNB-Halterungen erhältlich, die ohne großen Aufwand gegen die vorhandene Halterung ausgetauscht werden können. Da digitale Satelliten-Empfangsanlagen als Komplett-Set meist preisgünstiger sind als ein digitaler Satelliten-Receiver, für den Sie zusätzlich ein passendes Universal-Single-LNB erwerben müssen, sollten Sie den Kauf eines Komplett-Sets (digitaler Receiver plus komplette Außeneinheit) bevorzugen. Der Zeitaufwand für das Auswechseln der kompletten Außeneinheit ist im Normalfall nicht wesentlich größer als der Zeitaufwand, den Sie für das Auswechseln eines analogen gegen einen digitalen LNB benötigen.

Das für den analogen Satelliten-Empfang verwendete Antennenkabel eignet sich in der Regel (außer bei Grenzfällen) auch für den digitalen Sat-Empfang, so dass Sie kein neues Antennen-Kabel verlegen müssen. Die eventuell vorhandene Sat-Antennensteckdose, die zum Anschluss

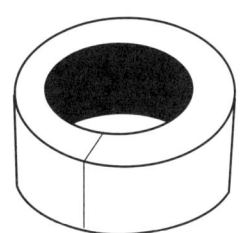

Reduzierstück von 40 auf 23 mm

Bild 5.2.

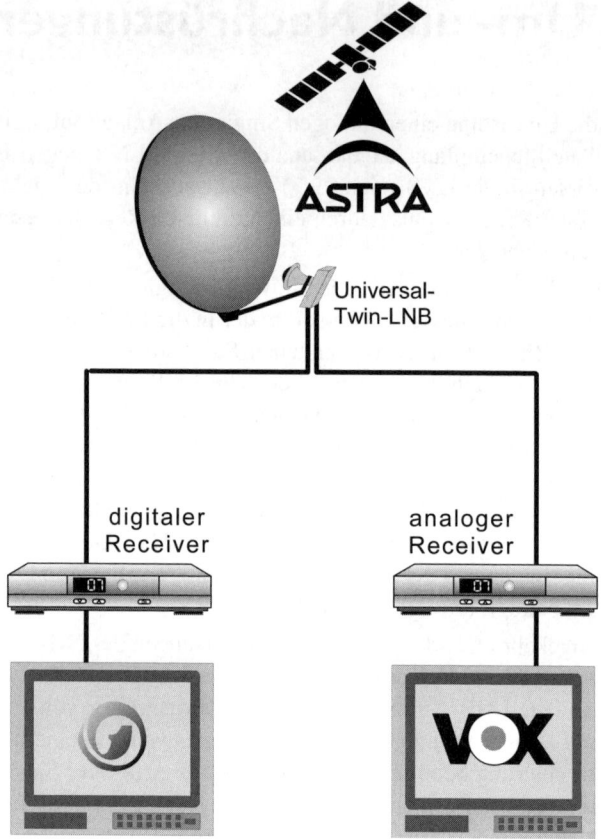

Bild 5.3.

des alten analogen Receivers diente, kann im Normalfall auch für den digitalen Satellitenempfang verwendet werden, eventuell auch dann, wenn die Sat-Antennensteckdose nur für den Sat-Zwischenfrequenzbereich von 950 bis 2.050 MHz ausgewiesen ist. Die Sat-Antennensteckdose sollten Sie erst auswechseln, wenn sich bei einigen digitalen Programmen „wirklich" schlechte Empfangsergebnisse ergeben.

Für die Nachrüstung eines digitalen Sat-Receivers, den Sie gleichzeitig mit dem alten analogen Sat-Receiver betreiben möchten, kann entweder der vorhandene analoge Single-LNB gegen einen Universal-Twin-LNB (Bild 5.3) ausgewechselt werden, oder Sie montieren, wenn am vorhanden Antennenstandrohr genügend Freiraum vorhanden ist, eine zweite Außeneinheit (Bild 5.4). Letzteres ist häufig – wie bereits erwähnt – die preisgünstigere und bessere Lösung.

Bei einer Anlage mit zwei Sat-Antennen (Bild 5.5) können Sie zum Beispiel die neue Sat-Antenne auf das ASTRA-System (19,2° Ost) ausrichten, um von dort über 500 digitale Satelliten-Programme zu empfangen, die unter anderem auch ein reichhaltiges Angebot an deutschsprachigen Sendungen enthalten. Die alte bzw. bestehende Sat-Antenne können Sie zum Beispiel auf Eutelsat HOT BIRD oder ein anderes exotisches Satelliten-System ausrichten, das auch analoge und überwiegend fremdsprachige Radio- und TV-Programme zur Erde sendet.

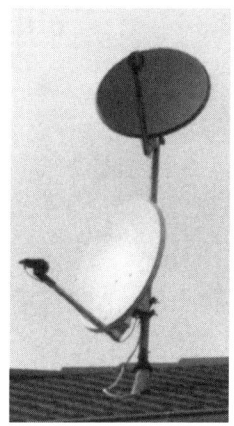

Bild 5.4.

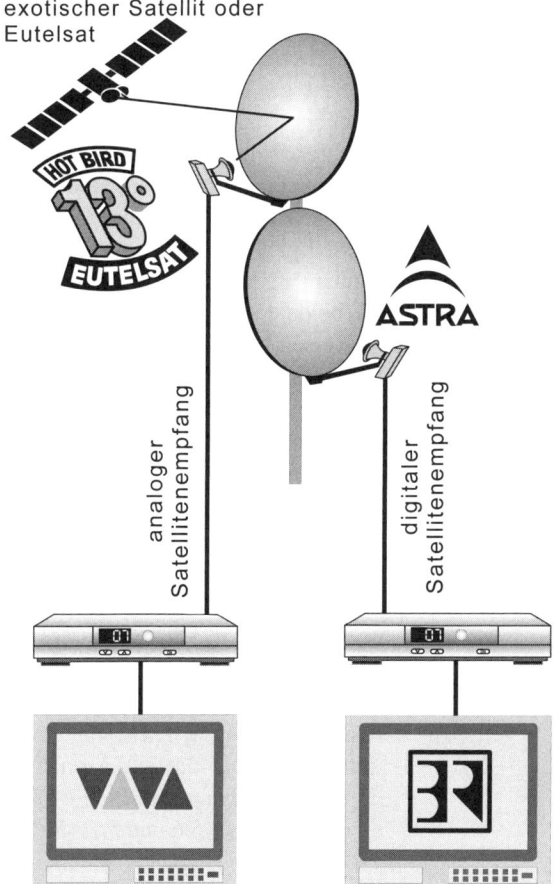

Bild 5.5.

153

5. Um- und Nachrüstungen

Bild 5.6.

Bild 5.7.

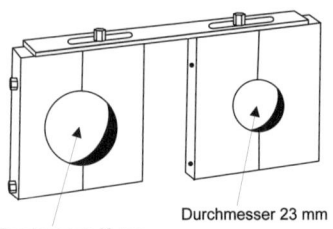

Durchmesser 23 mm

Durchmesser 40 mm

Ergänzungen für den
Universal-Multi-Feet-
Halter

Universal
Sat-Multifeet-Halter

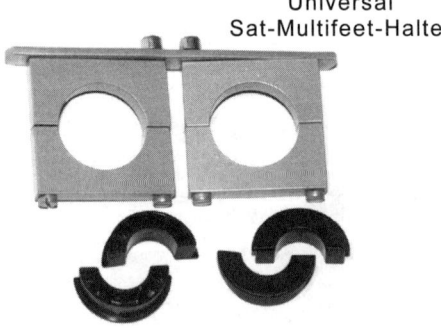

Bild 5.8.

Das Auswechseln des analogen Single-LNBs gegen ein Universal-Twin-LNB ermöglicht natürlich auch den Betrieb eines digitalen Twin-Receivers, mit dem Sie jedes beliebige digital ausgestrahlte Programm ansehen und gleichzeitig ein anders digitales Programm aufzeichnen können. Zu berücksichtigen ist, dass Sie für beide Lösungen (Nachrüstung eines Universal-Twin-LNBs oder einer zweiten Sat-Antenne) ein zusätzliches Antennenkabel verlegen müssen, das von der neuen Sat-Antenne oder vom nachgerüsteten LNB zum digitalen Satelliten-Receiver führt.

Sollten einige hundert digitale und himmlische Programme, die aus dem ASTRA-System (19,2° Ost) kommen, nicht ausreichend sein, so können Sie die vorhandene analoge Single-Sat-Antenne auch auswechseln gegen eine Sat-Antenne (Durchmesser min. 85 cm) mit einer Multifeet-Halterung, die zur Aufnahme von drei oder vier Universal-Single-LNBs geeignet ist (Bilder 5.6 und 5.7). Neben ASTRA und HOT BIRD können Sie über die zusätzlichen LNBs weitere Satelliten empfangen, die sich in der Nähe von AS-

TRA bzw. HOT BIRD befinden. Zu berücksichtigen ist, dass Sie für diese Anwendung ausschließlich leistungsfähige und qualitativ hochwertige LNBs einsetzen, deren Rauschmaß nicht größer sein sollte als 0,7 dB.

Für die Montage zweier oder mehrerer Universal-LNBs benötigen Sie, zusätzlich zu einer Multi-LNB-Halterung (Bild 5.8), einen DiSEqC-Umschalter, an dem Sie gleichzeitig bis zu vier Universal-Single-LNBs betreiben können (Bild 5.9), und einen DiSEqC-fähigen digitalen Satelliten-Receiver. Der DiSEqC-4-

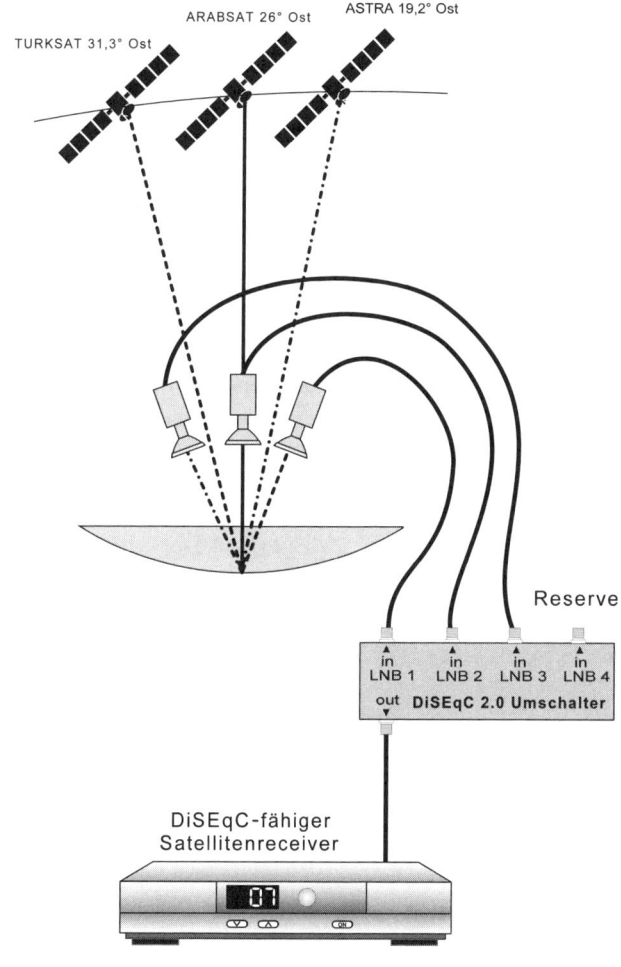

Bild 5.9.

5. Um- und Nachrüstungen

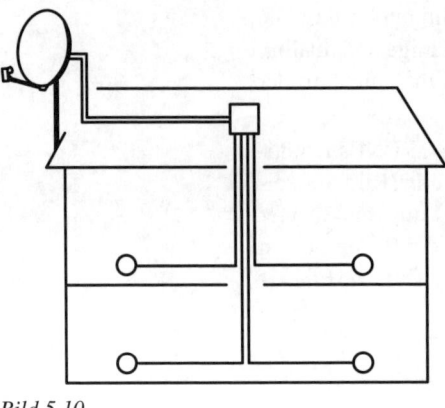

Bild 5.10.

in-1-Schalter schaltet nach der Programmierung, die meist problemlos mit dem automatischen Sendersuchlauf des digitalen Sat-Receivers durchgeführt werden kann, auf das richtige LNB, in dem Sie an der Fernbedienung des Receivers das gewünschte Radio- oder Fernsehprogramm wählen. Der DiSEqC-fähige digitale Satellitenreceiver kann eventuell etwas mehr kosten. Für einen Receiver, der über das DiSEqC-Steuersystem verfügt, ist der höhere Preis meist gerechtfertigt, weil er zukunftssicherer und in der Regel auch komfortabler ist.

Mehrteilnehmeranlagen

Bei bestehenden analogen Astra-Mehrteilnehmer-Anlagen, die für den Anschluss von maximal vier Satelliten-Receivern ausgelegt sind, findet man häufig die in Bild 5.10 dargestellte Anlagen-Konstellation vor. Von der Sat-Antenne mit analogem Dual- oder Twin-LNB führen zwei Antennenkabel zu einem zentral oder in Antennennähe angeordneten Multischalter. Der Multischalter, der zugleich als Verteiler seine Anwendung findet, bildet den Mittelpunkt in einem so genannten „sternförmigen Kabelnetz", das zur Verbindung des Multischalters mit den Sat-Receivern dient (Bild 5.11).

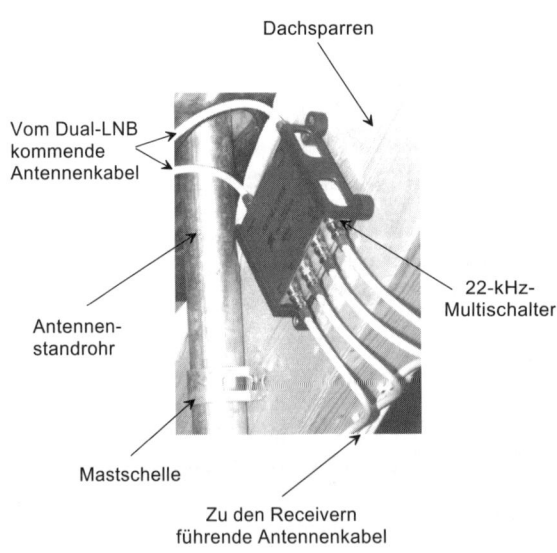

Dachsparren

Vom Dual-LNB kommende Antennenkabel

Antennenstandrohr

22-kHz-Multischalter

Mastschelle

Zu den Receivern führende Antennenkabel

Bild 5.11.

Die Umrüstung der in Bild 5.10 gezeigten Anlage auf digitalen Astra-Empfang erfordert das Auswechseln des analogen LNBs gegen einen Unversal-Quatro-LNB und das Nachziehen von zwei Antennenkabeln, die Sie vom LNB zum Multischalter verlegen müssen, sowie den Austausch des vorhandenen Multischalters gegen einen digital tauglichen Multischalter, der mit vier unabhängigen Ausgängen ausgestattet ist. Da in absehbarer Zeit digitale, terrestrisch ausgestrahlte Radio- und TV-Pro-gramme für viele empfangbar sein können, sollte der neue digi-tal taugliche Multischalter grundsätzlich eine Anschluss-möglichkeit für eine terrestrische Antenne besitzen, selbst dann, wenn Sie zum Zeitpunkt der Umrüstung keine terrestrisch ge-sendeten Programme empfangen möchten.

Das Bild 5.12 zeigt eine digitale Mehrteilnehmer-Sat-Anlage, die, wie zuvor beschrieben, umgerüstet wurde und mit einem di-gitalen Receiver sowie einem digitalen Twin-Receiver und ei-nem PC ausgestattet ist, der eine PC-Sat-Karte enthält.

Eine Nachrüstung der zuvor beschriebenen analogen 4-Teilneh-meranlage kann auch erfolgen, indem Sie den bestehenden LNB gegen einen Quad-switchable-LNB auswechseln, der für den di-

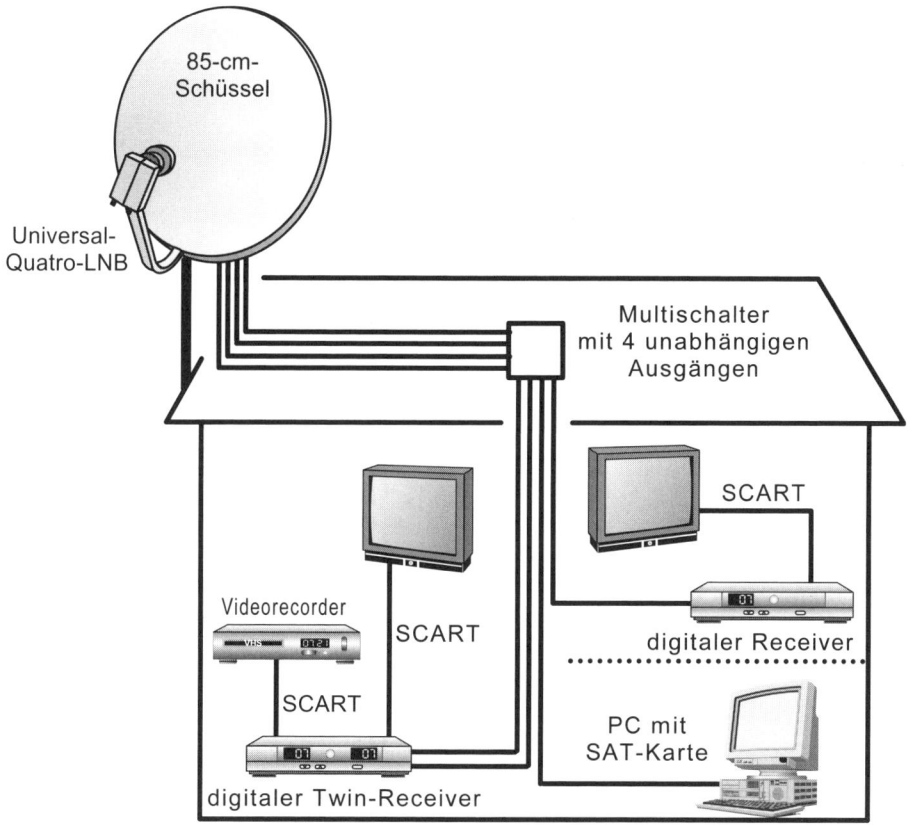

Bild 5.12.

rekten Anschluss von vier digitalen Receivern geeignet ist (Bild 5.13). Bei der Nachrüstung mit dem zuvor genannten LNB entfällt der vorhandene Multischalter. Nach der Demontage des Multischalters müssen die von der Sat-Antenne kommenden mit den zu den Receivern führenden Antennenkabeln mit so genannten Koaxialkabelverbindern zusammengeschlossen werden, um die Verbindung vom LNB zu den Sat-Receivern wiederherzustellen. Zu berücksichtigen ist, dass bei dieser Anlagen-Konfiguration die Nachrüstung terrestrischer Antennen einen größeren Aufwand erfordert, weil kein Multischalter mit terrestrischem Antenneneingang vorhanden ist.

Die gleichen Umrüstmöglichkeiten bestehen auch bei einer Anlage, an der maximal acht Sat-Receiver angeschlossen werden

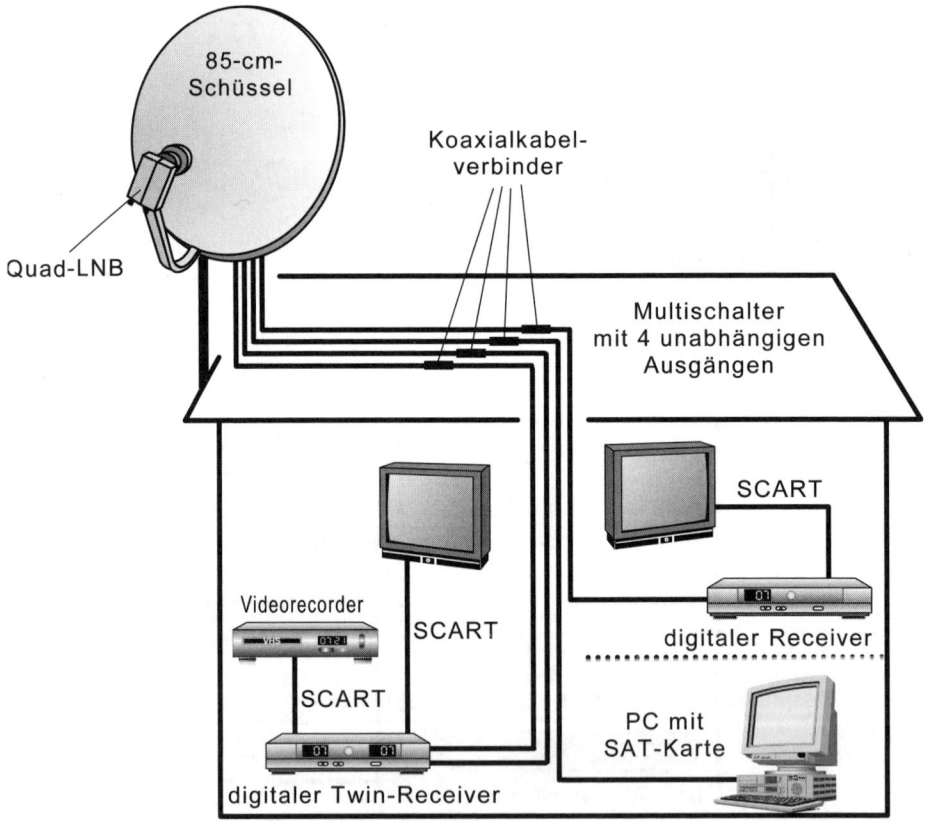

Bild 5.13.

können (Bild 5.14), wenn an Stelle des Quad-switchable-LNBs ein 8-fach-Universal-LNB zur Anwendung kommt oder wenn Sie den vorhandenen analogen LNB gegen ein Universal-Quatro-LNB austauschen und die vorhandenen kaskadierbaren Multischalter gegen gleichwertige digital taugliche Multischalter auswechseln.

Bei der Umrüstung einer vorhandenen analogen Mehrteilnehmeranlage (Bild 5.15), die für den Empfang von zwei Satelliten-Systemen geeignet ist (zum Beispiel ASTRA auf 19,2 und HOT BIRD auf 13 Grad), können Sie sich das Nachziehen

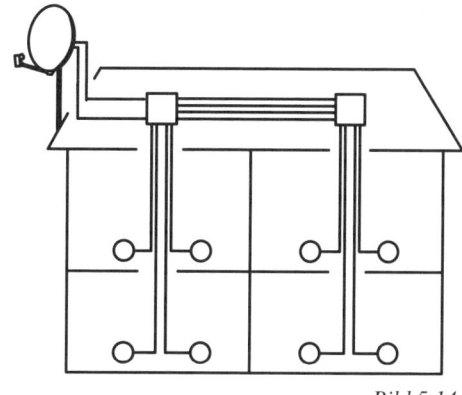

Bild 5.14.

der zusätzlichen Antennenkabel – vom Multischalter zum LNB – sparen, indem Sie das schielende LNB entfernen und das zentral angeordnete LNB entsprechend dem Anwendungsfall gegen ein Universal-Quatro oder Quad-switchable-LNB auswechseln. Voraussetzung dafür ist, dass Sie auf den weiteren Empfang von HOT BIRD verzichten können und „nur" noch über 500 analoge und digitale Programme empfangen möchten, die ASTRA aus seiner Position 19,2° Ost zur Erde funkt.

Besonders viele der am Firmament stehenden Fernmeldesatelliten können Sie mit einer Drehantenne anvisieren, die den Empfang von einigen Tausend Programmen ermöglicht, wenn Sie die alte analoge Sat-Anlage gegen eine Drehanlage auswechseln, deren Montage in den nachfolgenden Seiten exemplarisch beschrieben ist.

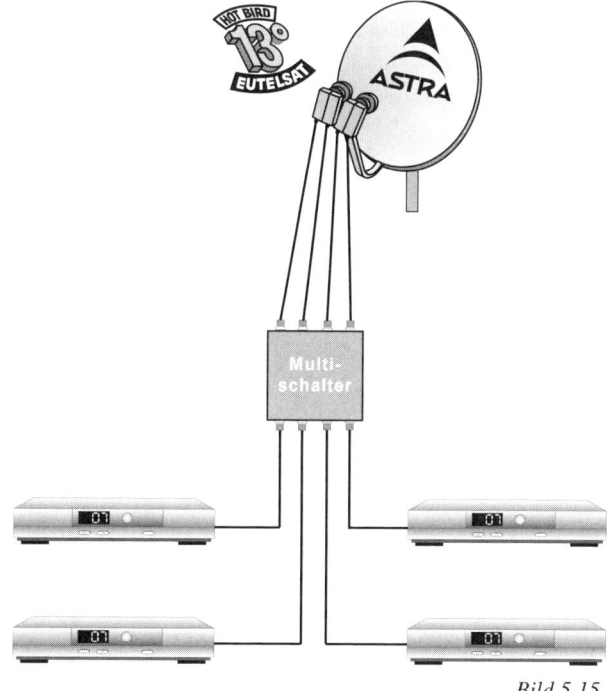

Bild 5.15.

6. Drehantennen mit Motorausrichtung

Die Krönung einer Satellitenempfangsanlage ist zweifellos die Drehantenne zur automatischen Antennenausrichtung mittels digitaler DiSEqC-Steuerung (ausgesprochen: „daiseck") (Bild 6.1). Eine DiSEqC-gesteuerte Drehanlage verfügt in der Regel über einen sehr kleinen und leistungsstarken Motor, der seine Steuerbefehle von einem digitalen DiSEqC-fähigen Satelliten-

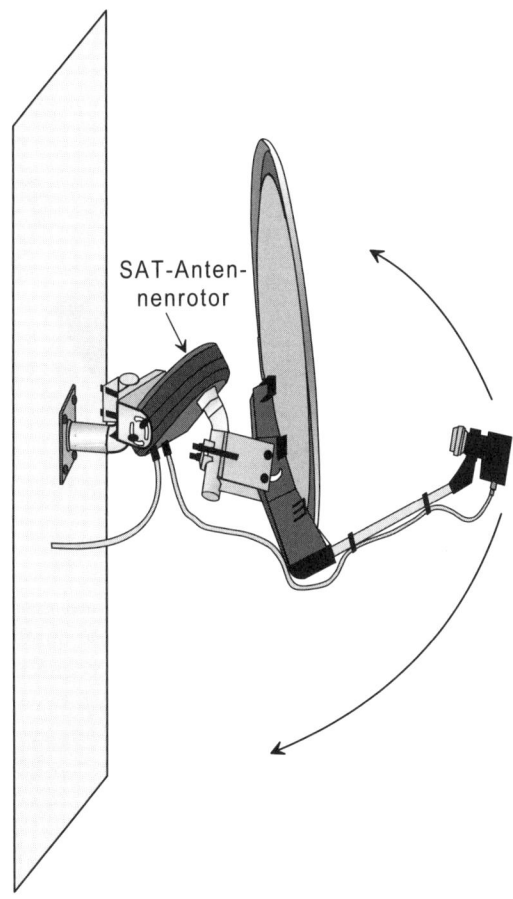

SAT-Antennenrotor

Bild 6.1.

6. Drehantennen mit Motorausrichtung

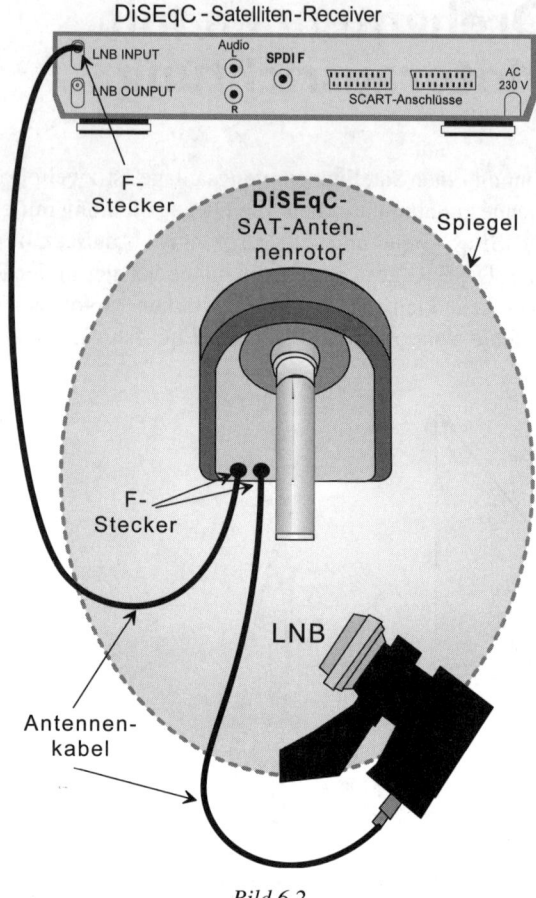

DiSEqC - Satelliten-Receiver

LNB INPUT · Audio L · SPDIF · AC 230 V

LNB OUNPUT · R · SCART-Anschlüsse

F-Stecker

DiSEqC- SAT-Anten-nenrotor

Spiegel

F-Stecker

LNB

Antennen-kabel

Bild 6.2.

receiver über das Sat-Antennenkabel erhält. Die Motoreinheit ermöglicht die Anbringung einer Sat-Antenne mit einem Gewicht von maximal 8 kg und einem Schüsseldurchmesser ≤ 110 cm. Für die Steuerung schleift man das vom Satellitenreceiver kommende Koaxialkabel über den Motor, bevor es mit dem Universal Single-LNB verbunden wird, indem man das ankommende Kabel über einen F-Stecker am Motor anschließt und ein weiteres Antennenkabel mit beidseitig angebrachten F-Stecker als Verbindung vom Motor zum LNB verwendet (Bild 6.2). Das zusätzliche Steuerkabel, das für die Steuerung einer konventionellen Drehantenne erforderlich ist, entfällt bei einem DiSEqC-Drehsteuersystem.

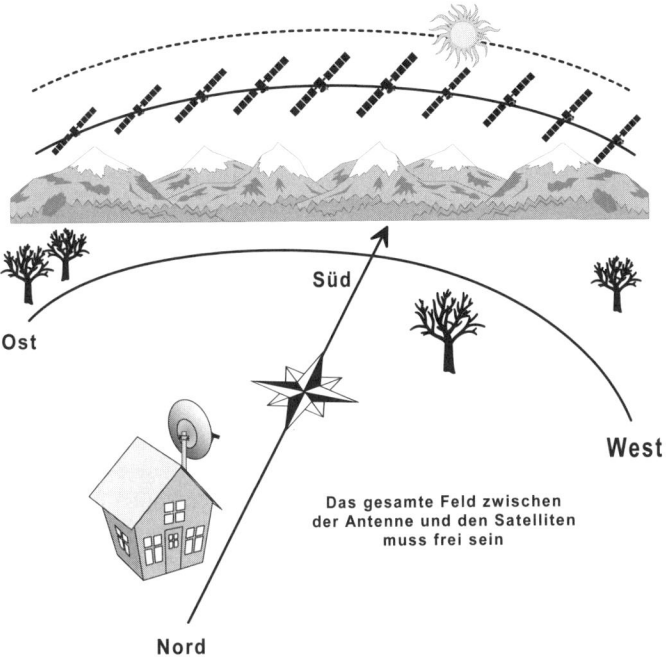

Ost

Süd

West

Nord

**Das gesamte Feld zwischen
der Antenne und den Satelliten
muss frei sein**

Bild 6.3.

Bei der erfolgreichen Montage bzw. exakten Einstellung und
Justierung der Antenne erreichen Sie eine ausgezeichnete „Polamount"-Einstellung, die für eine genaue automatische Ausrichtung auf die Satellitenfolge innerhalb des Drehbereiches (ca.
70°) sorgt. Polamount bedeutet, dass die Drehachse der Antenne
parallel zur Erdachse verläuft. Die Montage kann an jedem Antennenmast erfolgen, der ganz genau senkrecht steht. Darüber
hinaus dürfen sich, von der Montagestelle aus betrachtet, keine
Hindernisse (wie zum Beispiel Bäume, Gebäude, Schornsteine
usw.) im Drehbereich zwischen der Antenne und den zu empfangenden Satelliten befinden. Alle geostationären Satelliten bewegen sich auf einer Bahn, die ein wenig tiefer verläuft als die der
Sonne bei der Tagundnachtgleiche (Bild 6.3). Tagundnachtgleiche – auf lateinisch Äquinoktium – ist der Zeitpunkt, an dem die
Sonne auf ihrer jährlichen Bahn den Himmelsäquator schneidet.
Im Frühlings-Äquinoktium (Frühlingsanfang, um den 21.3.) und
Herbst-Äquinoktium (Herbstanfang, um den 23.9.) sind für alle
Orte auf der Erde Tag und Nacht gleich lang.

6. Drehantennen mit Motorausrichtung

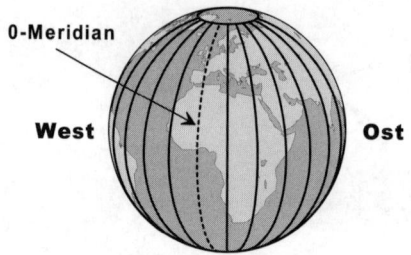

Geographische Länge von
Ihrem Standort ermitteln

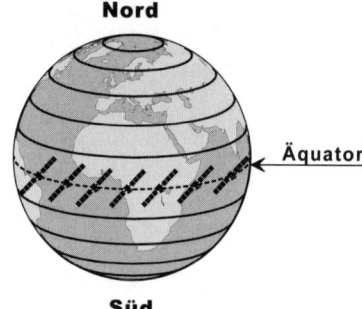

Geographische Breite von
Ihrem Standort ermitteln

Bild 6.4.

Zu beachten ist, dass die höchstliegenden Satelliten diejenigen sind, die im Süden stehen. Je weiter sich ein Satellit im östlichen oder westlichen Drehbereich der Antenne befindet, umso tiefer ist seine Position, die sich mit zunehmender Entfernung vom Süden immer mehr dem Horizont nähert. Der Elevationswinkel für den höchstliegenden Satelliten ist abhängig von der geographischen Lage des Montageortes.

Die Drehantenne sollte – wenn möglich – an einer überdachten Stelle so montiert werden, dass sie gegen Windeinwirkung und Witterungseinflüsse sowie gegen direkten Blitzeinschlag geschützt ist. Darüber hinaus sollte die Montagestelle so gewählt werden, dass bei einem eventuellen Absturz der Antenne, zum Beispiel durch zu starke Windeinwirkung, keine Personengefährdung besteht.

Bevor Sie mit der Montage beginnen, sollten Sie die geographische Länge und Breite des Antennenstandortes ermitteln (Bild 6.4), um anschließend die dementsprechenden Einstellungen am Antennenrotor durchführen zu können, damit die beigefügte Satellitenskala (Bild 6.5) am Antennenrotor richtig angebracht werden kann.

Um die ersten Einstellungen auszuführen, legen Sie den Motor mit nach oben stehender Motorwelle auf den Boden oder auf einen Tisch. Anschließend kleben Sie die mit einer Schere ausgeschnittene Satellitenskala so auf den Motor, dass die Markierung der Skala mit der geographischen Länge Ihres Standortes – der am Motor angebrachten Längengradskala – übereinstimmt.

Danach erfolgt der Anschluss des DiSEqC-gesteuerten Motors an den digitalen Satellitenreceiver über einen F-Stecker. Nachdem der Motor mit dem Receiver verbunden ist, kann die Programmierung des Motors mittels Sat-Receivers erfolgen. Der Motor erkennt die vom Receiver kommenden Befehle, wie zum Beispiel „Gehe in die Ausgangsposition (GO HOME)", bei der

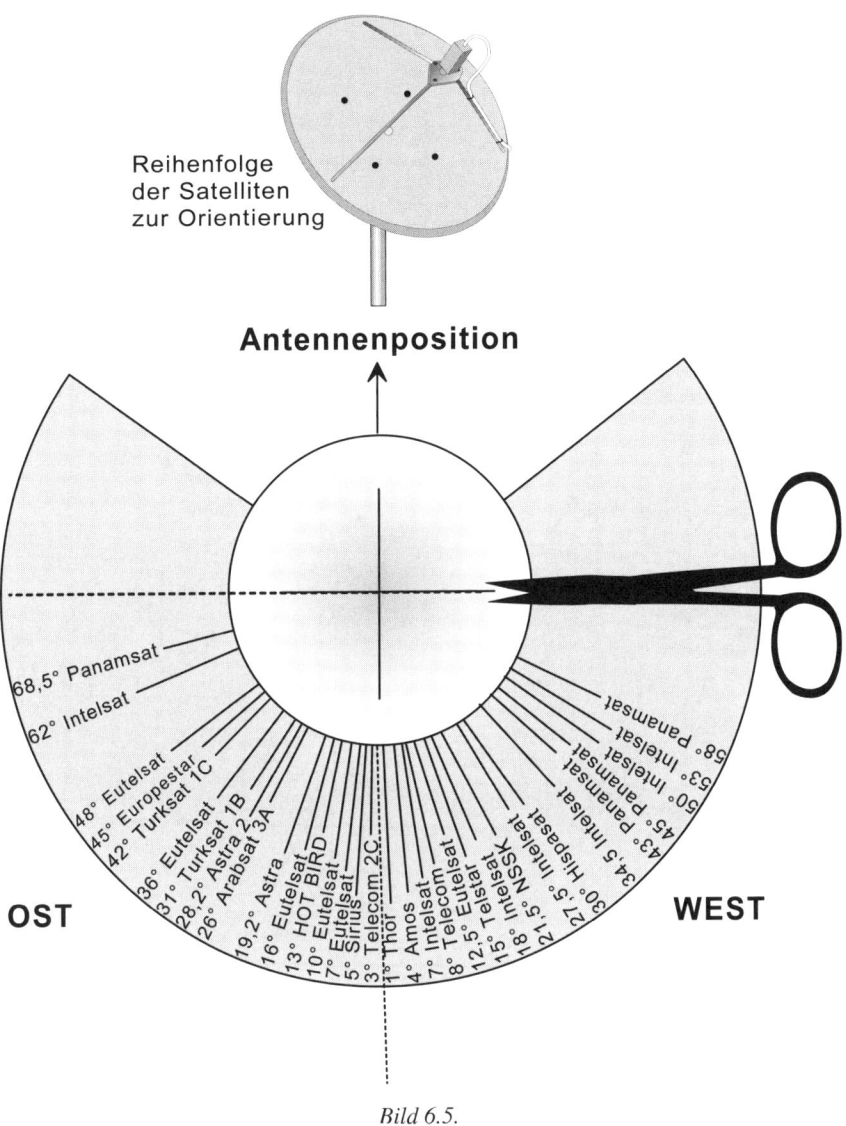

Bild 6.5.

es sich um die östliche Startposition handelt. Vor dem Einprogrammieren der einzelnen Satellitenpositionen müssen Sie den Motor – der immer noch neben Ihnen auf dem Fußboden oder Tisch liegen sollte – in die Ausgangsposition bringen. Der Einfachheit wegen sollten Sie beim Kauf eines digitalen DiSEqC-

6. Drehantennen mit Motorausrichtung

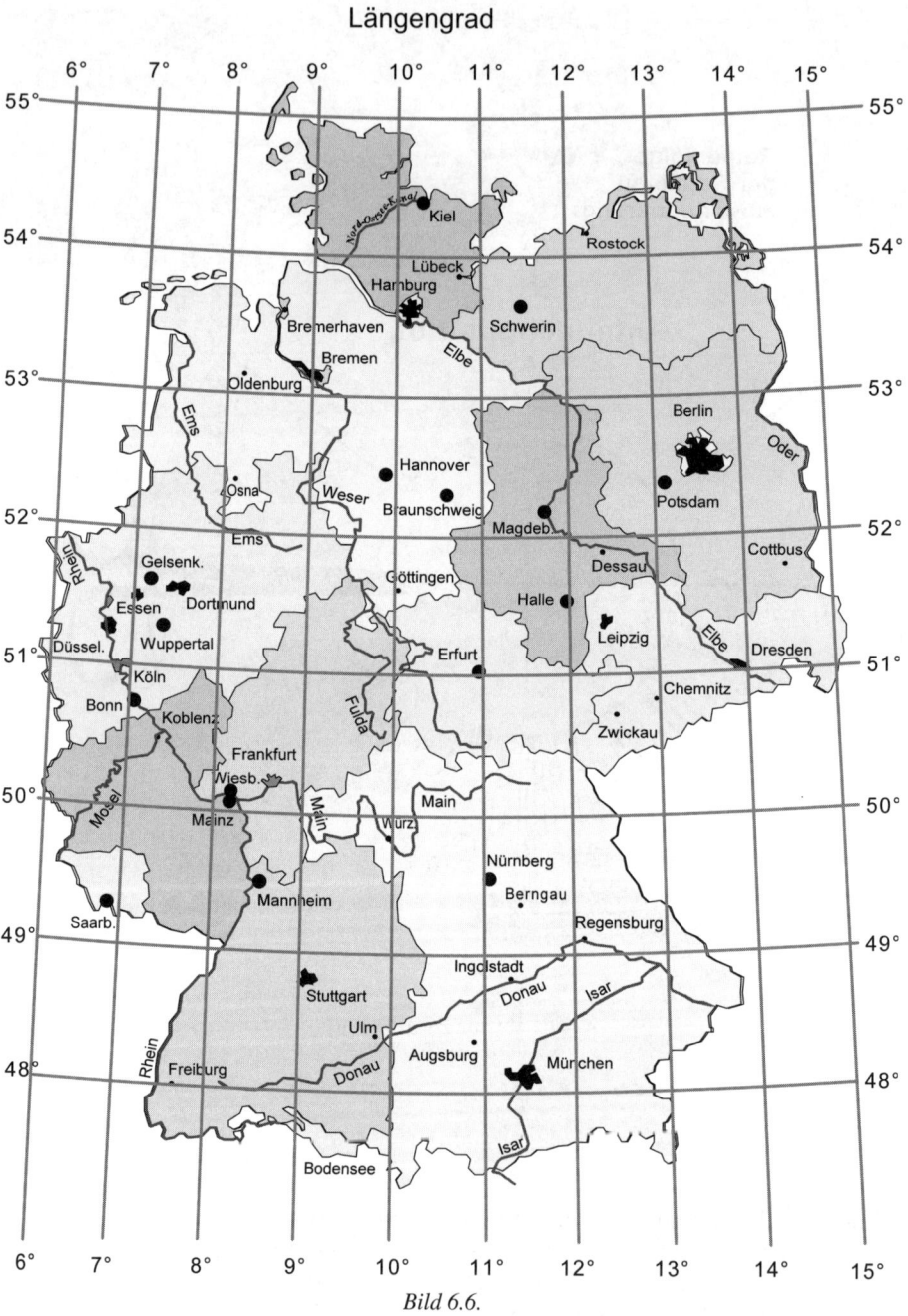

Bild 6.6.

fähigen Satellitenreceivers besonders darauf achten, dass der Receiver mindestens über DiSEqC 1.2 verfügt, da sich bei Receivern, die nur über DiSEqC 1.0 oder DiSEqC 1.1 verfügen, der Motor nur umständlich mit Hilfe der beiden am Antennenrotor angebrachten Tasten programmieren lässt.

Im Normalfall werden die einzelnen Satellitenpositionen den im Satellitenreceiver enthaltenen Positionsnummern (meist 1 bis 49) zugewiesen. Wichtig ist, dass jeder Satellit, wenn möglich der Reihe nach, seine eigenen Nummer erhält. Sobald die Satellitenpositionen einprogrammiert sind, lassen Sie den Motor wieder in die Ausgangsposition (*Home*, *Reference* oder *Reset*) drehen. Bevor Sie den Antennenrotor montieren, sollten Sie die Programmierung kontrollieren, indem Sie mehrere Satellitenpositionen ansteuern und an der am Motor angebrachten Skala überprüfen, ob eine Übereinstimmung des am Receiver eingestellten Satelliten mit dem an der Motorskala angezeigten Satelliten gegeben ist.

Nach der Programmierung kann die Montage des Motors an der Sat-Antenne mit einem Befestigungswinkel erfolgen, der der geographischen Breite Ihres Montageortes entspricht. Zum Beispiel beträgt die geographische Breite für München 48°; somit ist an der Breitengradskala des Antennenrotors 48° einzustellen. Die geographische Breite und Länge für Ihren Wohnort können Sie aus jedem handelsüblichen Weltatlas oder für Deutschland aus Bild 6.6 ersehen. Nach dieser Einstellung werden die Schrauben fest angezogen.

Der nächste Schritt ist die Befestigung der Sat-Antenne an der Antriebswelle des Motors. Für die richtige Montage ist an der Motorwelle eine Markierung angebracht, die mit der Mitte der Befestigungsschelle bzw. der Sat-Antenne übereinstimmen muss (unten in Bild 6.7). Um die Belastung für den Motor möglichst gering zu halten, sollte die Befestigungsschelle der Sat-Antenne ca. 1 cm vor dem Ende der Motorwelle angebracht werden.

Anmerkung:

Zu beachten ist, dass die Sat-Antenne fest an der Motorwelle angeschraubt wird, da eine nicht fachgerecht festgezogene Antennenhalterung zu Schäden an der Anlage führen kann und beim Ablösen der Schüssel für darunter stehende Personen eine Verletzungsgefahr entsteht.

6. Drehantennen mit Motorausrichtung

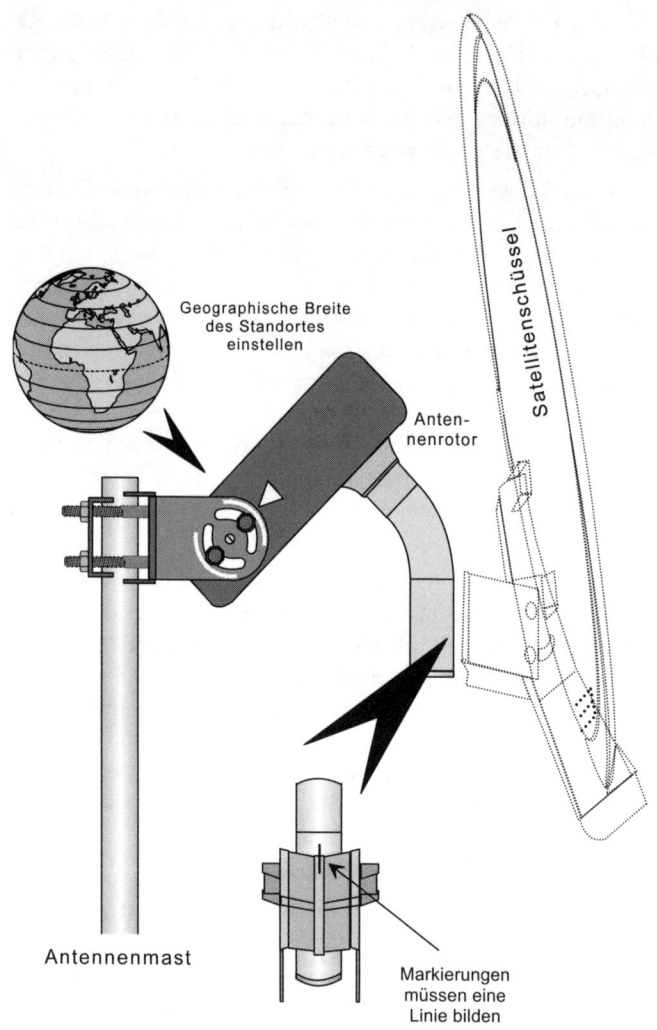

Geographische Breite
des Standortes
einstellen

Anten-
nenrotor

Satellitenschüssel

Antennenmast

Markierungen
müssen eine
Linie bilden

Bild 6.7.

Nach dem Befestigen der Schüssel an der Motorwelle wird der
Elevationswinkel entsprechend der geographischen Breite des
Montageortes eingestellt. Der einzustellende Wert geht aus der
Tabelle (Bild 6.8.) hervor. Zum Beispiel ist für München der Ele-
vationswinkel an der Antenne auf 39,5° einzustellen.

Sobald der Antennenrotor an der Sat-Antenne ordnungsgemäß
angebracht ist, kann die Drehantenne an einem exakt senkrecht

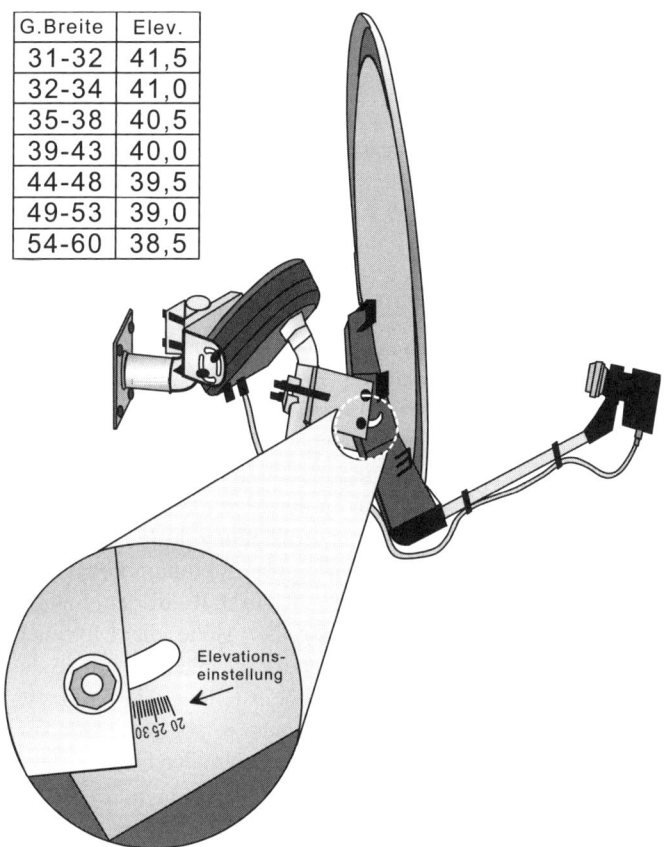

G.Breite	Elev.
31-32	41,5
32-34	41,0
35-38	40,5
39-43	40,0
44-48	39,5
49-53	39,0
54-60	38,5

Bild 6.8.

stehenden Antennenstandrohr bzw. an einem genau senkrecht montierten Befestigungsrohr angebracht werden. Sehr geringe Abweichungen von zum Beispiel nur einem Zentimeter pro Meter Standrohrlänge verhindern eine akkurate Ausrichtung auf die Bahn, in der sich die zu empfangenden Satelliten befinden.

Für die darauf folgende Antennen-Ausrichtung ist der, von Ihrem Standpunkt aus betrachtet, am südlichsten oder genau im Süden stehende Satellit, wie zum Beispiel Sirius (5° Ost) oder Eutelsat F4 (7° Ost) bzw. Eutelsat F2 (10° Ost) am Satellitenreceiver einzustellen. Um ein optimales Ergebnis zu erreichen, können Sie in die Leitung, die vom LNB zum Receiver führt, ein Messgerät (Sat-Finder) einschleifen, falls Ihr Satellitenreceiver

6. Drehantennen mit Motorausrichtung

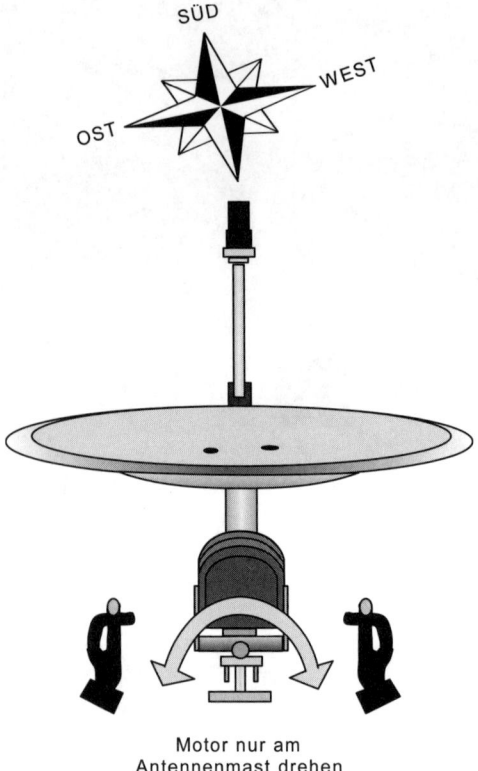

Motor nur am
Antennenmast drehen

Bild 6.9.

über keine Anzeige der Empfangsstärke verfügt. Für diesen Zweck entfernen Sie den am LNB angeschraubten F-Stecker und schrauben diesen an das Messgerät. Anschließend verwenden Sie ein Sat-Antennenkabel mit zum Beispiel 2 bis 3 m Länge und beidseitig daran angebrachten F-Steckern, um die Verbindung vom Sat-Finder zum LNB wiederherzustellen.

Die Azimut-Ausrichtung auf den maximalen Zeigerauschlag des Messgerätes erfolgt durch das Drehen der gesamten Drehantenne am Antennenmast (Bild 6.9) und nicht durch Drehen der Schüssel, die an der Motorwelle befestigt ist. Die Höheneinstellung dürfen Sie nur an der Elevationseinstellung korrigieren (Bild 6.8). Keinesfalls dürfen Sie zur Ausrichtung der Höhe die Motorneigung verändern. Nachdem diese so genannte Grobeinstellung des Azimuts und der Elevation abgeschlossen ist, müssen Sie die Schrauben fest anziehen.

Bevor Sie zu den eventuellen Feineinstellungen übergehen, testen Sie die Bild- und Tonqualität der Programme von allen empfangbaren Satelliten. Bei einer erfolgreichen Ausrichtung auf den südlichsten Satelliten kann sich ein gutes Empfangsergebnis für alle anderen empfangbaren Satelliten ergeben, so dass die Feineinstellung entfällt. Falls mehrere Satelliten, die sich östlicher oder westlicher befinden, nicht empfangbar sind, muss eine Feineinstellung erfolgen.

Zur Feineinstellung drehen Sie die Sat-Antenne auf einen der östlich liegenden Satelliten, der gut empfangbar ist. Bekommen Sie von den zuvor genannten Satelliten nur ein sehr schwaches Empfangssignal, sollte ein nahe gelegener und besser empfangbarer Satellit gewählt werden, den Sie anschließend speichern, um die weitere Suche zu erleichtern.

Danach korrigieren Sie die Elevationseinstellung durch leichtes Heben oder Senken der Schüssel. Nachdem Sie den Punkt erreicht haben, bei dem der Zeiger des Messgerätes (Sat-Finder) den maximalen Zeigerausschlag aufweist, ziehen Sie die Schrauben, die zur Elevationseinstellung dienen, an der so ermittelten Position fest. Als Nächstes drehen Sie millimeterweise die Drehantenne am Befestigungsrohr langsam in östliche und in südliche Richtung, bis sich auch hier der maximale Zeigerausschlag am Sat-Finder einstellt. Die zuvor beschriebenen Ausrichtungsarten wiederholen Sie bei einem der westlich liegenden und noch gut empfangbaren Satelliten.

Folgende vier Ergebnisse sind bei der zuvor beschriebenen Ausrichtung möglich, die eine Korrektur der Grobeinstellung bzw. eine Feineinstellung erfordern:

1. Die Sat-Antenne ist zu tief eingestellt, wenn sich durch das Nach-hinten-Drücken an der Oberkante der Schüssel ein besserer Empfang einstellt. Das hat zur Folge, dass Sie den Neigungswinkel an der Motorhalterung verkleinern und an der Antenne vergrößern müssen.

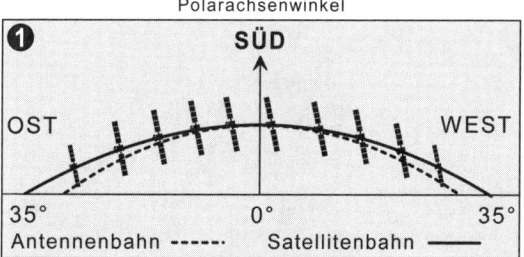

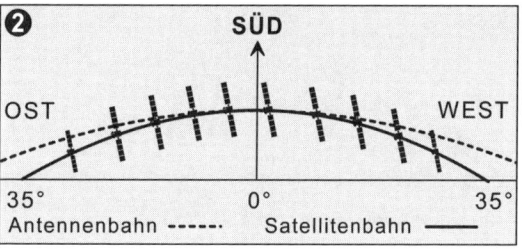

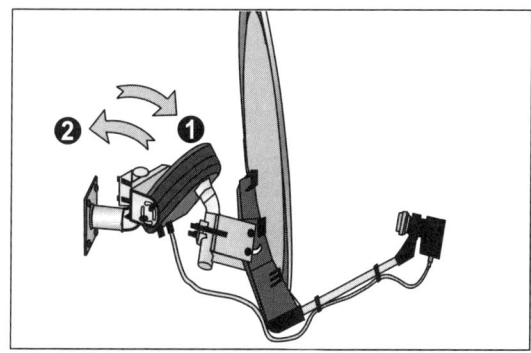

Bild 6.10.

2. Die Sat-Antenne ist zu hoch eingestellt, wenn sich durch das Nach-hinten-Drücken an der Unterkante der Schüssel ein besserer Empfang ergibt. Das hat zur Folge, dass Sie den Neigungswinkel an der Motorhalterung vergrößern und an der Schüssel verkleinern müssen (Bild 6.10).

3. Die Sat-Antenne steht am östlichsten Satelliten zu tief und am westlichsten zu hoch. Das hat zur Folge, dass Sie den Motor am Befestigungsrohr nach Osten und die Sat-Antenne nach Westen drehen müssen.

6. Drehantennen mit Motorausrichtung

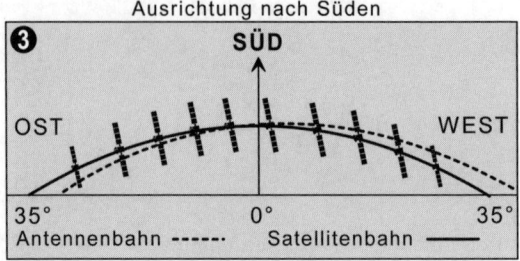

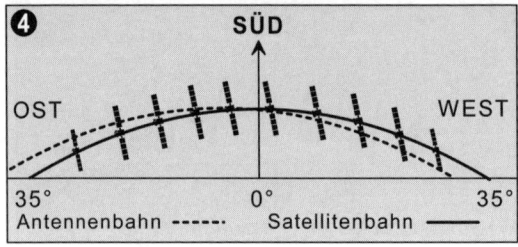

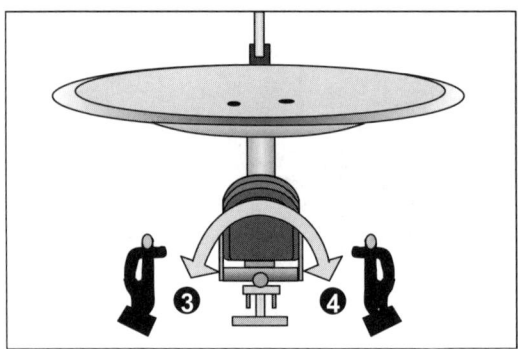

Bild 6.11.

4. Die Sat-Antenne steht am östlichsten Satelliten zu hoch und am westlichsten zu tief. Das hat zur Folge, dass Sie den Motor am Befestigungsrohr nach Westen und die Sat-Antenne nach Osten drehen müssen (Bild 6.11).

Grundsätzlich ist vor der Feineinstellung eines jeden Satelliten der Motor in die Ausgangsposition zu bringen; nach der Auswahl und Feineinstellung des jeweiligen Satelliten muss die korrigierte Positionseinstellung erneut gespeichert werden.

Eine preisgünstigere, aber weniger komfortable Lösung, bietet ein Antennenrotor (Bild 6.12), der im Normalfall zum Drehen von terrestrischen Rundfunkantennen dient. Da diese Motore für das Drehen von terrestrischen Antennen konzipiert sind, verändert sich beim Drehen nur der Azimut bzw. die Himmelsrichtung und nicht die Elevation. Für den Empfang von einigen wenigen Satelliten, die nicht all zuweit voneinander entfernt am Himmel stehen, ist in einem Schwenkbereich von ca. 30° das

Bild 6.12.

Drehen der Sat-Antenne ohne eine Änderung der Elevation möglich (Bild 6.13).

Bei einer Nachrüstung ist wegen des zusätzlichen Gewichts des Antennenrotors (4 kg) eventuell eine stabilere Antennenhalterung erforderlich. Der Antennenrotor wird an einem Antennenmast oder einem Befestigungsrohr (Durchmesser 28–44 mm) mit zwei Zahnschellen befestigt. Um einen guten Halt zu erreichen, ist darauf zu achten, dass die Muttern möglichst gleichmäßig angezogen werden. Am drehbaren oberen Teil des Antennenrotors befestigt man ein Rohr mit 50 bis 100 cm Länge, mit ei-

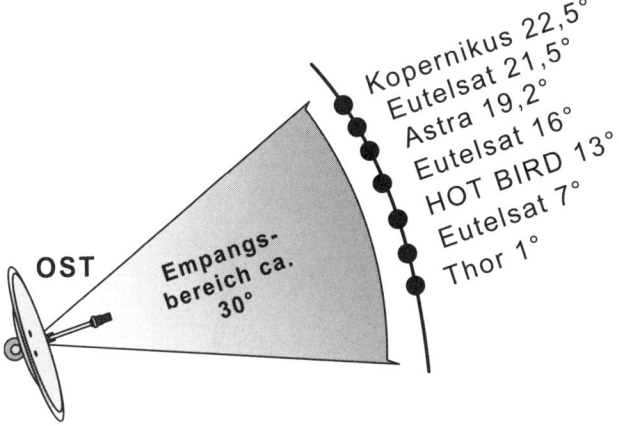

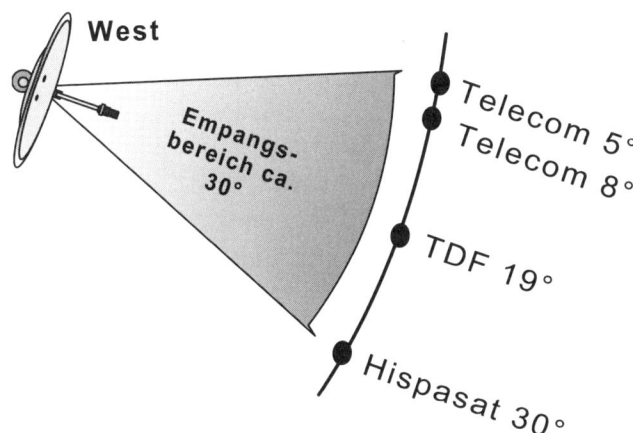

Bild 6.13.

nem Durchmesser von 28 bis 44 mm. An diesem Rohr können Sie anschließend die Sat-Antenne anbringen.

Die Verbindung zwischen Steuergerät und Motor erfolgt durch ein dreiadriges Steuerkabel NYM-O $3 \times 1,5$ mm^2. In den Kaufmärkten ist oft nur der Kabeltyp NYM-J $3 \times 1,5$ mm^2 erhältlich. Der Unterschied dieser Kabeltypen besteht darin, dass ein J-Kabel eine grüngelb isolierte Ader enthält, die nur als Schutzleiter verwendet werden darf. Im O-Kabel hingegen hat diese Ader eine braune Isolierung.

6. Drehantennen mit Motorausrichtung

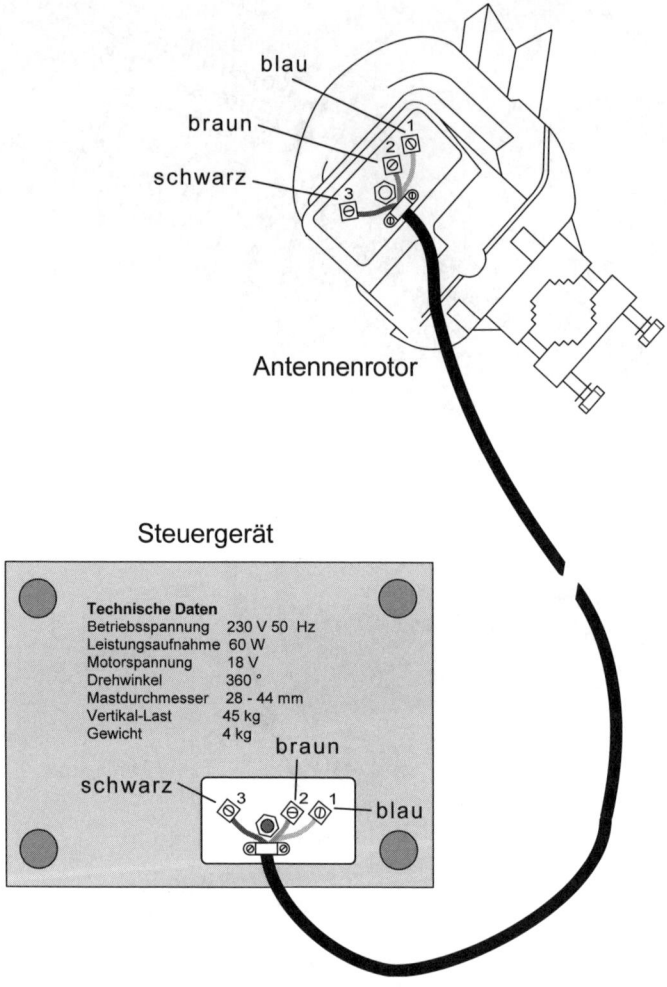

Bild 6.14.

Die Schraubanschlussklemmen sind am Steuergerät und am Motor mit den Nummern 1 bis 3 bezeichnet. Klemmen Sie die Drähte so an, dass der Motor und das Steuergerät über die gleichen Nummern miteinander verbunden sind. Zum Beispiel können Sie die Ader mit der blauen Isolierung am Motor und am Steuergerät an der Klemme Nummer 1 anschließen usw. (Bild 6.14).

Das Antennenkabel, als bewegliche Verbindung, muss gut am LNB-Arm sowie am Antennenmast befestigt werden. Gute Befestigungsmittel für diesen Zweck sind Kabelbinder (Bild 6.15), die im Handel in vielen verschiedenen Größen erhältlich sind. Versehen Sie das Antennenkabel im drehbaren Bereich, zwischen dem Antennenmast bzw. dem Befestigungsrohr und LNB-Arm, mit einer großzügigen Schlaufe, so dass für die Antennendrehung ein ausreichender Spielraum vorhanden ist (Bilder 6.16 und 6.17).

Wenn der Rotor und das Steuergerät montiert sind, wird als Erstes die Drehanlage synchronisiert. Drehen Sie am Steuergerät den Positionierer im Uhrzeigersinn bis zum Anschlag. Warten Sie, bis sich der Motor in der Endstellung befindet. Drehen Sie

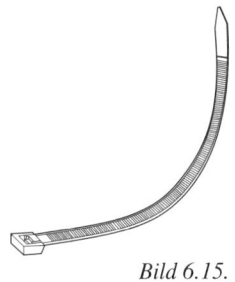

Bild 6.15.

Bild 6.17.

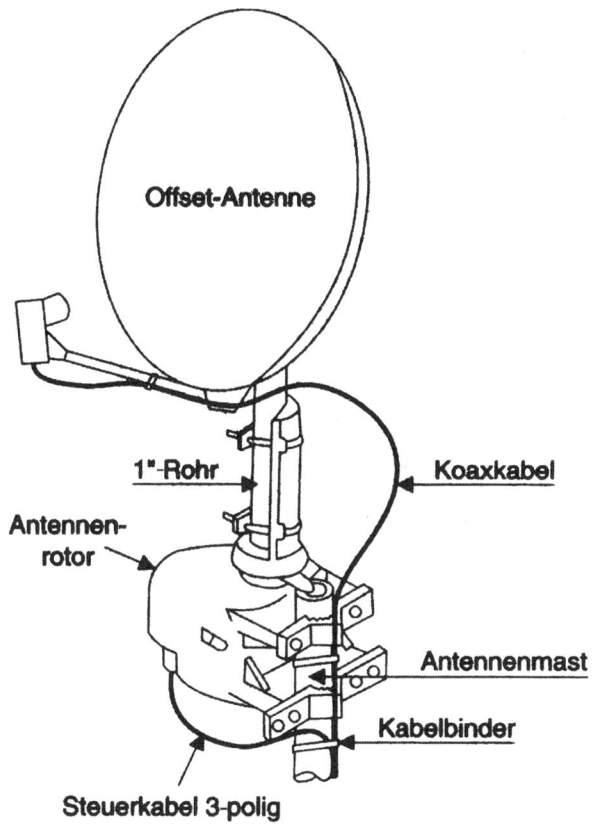

Offset-Antenne

1"-Rohr

Koaxkabel

Antennen-rotor

Antennenmast

Kabelbinder

Steuerkabel 3-polig

Bild 6.16.

6. Drehantennen mit Motorausrichtung

**Kennzeichnung
des Drehbereichs**

Bild 6.18.

nun gegen den Uhrzeigersinn bis zum Anschlag. Warten Sie wieder, bis der Motor die Gegenstellung erreicht hat und abschaltet. Motor und Steuergerät laufen danach synchron. Stellen Sie anschließend am Steuergerät „Süden" ein und montieren Sie danach die Sat-Antenne mit Hilfe eines Kompasses so, dass Sie mit dem LNB-Arm genau nach Süden zeigt.

Können Sie die Antenne nicht um 360° drehen, weil zum Beispiel Hindernisse vorhanden sind, so müssen Sie die Synchronisation vor der Antennenmontage durchführen. Danach montieren Sie wie beschrieben die Antenne und drehen sie bis kurz vor dem Anschlag an das Hindernis. Mit den der Antennenrotoranlage beigepackten Kennzeichnungspfeilen markieren Sie diese Position am Steuergerät. Dasselbe gilt gegebenenfalls auch für die entgegengesetzten Richtung, falls auch hier ein Hindernis vorhanden sein sollte (Bild 6.18).

Zu berücksichtigen ist, dass bei der zuvor beschriebenen Drehanlage die Umstellung auf den Empfang von Satelliten, die außerhalb eines Drehbereiches von ca. 30° positioniert sind (Bild 6.13), eine manuelle Korrektur der Elevationseinstellung an der Satelliten-Antenne notwendig ist.

Grundsätzlich gilt, dass für Drehanlagen der typische Sat-Antennendurchmesser von 60 cm nicht ausreicht, weil mit Drehanlagen auch schwache Satellitensignale gut empfangen werden sollen. Entsprechend Ihren Empfangs- und Qualitätswünschen sollten Sie eine Sat-Antenne verwenden, deren Durchmesser zwischen 85 und 110 cm liegt, und ein Universal-Single-LNB, dessen Rauschmaß nicht größer ist als 0,7 dB.

Anmerkung:

In Gebieten, in denen häufig hohe Windstärken zu erwarten sind (Bild 6.19), sollten Sie wegen der Windlast, der die Sat-Antenne standhalten muss, einen kleineren Schüsseldurchmesser bevorzugen.

Windzonen
(DIN 1055-4)

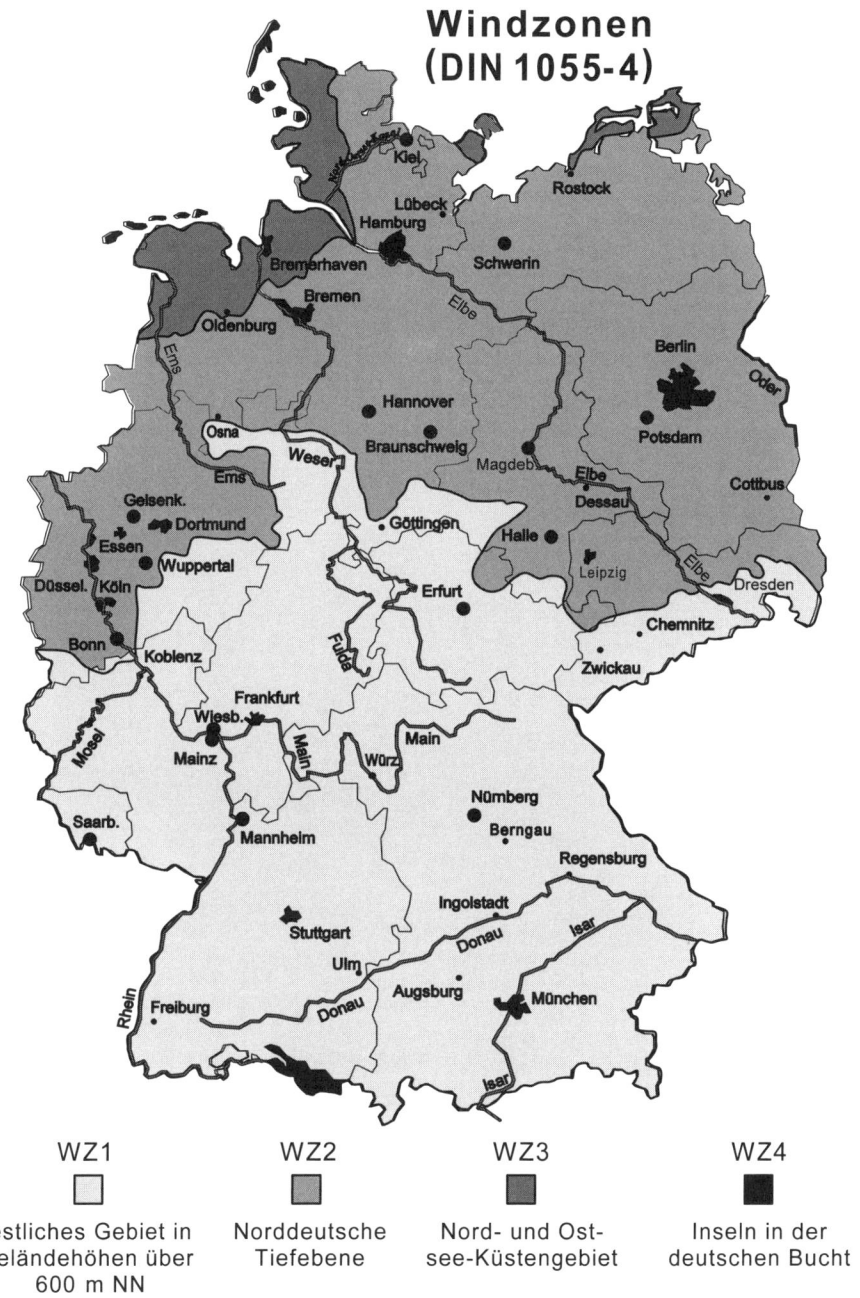

WZ1	WZ2	WZ3	WZ4
☐	▨	▨	■
restliches Gebiet in Geländehöhen über 600 m NN	Norddeutsche Tiefebene	Nord- und Ost-see-Küstengebiet	Inseln in der deutschen Bucht

Bild 6.19.

6. Drehantennen mit Motorausrichtung

Abschließend bedankt sich der Autor für Ihr Interesse an seinem Buch und hofft, dass Sie alle für die Montage Ihrer digitalen Sat-Anlage wichtigen und notwendigen Informationen erhalten haben. Darüber hinaus wünscht Ihnen der Verfasser viel Spaß und Freude mit der neuen selbst montierten Empfangsanlage.

7. Anhang

7.1 Begriffe der Satellitenempfangstechnik

Abschattung

Abschattung bedeutet, dass der geradlinige Ausbreitungsweg zwischen Satellit und Bodenstation durch Hindernisse, wie z.B. Berge und Gebäude, unterbrochen wird. Dabei geht die Sendeenergie entweder teilweise oder ganz verloren.

Access Control System

Das System, das sicherstellt, dass Übertragungsdienste nur berechtigten Personen zugänglich sind. Das System besteht gewöhnlich aus drei Hauptelementen: der Signalverschlüsselung, der Kodierung elektronischer „Schlüssel", die der Empfänger benötigt, sowie einem Abonnentenverwaltungssystem, das sicherstellt, dass die berechtigten Empfänger die verschlüsselten Programme auch tatsächlich sehen können.

ADR

ASTRA Digital Radio: Digitaler Satellitenhörfunk von ASTRA.

AFC

Automatische Frequenzkontrolle.

DiSEqC

(*Digital Satellite Equipment Control:*) Digitales Kommunikations- und Steuersystem zwischen SAT-Receiver und Peripherie, z.B.: Multischalter, Antennen-Drehsysteme, LNBs usw.

All-or-nothing-effect

Plötzlicher Ausfall des Signalempfangs bei digitaler Übertragung. Tritt auf, wenn das Signal mehr Fehler enthält, als die FEC korrigieren kann. Der Vorteil digitaler Übertragung gegenüber analoger liegt darin, dass die Übertragungsqualität bis zu diesem Punkt unverändert gut bleibt.

7. Anhang

Audio

Tonsignal. Hörbarer Ton von Radio- oder Fernsehprogrammen.

Ausleuchtzone

Gebiet, in dem ein Sat-Programm empfangen werden kann.

Außeneinheit

Sat-Antenne, bestehend aus Schüssel mit Masthalterung, LNB-Arm und LNB.

AV

Audio-/Videoverbindung, zum Beispiel vom Sat-Receiver zum Fernsehgerät.

Antennengewinn

Maß für die Verstärkung einer Antenne. Der Antennengewinn wird in dB angegeben.

ASTRA

Warenzeichen und Handelsname der Société Européenne des Satellites, die das ASTRA-Satellitensystem besitzt und betreibt.

Audiotonunterträger – Tonunterträger

Bei ADR wird es durch die digitale Datenreduktion ermöglicht, über einen Transponder max. 12 Tonunterträger für digitale Übertragungen zu verwenden.

Azimut

Horizontaler Ausrichtungswinkel für eine Antenne in Grad.

Bandbreite

Frequenzbereich, der von einem modulierten Träger besetzt wird. Die Bandbreite ist ein Maß für die Trägerkapazität eines Transponders. Je größer die Bandbreite, umso mehr Informationen können übertragen werden.

Basisband

Frequenzband, mit dem eine hochfrequente Trägerfrequenz moduliert wird. Am Basisband-Ausgang eines Satellitenempfängers werden üblicherweise Decoder und Descrambler angeschlossen.

BBI Broadband Interactive System

Ein von der SES entwickeltes interaktives Zweiwege-Satelliten-Kommunikationssystem.

BER – Bit error rate (Bitfehlerrate)

Bezeichnet die Qualität eines empfangenen demodulierten Digitalsignals. Je niedriger die Rate, umso besser das Signal. Beispiel: Eine Fehlerrate von 4–10 bedeutet ein Fehler auf 10.000 Bits.

Bit

Abkürzung für *binary digit*. Die kleinstmögliche Dateneinheit digitaler Information mit dem Wert 0 oder 1 (–1 oder +1).

Bit rate

Menge der digitalen Information, die in einer bestimmten Zeit übertragen wird, gemessen in Bits pro Sekunde.

BNC

engl.: *Bayonet Nut Connector*, HF-Koaxial-Steckverbindungssystem.

Breite/Breitengrad

Entfernung zwischen irgendeinem Ort auf der Erde und dem Äquator in Grad.

Brennpunkt der Sat-Antenne

Punkt, an dem die von der Schüssel reflektierte Strahlung am stärksten gebündelt ist.

Byte

Eine Gruppe von 8, 16 oder 32 Bit.

Carrier

Trägerfrequenz zur Übertragung von Ton- oder Videosignalen.

CI

Common Interface. Eine von der DVB-Plattform spezifizierte Schnittstelle für digitale Receiver zum Anschluss eines Conditional-Access-Moduls. Dieses Modul enthält alle Komponenten, welche für den Descrambler und die Freischaltung des Teilnehmers notwendig sind.

Cinch-Stecker

Anschlussstecker für Audio- und Video-Verbindungen.

C/N

Hochfrequenz-Träger-Rauschabstand: Er gibt an, wie hoch das Trägersignal über dem Rauschen liegt und steht wiederum in einer Beziehung zum Video-Rauschabstand S/N. Ein C/N von 8 dB liefert bereits ein „fischchenfreies" Bild.

Co-location

Mehr als ein Satellit ist an einer gegebenen orbitalen Position stationiert.

Common Interface

Genormte Schnittstelle in einer Set-Top-Box zum Einschub von verschiedenen Pay-TV-Modulen.

Conditional ACCESS Zugriffkontrollsystem (CA)

Das Conditional-ACCESS-System kontrolliert den Zugriff des Nutzers auf Leistungen und Programme, die aus urheberrechtlichen sowie kommerziellen Gründen verschlüsselt sind.

Content

Bezeichnung von Multimediainhalten wie TV/Radio-Programme, Internetseiten, Homeworking usw.

Datenkompression

Mit der Datenkompression bzw. Datenreduktion werden digitalisierte Audio- oder Videodaten auf einen Bruchteil ihrer Datenrate reduziert.

d-box

Bezeichnung für den in Deutschland und Österreich eingesetzten Digital-Receiver, der den Empfang von Pay-Programmen bzw. Premiere digital ermöglicht.

Dämpfung

Verlust von Signalstärke in dB.

dB

Dezibel. Maßeinheit für den absoluten Pegel, bezogen auf den Milliwattsender mit dem Bezugswert 1 mW an Ra = 600 Ω, Io = 1,29 mA.

dB(μV)

Maßeinheit für den absoluten Pegel in Antennenanlagen, bezogen auf 1 μV, gemessen an Ra = 75 Ω eines Generators mit Ri 75 Ω.

DBS

Abkürzung für engl. *Direct Broadcasting Satellite*, Rundfunksatellit. Dieser sendet im Bereich 11,7–12,5 GHz.

dBW

Logarithmisches Leistungsmaß. Angegeben in Dezibel, bezogen auf 1 W.

Decoder

Elektronisches Gerät zum Entschlüsseln codierter Signale.

Deklination

Korrekturwinkel für die Elevation einer Sat-Antenne in Abhängigkeit vom Standort.

Digitalisierung

Umwandlung von analogen Audio- oder Videosignalen in digitale Signale.

DINO

Digital Network Operations. Zentrale Stelle bei der Société Européenne des Satellites, die die Qualität aller über das ASTRA-Satellitensystem übertragenen Dienste kontrolliert und garantiert.

D-MAC

Übertragungssystem mit Multiplextechnik.

Dolby Digital 5.1

Dolby Digital ist ein Tonübertragungsverfahren, das es ermöglicht, digitalen Surroundton auf einer Heimkinoanlage wiederzugeben. Dabei bezeichnet die Zahl „5.1" die Anzahl der verwendeten Kanäle: die Zahl „5" bezieht sich auf die Kanäle links, rechts, Mitte, hinten links, hinten rechts, und die „1" bezeichnet den Tiefbasskanal.

Dolby Pro-Logic

Von den Dolby Laboratories Inc. entwickeltes Surround-Sound-Decodierverfahren. Ein Dolby Prologic Sound System besteht aus mindestens fünf Boxen.

DTH (Direct To Home)

Empfang eines Satellitenprogrammes in einem Privathaushalt über eine eigene Satelliten-Empfangsantenne.

DVB

Digital Video Broadcasting Group. Eine Gruppe von mehr als 200 Organisationen aus 23 Ländern, die Systemmodalitäten für die Übertragung von MPEG-2-Digitalsignalen via Satellit, Kabel oder terrestrischer Verbindungen entwickelt haben.

DVB-S

Standard für digitale Fernsehübertragungen über Satellit.

Downlink

Die Übertragung der Signale vom Satelliten zu den verschiedenen Satelliten-Empfangsstationen.

Downlink-Frequenz

Abwärtsfrequenz. Frequenz von Funksignalen eines Satelliten zur Bodenstation.

DSR

Digital Satellite Radio. Digitaler Satellitenhörfunk. Rundfunkübertragung in digitaler Technik über Satellit, die eine qualitätsverlustfreie Wiedergabe ermöglicht.

DTH

Direct To Home. Empfang eines Satellitenprogrammes in einem Privathaushalt über eine eigene Parabolantenne.

DVB (*Digital Video Broadcasting*)

Das DVB-Verfahren wurde für die Übertragung standardisiert, und zwar für Satellit (DVB-S), und Terrestrik (DVB-T). Bei diesem Verfahren können über einen digitalen Kanal mehrere Programme transportiert werden. Zusätzlich lassen sich bestehende Dienste erweitern und neue Anwendungen sowie Datenübertragungen schaffen.

FEC

(*Forward Error Correction:*) Fehlererkennung und -korrektur bei DVB-Satellitenempfang.

EIRP

engl.: *Equivalent isotropically radiated power.* Effektiv abgestrahlte Leistung (in dBW) des Satelliten für den Empfangsort.

Elevation

Erhebungswinkel über dem Horizont.

EPG

Electronic Programme Guide. Ein Bildschirmführer mit Detail-
informationen über aktuelle und zukünftige Programme, der
dem Benutzer bei seiner Programmwahl hilft. Er kann Angebote
wie Programmzusammenfassungen sowie Themen- und Pro-
grammabfrage nutzen und verfügt über Erinnerungs- und Kon-
trollfunktionen.

Eutelsat

Europäische Behörde, mit Sitz in Paris, die den Satelliten Service für die Mitgliedsstaaten verwaltet.

FEC

Forward Error Correction. Eine Technik, die die Fehlerrate bei
der Datenübertragung senken soll. Zusätzliche Bits werden in
den abgeschickten Datenstrom eingefügt, so dass beim Empfang
Fehlerkorrekturalgorithmen angewendet werden können. Für
den Satellitenstandard wird der Viterbi-Code in Kombination
mit dem Reed Salomon-Code verwendet.

Feedhorn

Auch als Speisehorn bezeichnet. Es führt die vom Parabolspie-
gel reflektierten Empfangssignale so zusammen, dass sie genau
auf das Antennensystem des LNBs treffen.

Fernmeldesatellit

Satellitentyp, der von internationalen Fernmeldebehörden be-
trieben wird. Er dient zur Übertragung von Ferngesprächen, Da-
tensignalen, Rundfunk- und Fernsehprogrammen.

Fische

Spikes im Fernsehbild.

Footprint

Das von einem Satelliten bestrahlte geographische Gebiet, dessen äußere Grenze sich definiert als jener Bereich, in dem die
Übertragungsqualität aufgrund zu schwacher Übertragung unter
ein kommerziell vertretbares Niveau absinkt.

Forward path

Übertragungsweg vom Dienstanbieter zum Endbenutzer.

Free-TV

Frei empfangbare Programme – z.B. die öffentlich rechtlichen und die privaten, die ohne zusätzliche Bezahlung angeboten werden.

Free-to-air Programme (FTA)

Frei empfangbare digital übertragene Programme. Zum Empfang wird eine digitaltaugliche Satellitenempfangsanlage und ein digitaltauglicher Satellitenreceiver benötigt.

Frequenz

Maßeinheit für die Anzahl der vollendeten Schwingungen in einer Sekunde.

GA

Gemeinschaftsantennenanlage. Sie dient zum Versorgen von mehreren Wohneinheiten innerhalb eines Hauses mit Hörfunk- und Fernsehprogrammen.

GGA

Großgemeinschaftsantennenanlage. Sie dient zum Versorgen von mehreren Wohneinheiten in mehreren Häusern mit Rundfunk- und Fernsehprogrammen. Es können einige tausend Geräte angeschlossen sein.

GSO

Geostationary Satellite Orbit. Geostationäre Satellitenbahn, die sich 36.000 km über dem Äquator befindet und auf der ein Satellit mit der Erdrotation mitläuft.

High-Band

Das für Satellitenübertragung verwendete Frequenzband von 11,70 GHz bis 12,75 GHz. Zum Beispiel nutzen die ASTRA-Satelliten diesen Bereich ausschließlich für die Übertragung digitaler Programme und Dienste.

IRD

Integrated Receiver Decoder. Digitaler Satellitenempfänger zum Empfang von digitalen frei- und abonnierbaren Programmen sowie Diensten.

7. Anhang

ITU

Die auf Telekommunikation spezialisierte Geschäftsstelle der Vereinten Nationen. Die ITU veranstaltet regelmäßig Tagungen, auf denen über wichtige Themen aus dem Telekommunikationsbereich diskutiert wird. Die wichtigsten Tagungen sind die World Radio Conference (WRC) und die World Telephone and Telegraph Conference (WTTC). Darüber hinaus koordiniert die ITU die Verteilung der für die Satellitenübertragung verwendeten Frequenzen.

Ka-Band

Frequenzbereich von 18 bis 31 GHz. ASTRA 1H verfügt über Transponderkapazitäten im Frequenzbereich 29,5 bis 30,0 GHz für den Downlink vom Benutzer zum Anbieter.

Kompass

Instrument, das auf das Magnetfeld der Erde reagiert und mit einem Zeiger ausgestattet ist, der den Norden anzeigt.

Ku-Band

Frequenzbereich von 10,7 bis 18 GHz, der heute für die Übertragung von und zu existierenden Nachrichtensatelliten einschließlich dem ASTRA-Satellitensystem benutzt wird.

Längengrad

Entfernung eines Ortes vom Greenwich Meridian in Grad.

LEO

Low-earth orbit. Umlaufbahn bis 800 km über der Erde. Diese Umlaufbahn wird von einer Satellitenkonstellation für einen weltweiten Mobilfunk-Service genutzt.

LNB

engl.: *Low Noise Block Converter.* Empfangsumsetzer in Satellitenempfangsanlagen, der die ankommenden Signale in einen niedrigeren Frequenzbereich umsetzt und gleichzeitig verstärkt.

LOF

Lokaloszillatorfrequenz des LNBs.

Low Band

Ein für Satellitenübertragung verwendeter Frequenzbereich (von 10,70 GHz bis 11,70 GHz). Das ASTRA-Satellitsystem nutzt diesen Bereich für die Übertragung von Analogsignalen. Digitalsignale könnten theoretisch in diesem Bereich auch übertragen werden.

Modulation

Beeinflussung einer Trägerfrequenz zum Zwecke der Übertragung von Nachrichten. Analoge Satellitenübertragung verwendet Frequenzmodulation, digitale Satellitenübertragung Quartärgruppenmodulation.

MPEG

(*Moving Pictures Experts Group:*) Arbeitsgruppe der internationalen Standardisierungs- Organisation (ISO) und der International Electrotechnical Commission (IEC).

MPEG 2

Datenreduktionsverfahren für digitale Videodaten.

Multifeed

Eine Technik, bei der an einer Sat-Antenne mehrere LNBs angebracht werden.

Multiplex

Zwei oder mehr unabhängige Signale werden über denselben Sender übertragen.

7. Anhang

Multiswitch

Multischalter. Für die Verteilung von SAT-ZF-Signalen werden Multischalter (auch Multiswitch genannt) benutzt. In diesen Multiswitch gelangt die SAT-ZF (950–2.150 MHz) mit ihren beiden Polarisationsebenen. Mit Hilfe der Steuersignale vom Satellitenreceiver (14 V/18 V und 22 kHz), also horizontale/vertikale Polarisationsebene, analoger oder digitaler Empfang, schaltet der Multiswitch die jeweiligen Befehle.

Offset-Parabolantenne

Eine Art von Parabolantenne mit einer asymmetrischen Form.

Open TV

Von Thomson und Sun entwickeltes, interaktives Betriebssystem für digitales Fernsehen.

Orbital position

Position geostationärer Satelliten, gemessen in Grad östlicher oder westlicher Breite vom Greenwich Meridian.

PAL

Phased Alternate Line. Analogstandard für Fernsehübertragung (hauptsächlich Europa), Rahmen 4:3, 625 Zeilen.

Parabolantenne

Empfangsantennenform für Frequenzen oberhalb 1 GHz. Wellen mit solch hohen Frequenzen haben bereits lichtähnliches Verhalten und sind deshalb auch weitgehend deren Gesetzen unterworfen. Die Parabolantenne besteht aus Metall oder aus Kunststoff mit Metallbeschichtung, um ankommende Wellen zu reflektieren. Im Brennpunkt des Spiegels befindet sich die Empfangseinheit. Sie besteht aus dem Speisehorn mit nachgeschaltetem LNB.

Pay-TV

Gebührenpflichtige Programme und Dienste.

Pay-TV-Modul

Steckkarte (CAM-Modul) für den Einschub in einen Digitalreceiver mit *Common Interface System*. Das Modul enthält das
Verschlüsselungssystem (z.B. Irdeto, Viacces) des Pay-TV-An-
bieters. Zur Freischaltung wird eine so genannte SmartCard in
das Modul eingeschoben.

Pay-per-View

Programme, für die der Abonnent keine festen Gebühren zahlt
(nur die in Anspruch genommene Sendezeit und die Zahl der ge-
sehenen Programme ist für die Abrechnung maßgebend).

PID

(*Packet IDentificationer:*) Nummer des dem Programm zugehö-
rigen Datenpaketes.

Polarisation

Ebene, die der elektrischen Komponente einer elektromagnetischen Welle entspricht. Um mehr Programme übertragen zu
können, werden Satellitensignale horizontal und vertikal polari-
siert abgestrahlt. Die Polarisation ist beim Empfang zu berücksichtigen.

Polarizer

Vorrichtung vor dem LNB. Diese sorgt dafür, dass die Emp-
fangswellen in die für das LNB richtigen Polarisationsrichtung
gedreht werden.

Pull

Daten von einem anderen Programm oder Computer abrufen.
Das World Wide Web verwendet vor allem Pull-Technologien,
das heißt, eine Seite wird erst dann übertragen, wenn man sie ab-
ruft.

Push

Bezogen auf Server-Anwendungen: Daten an einen Kunden senden, ohne dass dieser sie angefordert hat. Das W.W.W. arbeitet
mit Pull-Technologien, das heißt, der Kunde muss eine Web-Sei-
te anfordern, bevor sie übertragen wird. Sende-Medien anderer-
seits verwenden Push-Technologien, denn sie verschicken Informationen unabhängig davon, ob Daten angefordert wurden oder

nicht. Eine weit verbreitete Push-Technologie ist E-Mail, weil man per E-Mail Nachrichten erhalten kann, die nicht angefordert wurden. Die Begriffe push und pull werden häufig verwendet, um über das Internet verschickte Daten zu beschreiben.

QPSK

(*Quadrature Phase Shift-Keying:*) Modulationsart (Vierphasenumtastung) des HFSignals für DVB-S.

Receiver

Satellitenreceiver. Empfänger, der die von der Parabol-Antenne kommenden hochfrequenten Signale in Video-und Audiosignale umwandelt.

Redundanz

Fernsehbilder enthalten redundante Informationen; in einem digitalisierten Signal kann die Datenmenge daher reduziert werden. Wir unterscheiden zwischen räumlicher Redundanz, zeitlicher Redundanz und statistischer Redundanz.

Reflektor/Schüssel

Teil der Sat-Antenne, der die Aufgabe hat, die aufgefangene Strahlung am Brennpunkt zu konzentrieren.

Rückkanal

Um digitale Dienste wie z.B. Pay per view, Home Shopping, Home Banking, Reisen buchen usw. nutzen zu können, muss eine Verbindung vom Digitalen Receiver zur Telefonsteckdose (TAE-Dose) hergestellt werden. Die Information gelangt dann vom digitalen Receiver uber das Telefonnetz zum Dienstanbieter.

Rundfunksatellit

Ein Satellit zum ausschließlichen Übertragen von Hörfunk- und Fernsehprogrammen.

Satellit

Körper, der sich um die Erde oder mit der Erde dreht.

Satellitenempfänger

Empfangsgerät, das die vom LNB kommenden Signale für das TV-Gerät aufbereitet.

SAT-Kanalaufbereitung

Eine Kanalaufbereitungsanlage setzt mit SAT-Demodulatoren und terrestrischen Modulatoren die einzelnen SAT-Kanäle in den terrestrischen Bereich um, wodurch ein Receiver für jeden Teilnehmer unnötig wird. Die umgesetzten Fernsehprogramme können so direkt in das bereits vorhandene oder zu installierende Kabelnetz eingespeist werden. Durch die Umsetzung in den terrestrischen Bereich ist auch kein Austausch der Antennensteckdosen oder -Verteiler nötig. Für jedes SAT-Programm wird ein SAT-Demodulator/Modulator benötigt.

SCPC

(*Single Channel Per Carrier:*) DVB-Ausstrahlung mit einem Kanal pro Träger.

S.E.S

Société Européenne des Satellites: Eigentümer und Betreiber des ASTRA-Satellitensystems.

SES Multimedia S. A.

Eine im Jahre 1996 gegründete Gesellschaft, die eine Übertragung von Multimedia-Inhalten via Satellit direkt auf den PC anbietet. Die Serviceplattform, die das ASTRA-Satellitensystem nutzt, heißt ASTRA-NET.

Set-Top-Box

Mit der Set-Top-Box (digitaler Receiver) können herkömmliche Fernsehgeräte digitale Programme empfangen. Die Set-Top-Box entschlüsselt die digitalen Signale, wandelt sie in analoge Bilder und Töne um und steuert die Programmführung mit EPG.

SI

(*Service Information:*) Service-Informationen, z. B. über laufende Sendungen.

SIT

Satellite Interactive Terminal. Benutzerterminal für Empfang und Übertragung von Informationen via Satellit. Wird gewöhnlich in Kombination mit Systemen verwendet, die über Ku-Band empfangen und über Ku- oder Ka-Band senden.

Smart Card

Personalisierte Chipkarte zur Abrechnung bei Abonnementfernsehen und anderen digitalen Diensten.

SNR

(*Signal to Noise Ratio:*) Verhältnis zwischen Empfangssignal und Rauschen.

SPDIF

(*Sony Philips Digital InterFace:*) Von Sony und Philips entwickeltes Format für digitale Audio-Schnittstellen.

Symbolrate

Anzahl der übertragenen Symbole pro Sekunde.

Terrestrischer Empfang

Empfang eines auf der Erde stationierten Senders.

Tonunterträger

Ein oder mehrere Signale, hauptsächlich Audiosignale, die neben dem Hauptsignal übertragen werden.

Transponder

Zusammensetzung der Begriffe Transmitter und Responder. Er besteht aus einem Empfänger, einem Frequenzumsetzer und einem Sender. Er ist der Teil am Satelliten, welcher die von der Sendestation abgestrahlten Signale empfängt, sie in für SAT-Anlagen empfangbare Signale umsetzt und absendet

Sat-Zwischenfrequenz

Die vom Satelliten abgestrahlten Frequenzen (10.700–12.750 MHz) werden durch ein LNB im Spiegelbrennpunkt auf einen niedrigeren Frequenzbereich (950–2.150 MHz) umgesetzt und so über das Koaxialkabel bis zum Sat-Receiver übertragen.

UHF

Ultra High Frequency. Frequenzen zwischen 300 und 3.000 MHz, die auch für die Übertragung von terrestrischen Fernsehprogrammen verwendet werden.

Universal LNB

Um den gesamten Frequenzbereich von 10,70 GHz bis 12,75 Single GHz (Analoge + Digitale Programme und Dienste) zu empfangen, ist der Einsatz eines Universal-LNBs erforderlich.

Uplink

Übertragung von Fernseh- oder anderen Signalen von der Erde zu den Satelliten.

Uplink-Frequenz

Aufwärtsfrequenz. Frequenz von Funksignalen von der Bodenstation zum Satelliten.

USB-Box

Externe Plug-and-Play-Box, die über den USB-Port mit dem PC verbunden wird. Mit dieser externen Box sind sowohl digitale Radio- und Fernseh-Programme als auch multimediale Dienste über Satellit empfangbar.

Video compression

Reduzierung und Umwandlung von analogen Fernsehsignalen in digitale. Verwendet wird dieses Verfahren z.B. auf ASTRA 1 E, 1 F und 1 G, so dass ca. zehn Programme über einen einzigen Transponder übertragen werden können (33 MHz).

Viterbirate

Fehlerkorrekturrate nach Viterbi.

Watt

Maßeinheit für elektrische Leistung.

Winkelmesser

Gerät zur Messung des Elevations-(Erhebungswinkels).

7. Anhang

Web casting

Übertragung von Internet-Inhalten im Broadcast-Verfahren. Im Gegensatz zum normalen Surfen, bei dem die Web-Seiten mittels Pull-Methoden übertragen werden, arbeitet das Web casting mit Push-Technologien.

WebTV

Oberbegriff für eine Kategorie von Produkten und Technologien, die es einem ermöglichen, auf dem Fernsehbildschirm im Web zu surfen. Die meisten WebTV-Produkte bestehen heutzutage aus einer kleinen Box, die an die Telefonleitung und den Fernseher angeschlossen wird. Sie stellt über den Telefondienst eine Verbindung zum Internet her und konvertiert die abgerufenen Web-Seiten in ein Format, das der Fernsehapparat wiedergeben kann.

7.2 Frei empfangbare digitale Fernsehprogramme

Programm-name	Frq/Pol	SR	Sprache	Satellit	frei
3sat	11.9535/H	27,5	Deutsch	ASTRA-1H	X
AB Moteurs	12.2655/H	27,5	Französisch	ASTRA-1H	X
Andalucia TV	11,6850/V	22,0	Spanisch	ASTRA-1E	X
ARD-Das Erste	11,8365/H	27,5	Deutsch	ASTRA-1H	X
arte	10,7880/V	22,0	Französisch	ASTRA-2C	X
arte	11,8365/H	27,5	Deutsch	ASTRA-1H	X
ASTRA-Mosaic	12,5510/V	22,0	Diverse	ASTRA-1G	X
ASTRA-Visio	12,5510/V	22,0	Diverse	ASTRA-1G	X
Bayer. Ferns.	11,8365/H	27,5	Deutsch	ASTRA-1H	X
Bibel-TV	10,8325/H	22,0	Deutsch	ASTRA-2C	X
Blomberg-TV	12,5510/V	22,0	Deutsch	ASTRA-1G	X
BR-alpha	11,8365/H	27,5	Deutsch	ASTRA-1H	X
BVN TV	12,5742/H	22,0	Niederlän.	ASTRA-1G	X
Canal Algerie	10,7880/V	22,0	Französisch	ASTRA-1F	X
Canal Canarias	11,6850/V	22,0	F/D/S/E	ASTRA-1F	X
Canal Club	12,3240/V	27,5	Französisch	ASTRA-1H	X
CanalSat Mosaique	12,3240/V	27,5	Französisch	ASTRA-1H	X
CNBC	11,9635/H	27,5	Englisch	ASTRA-1H	X

Digitale TV-Programme aus dem ASTRA-System 19,2° Ost

7. Anhang

Programm-name	Frq/Pol	SR	Sprache	Satellit	frei
CNBC Europe	12,6105/V	22,0	Englisch	ASTRA-1H	X
CNN International	11,0970/V	22,0	Englisch	ASTRA-1C	X
CSat promo	12,3240/V	27,5	Französisch	ASTRA-1H	X
D'Chamber en Direct	12,5510/V	22,0	Luxemburg.	ASTRA-1G	X
Deutsche Welle	10,7880/V	22,0	Deutsch	ASTRA-2C	X
DSF	12,4800/V	27,5	Deutsch	ASTRA-1H	X
Eins Extra	12,1095/H	27,5	Deutsch	ASTRA-1H	X
Eins Festival	12,1095/H	27,5	Deutsch	ASTRA-1H	X
Eins MuXx	12,1095/H	27,5	Deutsch	ASTRA-1H	X
ESC1-Egypte	10,7880/V	22,0	Arabisch	ASTRA-2C	X
ETB SAT	11,6850/V	22,0	Spanisch	ASTRA-1E	X
Euronews	11,9535/H	27,5	Deutsch	ASTRA-1H	X
Eurosport	11,9535/H	27,5	Deutsch	ASTRA-1H	X
Fashion TV	11,6850/V	22,0	Diverse	ASTRA-1F	X
Fashion TV	11,6850/V	22,0	Französich	ASTRA-1E	X
Fashion TV	12,2655/H	27,5	Diverse	ASTRA-1H	X
France 5	11,5970/V	22,0	Französich	ASTRA-1E	X
France 5	12,2070/V	27,5	Französich	ASTRA-1H	X
Hessen Fern-sehen	11,8365/H	27,5	Deutsch	ASTRA-1H	X
Home Shopping Europe	12,4800/V	27,5	Deutsch	ASTRA-1H	X

Digitale TV-Programme aus dem ASTRA-System 19,2° Ost

7.2 Frei empfangbare digitale Fernsehprogramme

Programm-name	Frq/Pol	SR	Sprache	Satellit	frei
Kabel 1	12,4800/V	27,5	Deutsch	ASTRA-1H	X
Kabel 1 Österreich	12,0510/V	27,5	Deutsch	ASTRA-1H	X
Kabel 1 Schweiz	12,0510/V	27,5	Deutsch	ASTRA-1H	X
Kiosque	12,3630/V	27,5	Französisch	ASTRA-1H	X
KI.KA	11,9535/V	27,5	Deutsch	ASTRA-1H	X
KTO	11,7395/V	27,5	Französisch	ASTRA-1G	X
La Chaine Parlamen-taire	12,2070/V	27,5	Französisch	ASTRA-1	X
Liberty tv.com	12,6105/V	22,0	Französisch	ASTRA-1H	X
MDR Fernse-hen	12,1095/H	27,5	Deutsch	ASTRA-1H	X
Motors tv.com	12,6105/V	22,0	Französisch	ASTRA-1H	X
MTV Central Europe	12,6990/V	22,0	Deutsch	ASTRA-1G	X
n-tv	12,6695/V	22,0	Deutsch	ASTRA-1G	X
N24	12,4800/V	27,5	Deutsch	ASTRA-1H	X
NDR Fernse-hen	12,1095/H	27,5	Deutsch	ASTRA-1H	X
Neun Live	12,4800/V	27,5	Deutsch	ASTRA-1H	X
Nordliicht TV	12,5510/V	22,0	Luxemburg.	ASTRA-1G	X
ONTV	12,1485/H	27,5	Deutsch	ASTRA-1H	X
ORB-Fernse-hen	12,1095/H	27,5	Deutsch	ASTRA-1H	X

Digitale TV-Programme aus dem ASTRA-System 19,2° Ost

7. Anhang

Programm-name	Frq/Pol	SR	Sprache	Satellit	frei
Phoenix	11,8365/H	27,5	Deutsch	ASTRA-1H	X
Polonia 1	10,8320/H	22,0	Polnisch	ASTRA-1E	X
Pro 7	12,4800/H	27,5	Deutsch	ASTRA-1H	X
Pro 7 Öster-reich	12,0510/H	27,5	Deutsch	ASTRA-1H	X
Pro 7 Schweiz	12,0510/H	27,5	Deutsch	ASTRA-1H	X
QVC Deutschland	12,5510/V	22,0	Deutsch	ASTRA-1G	X
RAI Uno	10,7880/V	22,0	Italienisch	ASTRA-2C	X
RTBF SAT	12,6105/V	22,0	Französisch	ASTRA-1H	X
RTL 2	12,1875/H	27,5	Deutsch	ASTRA-1H	X
RTL Shop	12,1875/H	27,5	Deutsch	ASTRA-1H	X
RTL Tele Lezenbuerg	12,5510/V	22,0	Luxemburg.	ASTRA-1G	X
RTL Televi-sion	12,1875/H	27,5	Deutsch	ASTRA-1H	X
RTM-Maroc	10,7880/V	22,0	Arabisch	ASTRA-2C	X
RTP Interna-cional	10,7880/V	22,0	Portugies.	ASTRA-2C	X
Sat 1 Öster-reich	12,0510/V	27,5	Deutsch	ASTRA-1H	X
Sat 1	12,4800/V	27,5	Deutsch	ASTRA-1H	X
SF B1 Derlin	12,1095/H	27,0	Deutsch	ASTRA-1H	X
Sky News	12,5510/H	22,0	Englisch	ASTRA-1G	X
Sonnenklar TV	12,090/V	27,5	Deutsch	ASTRA-1H	X

Digitale TV-Programme aus dem ASTRA-System 19,2° Ost

7.2 Frei empfangbare digitale Fernsehprogramme

Programm-name	Frq/Pol	SR	Sprache	Satellit	frei
SR Fernse-hen sw	11,8365/H	27,5	Deutsch	ASTRA-1H	X
Super RTL	12,1875/H	27,5	Deutsch	ASTRA-1H	X
SWR-Fern-sehen	11,8365/H	27,5	Deutsch	ASTRA-1H	X
SWR-RP	12,1095/H	27,5	Deutsch	ASTRA-1H	X
Tango TV	10,8320/H	22,0	Engl./Lux.	ASTRA-1E	X
Tele 5	10,8320/H	22,0	Polnisch	ASTRA-1E	X
Telemadrid	11,6850/V	22,0	Spanisch	ASTRA-1E	X
Travel	11,0970/V	22,0	Englisch	ASTRA-1C	X
Travel	12,1689/V	27,5	Englisch	ASTRA-1H	X
TV Catalunya	11,6850/V	22,0	Catalanisch	ASTRA-1E	X
TV Niepo-kalanow 2	12,6695/V	22,0	Polnisch	ASTRA-1G	X
TV Plus	10,8320/H	22,0	Polnisch	ASTRA-1E	X
TV 5	10,7880/V	22,0	Französisch	ASTRA-2C	X
TV 5 Europe	12,6105/V	22,0	Französisch	ASTRA-1H	X
TV7 Tunisie	10,7880/V	22,0	Arabisch	ASTRA-2C	X
TW 1	12,6922/H	22,0	Deutsch	ASTRA-1G	X
Viva	12,6695/V	22,0	Deutsch	ASTRA-1G	X
Viva Plus	12,5510/V	22,0	Deutsch	ASTRA-1G	X
VOX	12,1875/H	27,5	Deutsch	ASTRA-1H	X
WDR-Fern-sehen	11,8365/H	27,5	Deutsch	ASTRA-1H	X
ZDF	11,9535/H	27,5	Deutsch	ASTRA-1H	X
ZDF Doku	11,9535/H	27,5	Deutsch	ASTRA-1H	X

Digitale TV-Programme aus dem ASTRA-System 19,2° Ost

7. Anhang

Programm-name	Frq/Pol	SR	Sprache	Satellit	frei
ZDF Info	11,9535/H	27,5	Deutsch	ASTRA-1H	X
ZDF Theater	11,9535/H	27,5	Deutsch	ASTRA-1H	X
Zik	12,2655/H	27,5	Französisch	ASTRA-1H	X

Digitale TV-Programme aus dem ASTRA-System 19,2° Ost

7.3 Frei empfangbare digitale Radioprogramme

Programm-name	Frq/Pol	SR	Sprache	Satellit	frei
Ado FM	12,2070/V	27,5	Französisch	ASTRA-1H	X
Afrika N°1	12,2070/V	27,5	Französisch	ASTRA-1H	X
Alouette	12,2070/V	27,5	Französisch	ASTRA-1H	X
Bayern 5 Aktuell	11,8365/H	27,5	Deutsch	ASTRA-1H	X
Bayern 1	11,8365/H	27,5	Deutsch	ASTRA-1H	X
Bayern 4 Klassik	11,8365/H	27,5	Deutsch	ASTRA-1H	X
BBC World Radio	12,6105/V	22,0	Englisch	ASTRA-1H	X
Beur FM	12,2070/V	27,5	Französisch	ASTRA-1H	X
BFM	12,2070/V	27,5	Französisch	ASTRA-1H	X
Cadena Dial	11,9340/V	27,5	Spanisch	ASTRA-1E	X
Cadena SER	11,9340/V	27,5	Spanisch	ASTRA-1E	X
Canadian Forces Net	12,6105/V	22,0	Englisch	ASTRA-1H	X

Digitale Radio-Programme aus dem ASTRA-System 19,2° Ost

7.3 Frei empfangbare digitale Radioprogramme

Programm-name	Frq/Pol	SR	Sprache	Satellit	frei
Canal Sur Radio	11,9340/V	27,5	Spanisch	ASTRA-1E	X
Catalunya Cultura	11,9340/V	27,5	Catalanisch	ASTRA-1E	X
Catalunya Info	11,9340/V	27,5	Catalanisch	ASTRA-1E	X
Catalunya Musica	11,9340/V	27,5	Catalanisch	ASTRA-1E	X
Catalunya Radio	11,9340/V	27,5	Catalanisch	ASTRA-1E	X
Cherie FM	12,2070/V	27,5	Französisch	ASTRA-1H	X
Classic FM	12,5742/V	27,5	Niederländ.	ASTRA-1G	X
CNN Radio	11,0970/V	27,5	Englisch	ASTRA-1C	X
CNN Radio	12,1680/V	27,5	Englisch	ASTRA-1H	X
Contact FM	12,2070/V	27,5	Französisch	ASTRA-1H	X
Couleur 3	12,2070/V	27,5	Französisch	ASTRA-1H	X
DLF Köln	11,9535/H	27,5	Deutsch	ASTRA-1H	X
DLR Berlin	11,9535/H	27,5	Deutsch	ASTRA-1H	X
Europe 1	12,2070/V	27,5	Französisch	ASTRA-1H	X
Europe 2	12,2070/V	27,5	Französisch	ASTRA-1H	X
FIP	12,2070/V	27,5	Französisch	ASTRA-1H	X
FM4	12,6922/H	22,0	Deutsch	ASTRA-1G	X
France Culture	12,2070/V	27,5	Französisch	ASTRA-1H	X
France Info	12,2070/V	27,5	Französisch	ASTRA-1H	X
France Inter	12,2070/V	27,5	Französisch	ASTRA-1H	X

Digitale Radio-Programme aus dem ASTRA-System 19,2° Ost

7. Anhang

Programm-name	Frq/Pol	SR	Sprache	Satellit	frei
France Musique	12,2070/V	27,5	Französisch	ASTRA-1H	X
Fritz !	12,1095/H	27,5	Deutsch	ASTRA-1H	X
Fun Radio	12,2070/V	27,5	Französisch	ASTRA-1H	X
hr-chronos	11,8365/H	27,5	Deutsch	ASTRA-1H	X
hr 2	11,8365/H	27,5	Deutsch	ASTRA-1H	X
hr 2 Plus Klassik	11,8365/H	27,5	Deutsch	ASTRA-1H	X
hr XXL	11,8365/H	27,5	Deutsch	ASTRA-1H	X
Jump	12,1095/H	27,5	Deutsch	ASTRA-1H	X
Kink FM	12,5742/H	22,0	Niederlän.	ASTRA-1G	X
Le Mouv'	12,2070/V	27,5	Französisch	ASTRA-1H	X
Los 40 Principales	11,9340/V	27,5	Spanisch	ASTRA-1E	X
M-80	11,9340/V	27,5	Spanisch	ASTRA-1E	X
MDR Info	12,1095/H	27,5	Deutsch	ASTRA-1H	X
MDR Kultur	12,1095/H	27,5	Deutsch	ASTRA-1H	X
MDR Sputnik	12,1095/H	27,5	Deutsch	ASTRA-1H	X
Medi 1	12,2070/V	27,5	Französisch	ASTRA-1H	X
Media Tropical	12,2070/V	27,5	Französisch	ASTRA-1H	X
Montmartre	12,2070/V	27,5	Französisch	ASTRA-1H	X
NDR 4 Info	11,8365/H	27,5	Deutsch	ASTRA-1H	X
Nordwest Radio	11,8365/H	27,5	Deutsch	ASTRA-1H	X
Nostalgie	12,2070/V	27,5	Französisch	ASTRA-1H	X

Digitale Radio-Programme aus dem ASTRA-System 19,2° Ost

7.3 Frei empfangbare digitale Radioprogramme

Programm-name	Frq/Pol	SR	Sprache	Satellit	frei
NRJ	12,2070/V	27,5	Französisch	ASTRA-1H	X
Ö1 Radio Österreich	12,69225/H	22,0	Deutsch	ASTRA-1G	X
Ö1 Radio Österreich	11,9535/H	27,5	Deutsch	ASTRA-1H	X
Ö2 Burgen-land	12,69225/H	22,0	Deutsch	ASTRA-1G	X
Ö2 Kärnten	12,69225/H	22,0	Deutsch	ASTRA-1G	X
Ö2 Nieder-österreich	12,69225/H	22,0	Deutsch	ASTRA-1G	X
Ö2 Ober-österreich	12,69225/H	22,0	Deutsch	ASTRA-1G	X
Ö2 Salzburg	12,69225/H	22,0	Deutsch	ASTRA-1G	X
Ö2 Steier-mark	12,69225/H	22,0	Deutsch	ASTRA-1G	X
Ö2 Tirol	12,69225/H	22,0	Deutsch	ASTRA-1G	X
Ö2 Vorarlberg	12,69225/H	22,0	Deutsch	ASTRA-1G	X
Ö2 Wien	12,69225/H	22,0	Deutsch	ASTRA-1G	X
Ö3	12,69225/H	22,0	Deutsch	ASTRA-1G	X
Oui FM	12,2070/V	27,5	Französisch	ASTRA-1H	X
Paris Jazz	12,2070/H	27,5	Französisch	ASTRA-1H	X
Radio 10 FM	12,5742/H	22,0	Niederländ.	ASTRA-1G	X
Radio 538	12,57425/H	22,0	Niederländ.	ASTRA-1G	X
Radio Alfa	12,2070/V	27,5	Französisch	ASTRA-1H	X
Radio Bleue	12,2070/V	27,5	Französisch	ASTRA-1H	X
RadioCarai-bes Int.	12,2070/V	27,5	Franz./Engl.	ASTRA-1H	X

Digitale Radio-Programme aus dem ASTRA-System 19,2° Ost

7. Anhang

Programm-name	Frq/Pol	SR	Sprache	Satellit	frei
Radio Caroline	11,9925/H	27,5	Englisch	ASTRA-1G	X
Radio Classique	12,2070/V	27,5	Französisch	ASTRA-1H	X
Radio FG	12,2070/V	27,5	Französisch	ASTRA-1H	X
Radio Goldstar	11,7585/H	27,5	Deutsch	ASTRA-1F	X
Radio Horeb	10,8320/H	22,0	Deutsch	ASTRA-2C	X
Radio Latina	12,2070/V	27,5	Französisch	ASTRA-1H	X
Radio Mediterranee	12,2070/V	27,5	Französisch	ASTRA-1H	X
Radio Notre Dame	12,2070/V	27,5	Französisch	ASTRA-1H	X
Radio Nova	12,2070/V	27,5	Französisch	ASTRA-1H	X
Radio Shalom/RCJ	12,2070/V	27,5	Französisch	ASTRA-1H	X
Radio Thollon	12,2070/V	27,5	Französisch	ASTRA-1H	X
Radio Vlaandern 1	12,3435/H	27,5	E/F/D/N	ASTRA-1H	X
Radio Vlaandern 2	12,3435/H	27,5	E/F/D/N	ASTRA-1H	X
Radio3	12,1095/H	27,5	Deutsch	ASTRA-1H	X
Radiole / Maxima	11,9340/V	27,5	Spanisch	ASTRA-1E	X
RFI International	12,2070/V	27,5	F/E/S	ASTRA-1H	X
RFI Musique	12,2070/V	27,5	Französisch	ASTRA-1H	X
RFM	12,2070/V	27,5	Französisch	ASTRA-1H	X

Digitale Radio-Programme aus dem ASTRA-System 19,2° Ost

Programm-name	Frq/Pol	SR	Sprache	Satellit	frei
Rire & Chan-sons	12,2070/V	27,5	Französisch	ASTRA-1H	X
RMC	12,2070/V	27,5	Französisch	ASTRA-1H	X
RNW 1	12,51525/H	22,0	Niederländ.	ASTRA-1G	X
RNW 2	12,51525/H	22,0	Niederländ.	ASTRA-1G	X
RNW 3	12,51525/H	22,0	Niederländ.	ASTRA-1G	X
ROI	12,69225/H	22,0	Deutsch	ASTRA-1G	X
ROI Sac	12,69225/H	22,0	Deutsch	ASTRA-1G	X
RTL	12,2070/V	27,5	Französisch	ASTRA-1H	X
RTL 2	12,2070/V	27,5	Französisch	ASTRA-1H	X
RTL Radio	12,3435/H	27,5	Deutsch	ASTRA-1H	X
SFB Multikulti	12,1095/H	27,5	Deutsch	ASTRA-1H	X
Sinfo Radio	11,9340/V	27,5	Deutsch	ASTRA-1E	X
Sky Radio	12,57425/H	22,0	Niederländ.	ASTRA-1G	X
Skyrock	12,2070/V	27,5	Französisch	ASTRA-1H	X
Sport O'FM	12,2070/V	27,5	Französisch	ASTRA-1H	X
SR 1	11,8365/H	27,5	Deutsch	ASTRA-1H	X
SUD Radio	12,2070/V	27,5	Französisch	ASTRA-1H	X
Sunshine Live	12,1485/H	27,5	Deutsch	ASTRA-1H	X
SWR 2 BW	12,1095/H	27,5	Deutsch	ASTRA-1H	X
TSF Jazz	12,2070/V	27,5	Französisch	ASTRA-1H	X
Veronica FM	12,57425/H	22,0	Niederländ.	ASTRA-1G	X
Vibration	12,2070/V	27,5	Französisch	ASTRA-1H	X
Voltage	12,2070/V	27,5	Französisch	ASTRA-1H	X

Digitale Radio-Programme aus dem ASTRA-System 19,2° Ost

7. Anhang

Programm-name	Frq/Pol	SR	Sprache	Satellit	frei
WDR 3	12,1095/H	27,5	Deutsch	ASTRA-1H	X
WDR 5	12,1095/H	27,5	Deutsch	ASTRA-1H	X
Yorin FM	12,57425/H	22,0	Niederländ.	ASTRA-1G	X

Digitale Radio-Programme aus dem ASTRA-System 19,2° Ost

Weitere Radio und TV-Programme für digitalen Satelli-tenempfang enthalten folgende Internetseiten:	
Astra:	www.ses-astra.com
Eutelsat:	www2.eutelsat.de
Intelsat:	www.intelsat.com
SatCo DX:	www.satcodx.com

7.4 ASTRA-Digital-Radio-Programme (ADR)

Programm-name	Art	Frq/Pol	ZF/MHz	Sprache	Audio
Antenne Bayern	Pop	11,3300/H	1582	Deutsch	6,12
Antenne Brandenburg	Pop	11,6560/V	1906	Deutsch	6,12
ADR-Stern-punkt1	Unterhaltung	11.4937/H	1744	Deutsch	6,12
ADR-Stern-punkt2	Unterhaltung	11,4937/H	1744	Deutsch	6,12

(ADR): ASTRA-Digital-Radio-Programme auf 19,2° Ost

7.4 ASTRA-Digital-Radio-Programme (ADR)

Programm-name	Art	Frq/Pol	ZF/MHz	Sprache	Audio
Bayern5 Aktuell	Nachrichten	11,1400/H	1391	Deutsch	6,84
Bayern 1	Unterhaltung	11,1412/H	1391	Deutsch	6,12
Bayern 2	Unterhaltung	11,1412/H	1391	Deutsch	6,30
Bayern 3	Pop	11,1412/H	1391	Deutsch	6,48
Bayern 4	Klassik	11,1412/H	1391	Deutsch	6,66
Chart Radio	Pop	11,1900/V	1436	Deutsch	8,10
Cont.Ra	Unterhaltung	11,1855/V	1436	Deutsch	8,28
Das Ding	Pop	11,1855/V	1436	Deutsch	7,74
DLF Köln	Nachrichten	11,4937/H	1744	Deutsch	6,30
DLR Berlin	Unterhaltung	11,4937/H	1744	Deutsch	6,48
Dom Radio	Religion	11,0085/V	1258	Deutsch	7,92
DRS 1	Unterhaltung	11,1412/H	1391	Deutsch	7,38
DRS 2	Unterhaltung	11,1412/H	1391	Deutsch	7,92
EinsLive	POP	11,0528/H	1303	Deutsch	6,12
Fritz?	Pop	11,6560/V	1906	Deutsch	6,48
HarmonyFM	Oldis	10,9643/H	1214	Deutsch	7,38
Hit Radio FFH	Pop	10,9643/H	1214	Deutsch	8,10
hr 1	Nachrichten	11,0675/V	1318	Deutsch	6,12
hr 2	Kultur	11,0675/V	1318	Deutsch	6,30
hr 2 Plus	Klassik	11,0675/V	1318	Deutsch	7,38
hr 3	Pop	11,0675/V	1318	Deutsch	6,48
hr 4	Unterhaltung	11,0675/V	1318	Deutsch	6,66
hr chronos	Nachrichten	11,0675/V	1318	Deutsch	6,84

(ADR): ASTRA-Digital-Radio-Programme auf 19,2° Ost

7. Anhang

Programm-name	Art	Frq/Pol	ZF/MHz	Sprache	Audio
hr Skyline	Business	11,0675/V	1318	Deutsch	7,74
hr XXL	Pop	11,0675/V	1318	Deutsch	7,56
Info Radio	Kultur	11,6560/V	1906	Deutsch	6,66
Jump	Pop	11,1175/H	1362	Deutsch	6,30
MDR Info	Nachrichten	11,1117/H	1362	Deutsch	6,48
MDR Kultur	Nachrichten	11,1117/H	1362	Deutsch	6,66
MDR Sput-nik	Rock	11,1117/H	1362	Deutsch	6,84
Musikwälle 531	Tradition	11,1412/H	1391	Deutsch	7,74
NDR 2	Pop	11,5822/H	1832	Deutsch	6,30
NDR 3	Klassik	11,5822/H	1832	Deutsch	6,48
NDR 4 Info	Nachrichten	11,5822/H	1832	Deutsch	6,66
NDR 4 Info Spez.	Nachrichten	11,5822/H	1832	Deutsch	6,12
N-Joy Radio	Pop	11,5822/H	1832	Deutsch	6,84
NordWest Radio	Unterhaltung	11,4937/H	1744	Deutsch	8,10
OldiFM	Oldies	10,9643/H	1214	Deutsch	6,12
ORB Radio 3	Unterhaltung	11,6560/V	1906	Deutsch	6,84
Planet Radio	Pop	10,9643/H	1214	Deutsch	8,28
Power Radio	Pop	11,0085/V	1258	Deutsch	7,74
Radio Bre-men 1	Unterhaltung	11,4937/H	1744	Deutsch	7.92
Radio Bre-men 2	Rock	11,4937/V	1318	Deutsch	7.92

(ADR): ASTRA-Digital-Radio-Programme auf 19,2° Ost

7.4 ASTRA-Digital-Radio-Programme (ADR)

Programm-name	Art	Frq/Pol	ZF/MHz	Sprache	Audio
Radio Eins	Rock	11,6560/V	1906	Deutsch	6,30
Radio Eviva	Unterhaltung	10,9643/H	1214	Deutsch	7,74
Radio Kultur	Unterhaltung	11,6560/V	1906	Deutsch	7,92
Radio Maria	Religion	10,9643/H	1214	Deutsch	7,56
Radio Regen-bogen	Unterhaltung	11,1855/V	1436	Deutsch	8,46
Rock Antenne	Rock	11,3322/H	1582	Deutsch	6,30
RPR Zwei	Pop	10,8912/H	1141	Deutsch	7,38
Sky Radio Hessen	Oldies	10,9355/V	1186	Deutsch	7,38
SR 1 Saar	Pop	11,4937/H	1744	Deutsch	8,28
SR 2 Saar	Klassik	11,4937/H	1744	Deutsch	7,74
Saarwelle 88,8	Pop/Rock	11,6560/V	1906	Deutsch	7,74
Sunshine live	Pop	10,9643/H	1214	Deutsch	6,48
SWR 1 BW	Unterhaltung	11,1855/V	1436	Deutsch	6,30
SWR 1 RP	Pop	11,1855/V	1436	Deutsch	6,66
SWR 2 BW	Klassik	11,1855/V	1436	Deutsch	6,48
SWR 2 RP	Klassik	11,1855/V	1436	Deutsch	7,92
SWR 3	Pop	11,1855/V	1436	Deutsch	6,84
SWR 3 STG.	Pop	11,1855/V	1436	Deutsch	6,12
SWR 4 BW	Unterhaltung	11,1855/V	1436	Deutsch	7,38
SWR 4 RP	Unterhaltung	11,1855/V	1436	Deutsch	7,56

(ADR): ASTRA-Digital-Radio-Programme auf 19,2° Ost

7. Anhang

Programm-name	Art	Frq/Pol	ZF/MHz	Sprache	Audio
WDR 2	Nachrichten	11,0528/H	1303	Deutsch	6,30
WDR 2 Klassik	Klassik	11,0085/V	1258	Deutsch	6,30
WDR 3	Klassik	11,0528/H	1303	Deutsch	6,48
WDR 4	Pop	11,0528/H	1303	Deutsch	6,66
WDR 5	Unterhaltung	11,0528/H	1303	Deutsch	6,84
WDR 5 Europa	Nachrichten	11,0085/V	1258	Deutsch	6,12
WDR Vera	Unterhaltung	11,0085/V	1258	Deutsch	6,48

(ADR): ASTRA-Digital-Radio-Programme auf 19,2° Ost

7.5 Azimut / Elevationstabelle

Deutschland

		Eusat 10° Ost	Eusat 13° Ost	Astra 19,2° Ost	Kop 23,5° Ost
Aachen	Az:	5,0° Ost	8,9° Ost	16,5° Ost	22,0° Ost
	El:	31,7°	31,5°	30,6°	29,6°
Aalen	Az:	0,8° West	3,2° Ost	11,1° Ost	16,9° Ost
	El:	33,8°	33,9°	33,4°	32,6°
Amberg	Az:	2,5° West	1,5° Ost	9,4° Ost	15,2° Ost
	El:	33,2°	33,3°	32,9°	32,2°
Aschaffen-burg	Az:	1,1° Ost	5,0° Ost	12,8° Ost	18,5° Ost
	El:	32,7°	32,6°	31,9°	31,1°

Azimut/Elevationstabelle für Deutschland

		Eusat 10° Ost	Eusat 13° Ost	Astra 19,2° Ost	Kop 23,5° Ost
Augsburg	Az:	1,2° West	2,8° Ost	10,8° Ost	16,7° Ost
	El:	34,3°	34,4°	33,9°	33,1°
Baden-Baden	Az:	2,3° Ost	6,3° Ost	4,2° Ost	19,9° Ost
	El:	34,0°	33,9°	33,1°	32,1°
Bad Hersfeld	Az:	0,1° Ost	4,2° Ost	11,9° Ost	17,6° Ost
	El:	31,7°	31,7°	31,1°	30,3°
Bad Homburg	Az:	1,8° Ost	5,7° Ost	13,4° Ost	19,1° Ost
	El:	32,4°	32,3°	31,6°	30,7°
Bad Neuenahr	Az:	3,7° Ost	7,6° Ost	5,2° Ost	20,8° Ost
	El:	32,0°	31,8°	31,0°	30,0°
Bad Reichenhall	Az:	6,1° Ost	0,2° Ost	8,2° Ost	14,2° Ost
	El:	35,0°	35,2°	34,9°	34,2°
Bamberg	Az:	1,1° West	2,8° Ost	10,5° Ost	16,3° Ost
	El:	32,7°	32,8°	32,3°	31,5°
Bayreuth	Az:	2,1° West	1,8° Ost	9,6° Ost	15,4° Ost
	El:	32,6°	32,7°	32,3°	31,6°
Berlin	Az:	4,3° West	0,5° West	7,0° Ost	12,6° Ost
	El:	29,7°	29,9°	29,7°	29,2°
Bielefeld	Az:	1,8° Ost	5,6° Ost	13,2° Ost	18,7° Ost
	El:	30,4°	30,3°	29,7	28,0°
Bingen	Az:	2,7° Ost	6,7° Ost	14,4° Ost	20,0° Ost
	El:	32,6°	32,5°	31,7°	30,8°
Bonn	Az:	3,8° Ost	7,6° Ost	15,2° Ost	20,8° Ost
	El:	31,7°	31,6°	30,8°	29,8°

Azimut/Elevationstabelle für Deutschland

7. Anhang

		Eusat 10° Ost	Eusat 13° Ost	Astra 19,2° Ost	Kop 23,5° Ost
Brandenburg	Az:	3,2° West	0,4° Ost	8,3° Ost	13,7° Ost
	El:	30,0°	30,1°	29,8°	29,2°
Braun-schweig	Az:	0,7° West	3,1° Ost	10,7° Ost	16,2° Ost
	El:	30,1°	30,2°	29,7°	29,0°
Bremen	Az:	1,4° Ost	5,2° Ost	12,7° Ost	18,2° Ost
	El:	29,3°	29,2°	28,6°	27,8°
Bremerha-ven	Az:	1,7° Ost	5,5° Ost	12,9° Ost	18,3° Ost
	El:	28,8°	28,7°	28,1°	27,3°
Celle	Az:	0,1° West	3,7° Ost	11,2° Ost	16,7° Ost
	El:	29,8°	29,8°	29,3°	28,6°
Coburg	Az:	1,3° West	2,6° Ost	10,4° Ost	16,1° Ost
	El:	32,3°	32,4°	31,9°	31,2°
Cottbus	Az:	5,5° West	1,6° West	6,2° Ost	11,5° Ost
	El:	30,6°	30,8°	30,6°	30,2°
Darmstadt	Az:	1,7° Ost	5,7° Ost	13,4° Ost	19,1° Ost
	El:	32,8°	32,7°	32,0°	31.1°
Deggendorf	Az:	4,0° West	0,0° Süd	8,0° Ost	13,9° Ost
	El:	33,8°	34,0°	33,7°	33,0°
Donau-eschingen	Az:	2,0° Ost	6,0° Ost	14,0° Ost	19,8° Ost
	El:	34,9°	34,8°	34,4°	33,1°
Donauwörth	Az:	1,0° West	2,9° Ost	10,9° Ost	16,7° Ost
	El:	34,0°	34,0°	33,5°	32,8°
Dortmund	Az:	6,2° Ost	7,0° Ost	14,6° Ost	20,1° Ost
	El:	30,9°	30,8°	30,0°	29,1°

Azimut/Elevationstabelle für Deutschland

		Eusat 10° Ost	Eusat 13° Ost	Astra 19,2° Ost	Kop 23,5° Ost
Dresden	Az:	4,8° West	0,8° West	7,0° Ost	12,5° Ost
	El:	31,4°	31,5°	31,3°	30,1°
Düsseldorf	Az:	4,2° Ost	8,0° Ost	15,5° Ost	21,1° Ost
	El:	31,3°	31,1°	30,2°	29,3°
Duisburg	Az:	4,2° Ost	8,0° Ost	15,5° Ost	21,0° Ost
	El:	31,0°	30,8°	30,0°	29,1°
Eisenach	Az:	0,2° West	3,4° Ost	11,3° Ost	16,8° Ost
	El:	31,6°	31,6°	31,0°	30,3°
Elmshorn	Az:	0,4° Ost	4,1° Ost	11,5° Ost	17,0° Ost
	El:	28,6°	28,5°	28,0°	27,3°
Emden	Az:	3,4° Ost	7,2° Ost	14,6° Ost	20,0° Ost
	El:	28,9°	28,8°	28,1°	27,3°
Essen	Az:	3,8° Ost	7,6° Ost	15,2° Ost	20,7° Ost
	El:	31,0°	30,8°	30,0°	29,1°
Erfurt	Az:	1,25° West	2,5° Ost	10,5° Ost	14,9° Ost
	El:	31,6°	31,6°	31,1°	30,5°
Feuchtwan-gen	Az:	0,4° West	3,5° Ost	11,4° Ost	17,2° Ost
	El:	33,5	33,5	33,0	32,2
Flensburg	Az:	0,6° Ost	4,3° Ost	11,6° Ost	17,0° Ost
	El:	27,5°	27,4°	26,9°	26,2°
Frankfurt	Az:	1,7° Ost	5,6° Ost	13,3° Ost	19,0° Ost
	El:	32,5°	32,4°	31,7°	30,9°
Frankfurt/ Oder	Az:	5,7° West	1,9° West	5,8° Ost	11,2° Ost
	El:	30,0°	30,1°	30,0°	29,6°

Azimut/Elevationstabelle für Deutschland

7. Anhang

		Eusat 10° Ost	Eusat 13° Ost	Astra 19,2° Ost	Kop 23,5° Ost
Freiburg	Az:	2,9° Ost	6,9° Ost	14,9° Ost	20,7° Ost
	El:	34,8°	34,7°	33,8°	32,8°
Freising	Az:	2,3° West	1,7° Ost	9,7° Ost	15,6° Ost
	El:	34,3°	34,4°	34,0°	33,3°
Fulda	Az:	0,4° Ost	4,3° Ost	12,0° Ost	17,7° Ost
	El:	32,0°	32,0°	31,4°	30,6°
Garmisch-Partenkirchen	Az:	1,5° West	2,6° Ost	10,7° Ost	16,6° Ost
	El:	35,3°	35,4°	34,9°	34,1°
Gera	Az:	2,6° West	1,10° Ost	9,10° Ost	14,6° Ost
	El:	31,7°	31,7°	31,3°	30,7°
Göttingen	Az:	0,0° Süd	3,9° Ost	11,6° Ost	17,2° Ost
	El:	31,5°	31,5°	30,9°	30,2°
Görlitz	Az:	6,4° West	2,5° West	5,4° Ost	10,9° Ost
	El:	31,3°	31,4°	31,3°	30,9°
Goslar	Az:	0,5° West	3,3° Ost	10,8° Ost	16,4° Ost
	El:	30,5°	30,6°	30,1°	29,4°
Hamburg	Az:	0,0° Süd	3,7° Ost	11,2° Ost	16,6° Ost
	El:	28,8°	28,8°	28,3°	27,6°
Hameln	Az:	0,8° Ost	4,6° Ost	12,1° Ost	17,7° Ost
	El:	30,4°	30,3°	29,7°	29,0°
Hamm	Az:	2,8° Ost	6,6° Ost	14,1° Ost	19,7° Ost
	El:	30,8°	30,7°	29,9°	29,1°
Hannover	Az:	0,3° Ost	4,1° Ost	11,6° Ost	17,2° Ost
	El:	30,1°	30,0°	29,5°	28,8°

Azimut/Elevationstabelle für Deutschland

		Eusat 10° Ost	Eusat 13° Ost	Astra 19,2° Ost	Kop 23,5° Ost
Heide	Az:	1,1° Ost	4,8° Ost	12,2° Ost	17,6° Ost
	El:	28,1°	28,0°	27,5°	26,8°
Heidelberg	Az:	1,7° Ost	5,7° Ost	13,5° Ost	19,2° Ost
	El:	33,3°	33,2°	32,5°	31,6°
Heilbronn	Az:	1,0° Ost	4,9° Ost	13,5° Ost	19,2° Ost
	El:	33,3°	33,2°	32,5°	31,6°
Hildesheim	Az:	0,1° Ost	3,9° Ost	11,4° Ost	17,0° Ost
	El:	30,3°	30,3°	29,7°	29,0°
Hof	Az:	5,3° Ost	1,4° Ost	9,2° Ost	14,9° Ost
	El:	32,1°	32,3°	31,9°	31,3°
Ingolstadt	Az:	1,9° West	2,1° Ost	10,0° Ost	15,0° Ost
	El:	33,9°	34,0°	33,6°	32,8°
Iserlohn	Az:	2,9° Ost	6,8° Ost	14,3° Ost	19,9° Ost
	El:	31,1°	31,0°	30,2°	29,3°
Kaiserslau-tern	Az:	2,8° Ost	6,8° Ost	14,6° Ost	20,3° Ost
	El:	33,2°	33,1°	32,3°	31,3°
Karlsruhe	Az:	2,1° Ost	6,1° Ost	13,9° Ost	19,7° Ost
	El:	33,7°	33,6°	32,9°	31,9°
Kassel	Az:	0,6° Ost	4,5° Ost	12,1° Ost	17,7° Ost
	El:	33,7°	31,2°	30,6°	29,8°
Kempten	Az:	0,5° West	3,6° Ost	11,7° Ost	17,6° Ost
	El:	35,1°	35,1°	34,5°	33,7°
Kiefersfelden	Az:	3,0° West	1,1° Ost	9,2° Ost	15,2° Ost
	El:	35,2°	35,3°	34,9°	34,2°

Azimut/Elevationstabelle für Deutschland

7. Anhang

		Eusat 10° Ost	Eusat 13° Ost	Astra 19,2° Ost	Kop 23,5° Ost
Kiel	Az:	0,2° West	3,5° Ost	10,9° Ost	16,3° Ost
	El:	28,0°	28,0°	27,5°	26,8°
Koblenz	Az:	3,1° Ost	7,0° Ost	14,7° Ost	20,3° Ost
	El:	32,2°	32,1°	31,3°	30,3°
Köln	Az:	3,9° Ost	7,8° Ost	15,4° Ost	20,9° Ost
	El:	31,5°	31,4°	30,6°	29,6°
Konstanz	Az:	1,1° Ost	5,2° Ost	13,2° Ost	19,1° Ost
	El:	35,2°	35,1°	34,4°	33,5°
Krefeld	Az:	4,4° Ost	8,2° Ost	15,8° Ost	21,3° Ost
	El:	31,1°	30,9°	30,1°	29,1°
Kulmbach	Az:	0,6° West	3,3° Ost	11,1° Ost	16,8° Ost
	El:	32,5°	32,5°	32,0°	31,2°
Landau	Az:	2,4° Ost	6,4° Ost	14,3° Ost	20,0° Ost
	El:	33,5°	33,4°	32,6°	31,7°
Landsberg	Az:	1,2° West	2,8° Ost	10,9° Ost	16,7° Ost
	El:	34,7°	34,8°	34,3°	33,5°
Landshut	Az:	2,9° West	1,1° Ost	9,1° Ost	15,0° Ost
	El:	34,2°	34,3°	33,9°	33,2°
Lindau	Az:	0,4° Ost	6,5° Ost	12,5° Ost	18,4° Ost
	El:	35,3°	35,3°	34,6°	33,7°
Lingen	Az:	3,3° Ost	7,1° Ost	14,6° Ost	20,1° Ost
	El:	29,8°	29,7°	29,0°	28,1°
Lübeck	Az:	0,9° West	2,9° Ost	10,2° Ost	15,7° Ost
	El:	28,4°	28,5°	28,0°	27,4°

Azimut/Elevationstabelle für Deutschland

		Eusat 10° Ost	Eusat 13° Ost	Astra 19,2° Ost	Kop 23,5° Ost
Lüneburg	Az:	0,6° West	3,2° Ost	10,7° Ost	16,2° Ost
	El:	29,1°	29,1°	28,6°	28,0°
Magdeburg	Az:	2,0° West	1,7° Ost	9,5° Ost	14,9° Ost
	El:	30,4°	30,4°	30,0°	28,4°
Mainz	Az:	2,2° Ost	6,2° Ost	13,9° Ost	19,6° Ost
	El:	32,6°	32,5°	31,8°	30,9
Mannheim	Az:	2,0° Ost	6,0° Ost	13,7° Ost	19,5° Ost
	El:	33,2°	33,1°	32,4°	31,5°
Marburg	Az:	1,6° Ost	5,5° Ost	13,1° Ost	18,7° Ost
	El:	31,8°	31,7°	31,0°	30,2°
Memmingen	Az:	0,3° West	3,8° Ost	11,8° Ost	17,7° Ost
	El:	34,8°	34,8°	34,2°	33,4°
Meschede	Az:	2,2° Ost	6,0° Ost	13,6° Ost	10,2° Ost
	El:	31,2°	31,1°	30,4°	29,5°
Minden	Az:	1,4° Ost	5,2° Ost	12,7° Ost	18,2° Ost
	El:	30,2°	30,1°	29,5°	28,7°
Mönchen-gladbach	Az:	4,5° Ost	8,4° Ost	16,0° Ost	21,5° Ost
	El:	31,2°	31,1°	30,2°	29,2°
Mühld.Obb.	Az:	3,4° West	0,6° Ost	8,7° Ost	14,6° Ost
	El:	34,5°	34,6°	34,3°	33,6°
München	Az:	2,1° West	1,9° Ost	9,9° Ost	15,8° Ost
	El:	34,6°	34,7°	34,3°	33,5°
Münster	Az:	3,0° Ost	6,8° Ost	14,3° Ost	19,8° Ost
	El:	30,5°	30,3°	29,6°	28,7°

Azimut/Elevationstabelle für Deutschland

7. Anhang

		Eusat 10° Ost	Eusat 13° Ost	Astra 19,2° Ost	Kop 23,5° Ost
Neubran-denburg	Az:	4,0° West	0,2° Ost	7,3° Ost	12,6° Ost
	El:	28,8°	28,8°	28,6°	28,1°
Nienburg	Az:	0,9° Ost	4,7° Ost	12,2° Ost	17,8° Ost
	El:	29,8°	29,7°	29,1°	28,4°
Nürnberg	Az:	0,4° West	2,5° Ost	10,4° Ost	16,2° Ost
	El:	33,2°	33,3°	32,8°	32,0°
Offenburg	Az:	2,7° Ost	6,7° Ost	14,6° Ost	20,4° Ost
	El:	34,3°	34,1°	33,3°	32,4°
Oldenburg	Az:	2,2° Ost	6,0° Ost	13,4° Ost	18,9° Ost
	El:	29,2°	29,2°	28,5°	27,6°
Osnabrück	Az:	2,4° Ost	6,2° Ost	13,7° Ost	19,3° Ost
	El:	30,1°	30,0°	29,3°	28,5°
Paderborn	Az:	1,8° Ost	5,4° Ost	13,0° Ost	18,5° Ost
	El:	30,8°	30,7°	30,0°	29,2°
Passau	Az:	4,6° West	0,6° West	7,4° Ost	13,3° Ost
	El:	34,0°	34,2°	34,0°	33,4°
Pforzheim	Az:	1,7° Ost	5,7° Ost	13,6° Ost	19,3° Ost
	El:	33,8°	33,7°	33,0°	32,1°
Ravensburg	Az:	0,5° Ost	4,6° Ost	12,6° Ost	18,5° Ost
	El:	35,1°	35,0°	34,4°	33,5°
Reckling-hausen	Az:	3,6° Ost	7,4° Ost	14,9° Ost	20,5° Ost
	El:	30,8°	30,7°	29,9°	29,0°
Regensburg	Az:	2,7° West	1,2° Ost	9,1° Ost	14,9° Ost
	El:	33,6°	33,8°	33,4°	32,7°

Azimut/Elevationstabelle für Deutschland

		Eusat 10° Ost	Eusat 13° Ost	Astra 19,2° Ost	Kop 23,5° Ost
Reutlingen	Az:	1,0° Ost	5,1° Ost	13,0° Ost	18,8° Ost
	El:	34,3°	34,2°	33,5°	32,6°
Rosenheim	Az:	2,9° West	1,2° Ost	9,2° Ost	15,2° Ost
	El:	34,9°	35,1°	34,7°	34,0°
Rostock	Az:	2,3° West	1,0° Ost	8,7° Ost	14,0° Ost
	El:	28,2°	28,3°	27,9°	27,4°
Saarbrü-cken	Az:	3,9° Ost	7,9° Ost	15,7° Ost	21,4° Ost
	El:	33,4°	33,2°	32,4°	31,3°
Salzgitter	Az:	0,2° Ost	3,4° Ost	10,9° Ost	16,5° Ost
	El:	30,3°	30,3°	29,8°	29,1°
Schweinfurt	Az:	0,3° West	3,6° Ost	11,4° Ost	17,1° Ost
	El:	32,6°	32,6°	32,0°	31,3°
Schwerin	Az:	1,7° West	2,0° Ost	9,6° Ost	14,9° Ost
	El:	28,7°	28,7°	28,4°	27,8°
Siegen	Az:	2,5° Ost	6,4° Ost	14,1° Ost	19,7° Ost
	El:	31,7°	31,6°	30,8°	29,9°
Singen	Az:	1,5° Ost	5,6° Ost	13,6° Ost	19,5° Ost
	El:	35,1°	35,0°	34,2°	33,3°
Speyer	Az:	2,0° Ost	6,0° Ost	13,8° Ost	19,5° Ost
	El:	33.4°	33,3°	32,5°	31,6°
Starnberg	Az:	1,8° West	2,2° Ost	10,3° Ost	16,2° Ost
	El:	34,8°	34,9°	34,4°	33,6°
Stuttgart	Az:	1,1° Ost	5,1° Ost	13,0° Ost	18,7° Ost
	El:	34,0°	33,9°	33,2°	32,4°

Azimut/Elevationstabelle für Deutschland

7. Anhang

		Eusat 10° Ost	Eusat 13° Ost	Astra 19,2° Ost	Kop 23,5° Ost
Traunstein	Az:	3,6° West	0,5° Ost	8,5° Ost	14,5° Ost
	El:	34,8°	35,0°	34,7°	34,0°
Trier	Az:	4,4° Ost	8,3° Ost	16,0° Ost	21,7° Ost
	El:	32,8°	32,6°	31,7°	30,7°
Tübingen	Az:	1,2° Ost	5,2° Ost	13,2° Ost	19,0° Ost
	El:	34,3°	34,2°	33,5°	32,6°
Ulm/Donau	Az:	0,0	Süd	4,0° Ost	12,0° Ost
	El:	34,4°	34,4°	33,8°	32,9°
Walsrode	Az:	0,5° Ost	4,3° Ost	12,0° Ost	17,3° Ost
	El:	29,5°	29,5°	28,9°	28,2°
Wesel	Az:	4,3° Ost	8,1° Ost	15,6° Ost	21.1° Ost
	El:	30,8°	30,6°	29,8°	28,8°
Wetzlar	Az:	2,0° Ost	5,8° Ost	13,5° Ost	19,1° Ost
	El:	32,0° Ost	31,9°	31,2°	30,4°
Wiesbaden	Az:	2,3° Ost	6,2° Ost	13,9° Ost	19,6° Ost
	El:	32,5°	32,4°	31,7°	30,8°
Wilhelmsha-ven	Az:	2,3° Ost	6,1° Ost	13,5° Ost	18,9° Ost
	El:	28,8°	28,7°	28,1°	27,2°
Wolfsburg	Az:	1,0° West	2,8° Ost	10,3° Ost	15,9° Ost
	El:	30,0°	30,0°	29,6°	28,9°
Worms	Az:	2,1° Ost	6,1° Ost	13,8° Ost	19,5° Ost
	El:	30,0°	32,9°	32,2°	31,3°
Wuppertal	Az:	3,5° Ost	7,4° Ost	15,0° Ost	20,5° Ost
	El:	31,2°	31,1°	30,3°	29,3°

Azimut/Elevationstabelle für Deutschland

		Eusat 10° Ost	Eusat 13° Ost	Astra 19,2° Ost	Kop 23,5° Ost
Zweibrücken	Az:	3,4° Ost	7,4° Ost	15,2° Ost	20,9° Ost
	El:	33,4°	33,3°	32,4°	31,4°
Zwickau	Az:	7,0° West	3,2° West	4,5° Ost	8,6° Ost
	El:	31,7°	31,9°	31,8°	31,6°

Azimut/Elevationstabelle für Deutschland

Österreich

		Eusat 10° Ost	Eusat 13° Ost	Astra 19,2° Ost	Kop 23,5° Ost
Amstetten	Az:	6,7° West	2,7° West	5,7° Ost	11,3° Ost
	El:	34,5°	34,7°	34,6°	34,2°
Bad Ischl	Az:	4,8° West	0,7° West	7,4° Ost	13,4° Ost
	El:	35,0°	35,2°	34,9°	34,3°
Bruck	Az:	3,7° West	0,4° Ost	5,5° Ost	14,5° Ost
	El:	35,5°	35,6°	35,3°	34,6°
Graz	Az:	7,7° West	3,6° West	4,6° Ost	10,7° Ost
	El:	35,5°	35,8°	35,8°	35,3°
Innsbruck	Az:	1,8° West	2,3° Ost	10,3° Ost	16,2° Ost
	El:	34,6°	34,6°	34,2°	33,4°
Kitzbühel	Az:	2,5° West	1,6° Ost	9,7° Ost	15,7° Ost
	El:	35,3°	35,4°	35,0°	34,2°
Klagenfurt	Az:	5,9° West	1,8° West	6,5° Ost	12,6° Ost
	El:	36,2°	36,4°	36,2°	35,7°

Azimut/Elevationstabelle für Österreich

7. Anhang

		Eusat 10° Ost	Eusat 13° Ost	Astra 19,2° Ost	Kop 23,5° Ost
Krems	Az:	7,5° West	3,5° West	4,5° Ost	10,5° Ost
	El:	34,3°	34,4°	34,3°	33,9°
Krimml	Az:	3,0° West	1,1° Ost	9,2° Ost	15,3° Ost
	El:	35,8°	35,9°	35,5°	34,7°
Kufstein	Az:	2,9° West	1,2° Ost	9,3° Ost	15,3° Ost
	El:	35,3°	35,4°	35,0°	34,3°
Leoben	Az:	7,1° West	3,0° West	5,2° Ost	11,2° Ost
	El:	35,4°	35,6°	35,5°	35,0°
Linz	Az:	5,7° West	1,7° West	6,3° Ost	12,2° Ost
	El:	34,3°	34,5°	34,4°	33,8°
Neustadt	Az:	8,3° West	4,3° West	3,8° Ost	9,8° Ost
	El:	34,8°	35,0°	35,0°	34,6°
Salzburg	Az:	4,2° West	0,1° West	7,9° Ost	13,9° Ost
	El:	35,0°	35,1°	34,8°	34,2°
Scheifling	Az:	5,9° West	1,8° West	6,4° Ost	12,5° Ost
	El:	35,6°	35,8°	35,7°	35,1°
Spittal	Az:	4,8° West	0,7° West	7,5° Ost	13,6° Ost
	El:	36,0°	36,2°	35,9°	35,3°
St. Pölten	Az:	7,5° West	3,5° West	4,6° Ost	10,5° Ost
	El:	34,3°	34,6°	34,6°	34,1°
Stockerau	Az:	8,3° West	4,3° West	3,7° Ost	9,7° Ost
	El:	34,2°	34,5°	34,5°	34,1°
Villach	Az:	5,5° West	1,4° West	6,9° Ost	13,0° Ost
	El:	36,2°	36,4°	36,2°	35,6°

Azimut/Elevationstabelle für Österreich

		Eusat 10° Ost	Eusat 13° Ost	Astra 19,2° Ost	Kop 23,5° Ost
Wien	Az:	8,3° West	4,4° West	3,6° Ost	9,5° Ost
	El:	33,2°	33,5°	33,5°	33,1°

Azimut/Elevationstabelle für Österreich

Schweiz

		Eusat 10° Ost	Eusat 13° Ost	Astra 19,2° Ost	Kop 23,5° Ost
Bern	Az:	3,5° Ost	7,6° Ost	15,6° Ost	21,5° Ost
	El:	35,9°	35,8°	34,8°	33,8°
Genf	Az:	5,3° Ost	9,5° Ost	17,5° Ost	23,4° Ost
	El:	36,7°	36,5°	35,4°	34,2°
Locarno	Az:	1,5° Ost	5,7° Ost	13,9° Ost	19,9° Ost
	El:	37,0°	36,9°	36,1°	35,1°
Zürich	Az:	1,8° Ost	6,0° Ost	14,1° Ost	19,9° Ost
	El:	35,5°	35,4°	34,6°	33,6°

Azimut/Elevationstabelle für die Schweiz

Niederlande

		Eusat 10° Ost	Eusat 13° Ost	Astra 19,2° Ost	Kop 23,5° Ost
Amsterdam	Az:	6,5° Ost	10,3° Ost	17,7° Ost	23,1° Ost
	El:	29,8°	29,6°	28,6°	27,6°
Alkmar	Az:	6,6° Ost	10,4° Ost	17,8° Ost	23,2° Ost
	El:	29,5°	29,3°	28,3°	27,3°

Azimut/Elevationstabelle für die Niederlande

7. Anhang

		Eusat 10° Ost	Eusat 13° Ost	Astra 19,2° Ost	Kop 23,5° Ost
Almelo	Az:	4,2° Ost	8,0° Ost	15,4° Ost	20,9° Ost
	El:	30,1°	29,9°	29,1°	28,1°
Apeldoorn	Az:	5,1° Ost	8,9° Ost	16,3° Ost	21,8° Ost
	El:	30,2°	30,0°	29,1°	28,1°
Arnhem	Az:	5,2° Ost	9,0° Ost	16,4° Ost	21,9° Ost
	El:	30,4°	30,2°	29,3°	28,3°
Breda	Az:	6,7° Ost	10,5° Ost	18,0° Ost	23,5° Ost
	El:	30,7°	30,4°	29,4°	28,4°
Den Haag	Az:	7,4° Ost	11,2° Ost	18,6° Ost	24,0° Ost
	El:	30,0°	29,7°	28,7°	27,6°
Eindhoven	Az:	5,7° Ost	9,6° Ost	17,1° Ost	22,6° Ost
	El:	31,0°	30,7°	29,8°	28,8°
Emmen	Az:	3,8° Ost	7,6° Ost	15,1° Ost	20,5° Ost
	El:	29,6°	29,4°	28,6°	27,7°
Enschede	Az:	3,9° Ost	7,7° Ost	15,2° Ost	20,7° Ost
	El:	30,2°	30.0°	29,2°	28,3°
Groningen	Az:	4,2° Ost	8,0° Ost	15,4° Ost	20,8° Ost
	El:	29,1°	28,9°	28,1°	27,2°
Harlem	Az:	6,6° Ost	10,4° Ost	17,9° Ost	23,3° Ost
	El:	30,0°	29,7°	28,7°	27,7°
Hoogeveen	Az:	4,4° Ost	8,2° Ost	15,6° Ost	21,0° Ost
	El:	29,7°	29,5°	28,6°	27,7°
Leeuwarden	Az:	5,2° Ost	9,0° Ost	16,3° Ost	21,7° Ost
	El:	29,1°	28,9°	28,0°	27,1°

Azimut/Elevationstabelle für die Niederlande

		Eusat 10° Ost	Eusat 13° Ost	Astra 19,2° Ost	Kop 23,5° Ost
Maastricht	Az:	5,5° Ost	9,4° Ost	17,0° Ost	22.5° Ost
	El:	31,6°	31,4°	30,4°	29,4°
Nijmegen	Az:	5,2° Ost	9,1° Ost	16,5° Ost	22,0° Ost
	El:	30,5°	30,3°	29,5°	28,5°
Roermond	Az:	5,1° Ost	9,0° Ost	16,5° Ost	22,0° Ost
	El:	31,3°	31,1°	30,2°	29,1°
Utrecht	Az:	5,9° Ost	9,7° Ost	17,1° Ost	22,6° Ost
	El:	30,0°	29,8°	28,8°	27,8°
Venlo	Az:	4,9° Ost	8,7° Ost	16,3° Ost	21,8° Ost
	El:	31,1°	30,9°	30,0°	29,0°
Warden	Az:	5,2° Ost	9,0° Ost	16,3° Ost	21,8° Ost
	El:	29,2°	29,0°	28,1°	27,2°

Azimut/Elevationstabelle für die Niederlande

7.6 Service/Hersteller/Adressen

AG-SAT Arbeitsgemeinschaft für Satelliten-Empfang e. V.
Bonner Str. 324 · D-50968 Köln
Tel.: +49 (0) 221 / 93 46 44 36 · Fax: +49 (0) 221 / 9 34 64 46

CENELEC Europäisches Komitee für
Elektrotechnische Normung
Rue de Stassart, 35 · B-1050 Brüssel · Belgien
Tel.: +32 / 2 519 68 71 · Fax: +32 / 2 519 69 19

European Telecommunications Standards Institute (ETSI)
650 Route des Lucioles, Sophia Antipolis, Valbonne, F-06921
Sophia Antipolis CEDEX · Frankreich
Tel.: +33 / 4 92 94 42 00 · Fax: +33 / 4 93 65 47 16

Regulierungsbehörde für Telekommunikation und Post
Heinrich-Stephan-Str. 1 · D-53175 Bonn
Tel.: +49 (0) 228 / 1 40 · Fax: +49 (0) 228 / 14 88 72

Arbeitskreis Rundfunkempfangsanlagen
Geschäftsstelle Reg TP Ref. 311 · Canisiusstr. 21 ·
D-55122 Mainz
Tel.: +49 (0) 61 31 / 1 80 · Fax: +49 (0) 61 31 / 18 56 00

VDE Verlag GmbH
Bismarckstr. 33 · D-10625 Berlin
Tel.: +49 (0) 30 / 34 80 01-0 · Fax: +49 (0) 30 / 3 41 70 93

VDI Verein Deutscher Ingenieure
Graf-Recke-Str. 84 · D-40239 Düsseldorf
Tel.: +49 (0) 211 / 62 14-0 · Fax: +49 (0) 211 / 6 21 45 75

ZVEH
Lilienthalallee 4 · D-60487 Frankfurt
Tel.: +49 (0) 69 / 24 77 47-0 · Fax: +49 (0) 69 / 24 77 47-19

ZVEI
Stresemannallee 19 · D-60591 Frankfurt
Tel.: +49 (0) 69 / 63 02-1 · Fax: +49 (0) 69 / 63 02-2 88

**VPRT Verband Privater Rundfunk- und
Telekommunikation**
Burgstr. 69 · D-53117 Bonn
Tel.: +49 (0) 228 / 93 45 00 · Fax: +49 (0) 228 / 9 34 50 48

TRIAX GmbH
Kanalstr.27 · D-31137 Hildesheim
Tel.: 0 51 21/7 49 97-0 · Fax:0 51 21/7 49 97-77

Veseg Video Handelsges.mbH (Marke SEG)
An der Windmühle 9–11 · D-66780 Rehlingen-Siersburg
Tel.: 0 68 35/50 00-0 · Fax: 0 68 35/78 55

7.7 Ausleuchtzonen digitaler Satelliten

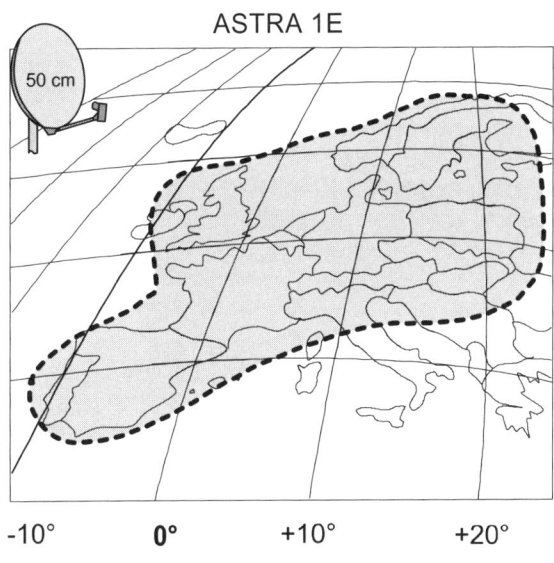

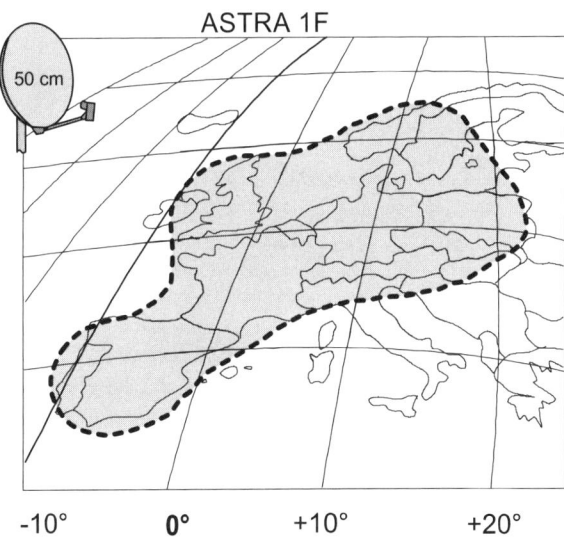

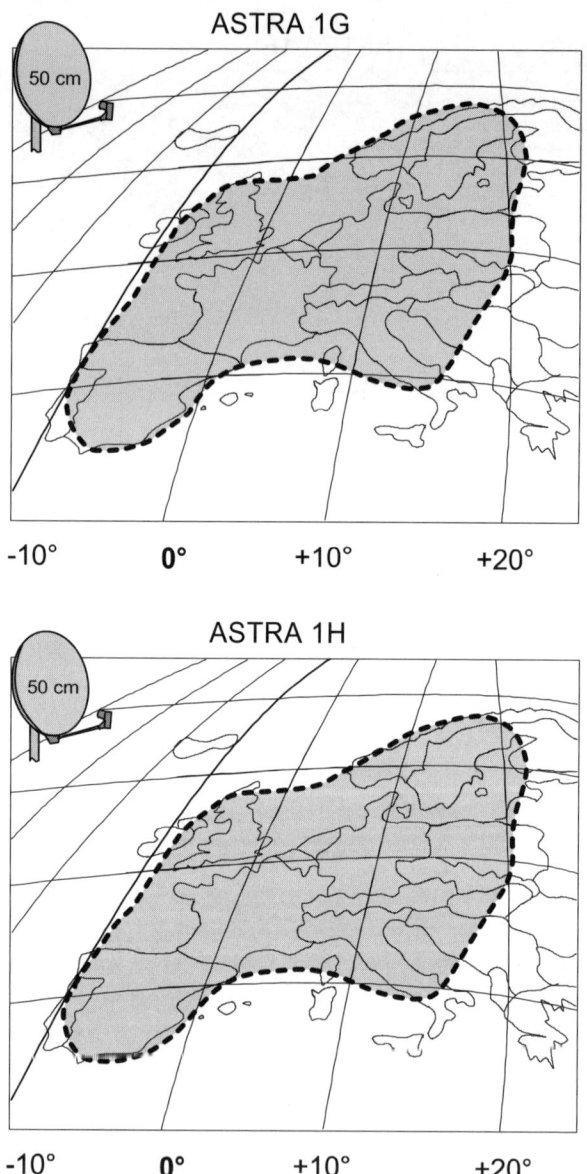

7.8 Senderadressen

ARD
Arnulfstraße 42
80335 München
Tel.: 0 89/59 00 33 44

Arte
Rue de la fonderie 2 a
67080 Straßburg Cédex
Frankreich
Tel.: 0 03 33/88/14 22 55

Bayerischer Rundfunk
80300 München
Tel.: 0 89/59 00 01 (Hörfunk)
Tel.: 0 89/38 06 02 (Fernsehen)

DSF
Münchnerstraße 101g
85737 Ismaning
Tel.: 0 89/96 06 60

Eurosport
Siedlerstraße 2
85774 Unterföhring
Tel.: 0 89/9 60 66 10 09

Hessischer Rundfunk
60222 Frankfurt
Tel.: 0 69/15 51

Kabel 1
Gutenbergstraße 1
85774 Unterföhring
Tel.: 0 89/95 07 21 00

Kinderkanal
Richard-Breßlau-Straße 11 a
99094 Erfurt
Tel.: 03 61/2 18 18 90

MDR
Kantstraße 71–73
04275 Leipzig
Tel.: 03 41/3 00 65 37

Neun Live
Infanteriestraße 19
80797 München
Tel.: 0 89/64 19 51 09

n-tv
Taubenstraße 1
10117 Berlin
Tel.: 0 30/20 19 00

ORB
Postfach 90 90 90
14439 Potsdam
Tel.: 03 31/7 31 35 71

ORF
Würzburggasse 30
1136 Wien, Österreich
Tel.: 00 43/18 70 70 30

Phoenix
Langer Grabweg 45–47
53175 Bonn
Tel.: 02 28/9 58 40

7. Anhang

ProSieben
Medienallee 7
85767 Unterföhring
Tel.: 0 89/95 07 10

SWR
76522 Baden-Baden
Tel.: 0 72 21/92 90

Radio Bremen
Postfach 33 03 20
28333 Bremen
Tel.: 04 21/24 60

TV.Berlin
Hausvogteiplatz 2
10117 Berlin
Tel.: 0 30/30 10 10 30

RTL
Aachener Straße 1036
50858 Köln
Tel.: 02 21/45 60

VOX
Richard-Byrd-Straße 6
50829 Köln
Tel.: 02 21/9 53 40

RTL 2
Zuschauerservice
Postfach 90 10 63
81510 München
Tel.: 0 89/64 18 59

WDR
Appellhofplatz 1
50600 Köln
Tel.: 02 21/22 00

Saarländischer Rundfunk
Funkhaus-Hallberg
66100 Saarbrücken
Tel.: 06 81/60 20

ZDF/3sat
Postfach 40 40
55100 Mainz
Tel.: 0 61 31/70 21 61

SAT.1
Oberwallstraße 6–7
10117 Berlin
Tel.: 0 30/2 09 00

SFB
Masurenallee 8–14
14075 Berlin
Tel.: 0 30/3 03 10

Super RTL
Postfach 30 11 11
50781 Köln
Tel.: 02 21/9 15 50

7.9 Internet-Adressen

Satelliten:
Astra: www.ses-astra.com
Eutelsat: www2.eutelsat.de
Intelsat: www.intelsat.com
Türksat: www.turksat.com

Zeitschriften:
Infosat: www.infosat.de
Tele-Satellite: www.tele-satellite.com
Funkschau: www.elektroniknet.de/funkschau
www.satundkabel.de

Clubs, Vereine, Elektronik-Seiten:
Reparaturtipps: www.reparaturtipps.de
Querfurttivi: Meckerecke TV: www.querfurttivi.de
Dr. Dish: www.drdish.com
Elektronik: www.e-online.de

Informationen zum Thema:
www.sat-rat.de
www.satellitentechnik.de

Programm-/Transponder-Listen:
SatCo DX:
www.satcodx.com
www.transponder-liste.de
www.lyngsat.com/europe.shtml
Galaxis-Programmlisten:
www.kmkd.com/stbx
www.satfinder.info

Verschiedenes:
www.digital-television.de
www.satdxnews.de
www.sattv2000.de
www.freisat-digital.de
www.gekosoft.com/sat
www.sat-aktuell.de/
www.no-access.de/de/
www.satvision.org

7. Anhang

www.sbc-online.de/
www.setedit.de/
www.sat-hagedorn.de/
www.premiere.de
www.astrastar.de
www.infosat.info
www.agsat.de

SAT-Bücher:
ELEKTOR: www.elektor.de

Fernseh-/Radioprogramme:
3SAT: www.3sat.de
ARD: www.ard.de
Arte: www.arte.de
BR-Rundfunk: www.br-online.de/br-intern/technik/
B-TV: www.b-tv.de
Bayern 3: www.br-online.de
BR alpha: www.br-online.de/alpha
Deutsche Welle: www.dwelle.de
DSF: www.sport1.de/dsf/Main.html
Eins Extra: www.ard-digital.de
Eins Festival: www.ard-digital.de
Eins MuXX: www.ard-digital.de
Hessen Fernsehen: www.hr-online.de
Kabel 1: www.kabel1.de
MDR: www.mdr.de
MDR Sputnik: www.mdr.de/sputnik
NTV: www.n-tv.de
ORF: www.orf.at
PRO 7: www.pro-sieben.de
Radio 24: www.radio24.ch
Rai: www.rai.it
RTL: www.rtl.de
RTL 2: www.rtl2.de
SAT 1: www.sat1.de
Südwest 3: www.swf.de
sunshine-live: www.sunshine-live.de
Super RTL: www.super-rtl.de
TM 3: www.tm3.de
VIVA: www.viva-tv.de
WDR: www.wdr.de
ZDF: www.zdf.de

7.10 Satelliten-Positionen

48°	Ost:	EUTELSAT II-F2
45°	Ost:	EUROPESTAR 1
42°	Ost:	TURKSAT 1 C, EURASIASAT1
39°	Ost:	HELLAS SAT
36°	Ost:	EUTELSAT Sesat, EUTELSAT W4
34°	Ost:	ZOHREH 1
33°	Ost:	HOT BIRD 5
31,3°	Ost:	TURKSAT 1 B
28,5°	Ost:	EUROBIRD
28,2°	Ost:	ASTRA 2 A/B+D/2 C
26°	Ost:	ARABSAT 2 A, ARABSAT 3 A
25,5°	Ost:	E-Bird
24,2°	Ost:	ASTRA 1 D
23,5°	Ost:	ASTRA 3 A
21,5°	Ost:	EUTELSAT II-F3
19,2°	Ost:	ASTRA 1B-C, E-H, ASTRA 2 C
16°	Ost:	EUTELSAT W2
13°	Ost:	HOT BIRD 1-4/6
10°	Ost:	EUTELSAT W1R
7°	Ost:	EUTELSAT W3
5°	Ost:	ASTRA 1 A
5°	Ost:	SIRIUS 2, SIRIUS 3
3°	Ost:	TELECOM 2 A
0,8°	West:	THOR II A, THOR III
1°	West:	INTELSAT 707
4°	West:	AMOS 1

7. Anhang

5°	West:	ATLANTIC BIRD3, TELECOM2
7°	West:	NILESAT 101, NILESAT 102
7,4°	West:	THOR
8°	West:	TELECOM2D, ATLANTIC BIRD 2
11°	West:	EXPRESS 3 A
12°	West:	EUTELSAT II-F4M
12,5°	West:	ATLANTIC BIRD 1
14°	West:	GORIZONT 26
15°	West:	TELSTAR 12
18°	West:	INTELSAT 901
20°	West:	INTELSAT 603
21,5°	West:	NSS 7
24°	West:	GE 2 E
27,5°	West:	INTELSAT 906
30°	West:	HISPASAT 1 A/B/C/D
31,5°	West:	INTELSAT 907
34,5°	West:	INTELSAT 903
37,5°	West:	TELSTAR 11, SATCOM1
43°	West:	PANAMSAT 3 R, 6, 6B
45°	West:	PANAMSAT 1 R
47°	West:	TDRSS 6

7.11 Frei empfangbare und verschlüsselte digitale Astra-Programme

Astra auf 19,2° E (digital)

Programmname	Sprache	Freq.	Pol.	Symra.	Verschlüs-selung	TV	Radio
Bibel TV	deutsch	10.832	H	22.000		x	
Polonia 1 (Topshop)	pol	10.832	H	22.000		x	
Tango TV	letz/dt	10.832	H	22.000		x	
Tele5	pol	10.832	H	22.000		x	
TV Puls	pol	10.832	H	22.000		x	
Radio Horeb	deutsch	10.832	H	22.000			x
RDC	pol	10.832	H	22.000			x
40 LATINO	span	10.876	V	22.000	MV1+	x	
GOLF+	span	10.876	V	22.000	MV1+	x	
CANAL+ .30	span	10.876	V	22.000	MV1+	x	
MÉTEO	span	10.876	V	22.000	MV1+	x	
Nat Geographic	span	10.876	V	22.000	MV1+	x	
EUROSPORTNEWS	span	10.876	V	22.000	MV1+	x	
CINECLASSICS	span	10.876	V	22.000	MV1+	x	
AUDIOMANjA	Musik	10.876	V	22.000	MV1+		x
FOX NEWS	eng	10.876	V	22.000	MV1+	x	
CANAL+	span	11.038	V	22.000	MV1+	x	
CANAL+ AZUL	span	11.038	V	22.000	MV1+	x	
CANAL+ ROJO	span	11.038	V	22.000	MV1+	x	
DISNEY CHANNEL	span	11.038	V	22.000	MV1+	x	
SPORTMANjA	span	11.038	V	22.000	MV1+	x	
40 TV	span	11.038	V	22.000	MV1+	x	
DISCOVERY	span	11.038	V	22.000	MV1+	x	
OP. TRIUNFO	span	11.038	V	22.000	MV1+	x	
SPORTMANjA	span	11.038	V	22.000	MV1+	x	
Travel	eng	11.097	V	22.000		x	
CNN Radio	eng	11.097	V	22.000			x
Sky News	eng	11.097	V	22.000		x	
CNN Int.	eng	11.097	V	22.000		x	

Frei empfangbare und verschlüsselte digitale ASTRA-Programme

7. Anhang

Programmname	Sprache	Freq.	Pol.	Symra.	Verschlüs-selung	TV	Radio
TCM.	span	11.097	V	22.000	MV1+/Crypt.	x	
Bloomberg	span	11.097	V	22.000	MV1+/Crypt.	x	
Cartoon Network	span	11.156	V	22.000	MV1/1+	x	
TAQUILLA 6	span	11.156	V	22.000	MV1/1+	x	
TAQUILLA 7	span	11.156	V	22.000	MV1/1+	x	
EUROSPORT	span	11.156	V	22.000	MV1/1+	x	
ESTILO	span	11.156	V	22.000	MV1/1+	x	
VIAJAR	span	11.156	V	22.000	MV1/1+	x	
NICK-PARAMOUNT	span	11.156	V	22.000	MV1/1+	x	
SEASONS	span	11.156	V	22.000	MV1/1+	x	
DOCUMANiA	span	11.318	V	22.000	MV1+	x	
FOX KIDS	span	11.318	V	22.000	MV1+	x	
DISNEY CH. +1	span	11.318	V	22.000	MV1+	x	
Playhouse Disney	span	11.318	V	22.000	MV1+	x	
TAQUILLA 1	span	11.318	V	22.000	MV1+	x	
TAQUILLA 2	span	11.318	V	22.000	MV1+	x	
TAQUILLA X	span	11.318	V	22.000	MV1+	x	
TOON DISNEY	span	11.318	V	22.000	MV1+	x	
CINEMANiA	span	11.436	V	22.000	MV1+	x	
CINEMANiA AZUL	span	11.436	V	22.000	MV1+	x	
TAQUILLA 3	span	11.436	V	22.000	MV1+	x	
TAQUILLA 4	span	11.436	V	22.000	MV1+	x	
TAQUILLA 5	span	11.436	V	22.000	MV1+	x	
FOX	span	11.436	V	22.000	MV1+	x	
AXN	span	11.436	V	22.000	MV1+	x	
TAQUILLA XX	span	11.479	V	22.000	MV1+	x	
TAQUILLA XY	span	11.479	V	22.000	MV1+	x	
TAQUILLA X	span	11.479	V	22.000	MV1+	x	
CINEMANiA ROJO	span	11.479	V	22.000	MV1+	x	
CALLE 13	span	11.479	V	22.000	MV1+	x	
MOSAICO	span	11.479	V	22.000		x	
TAQUILLA 12	span	11.479	V	22.000	MV1+	x	
TAQUILLA 13	span	11.479	V	22.000	MV1+	x	

Frei empfangbare und verschlüsselte digitale ASTRA-Programme

7.11 Frei empfangbare und verschlüsselte digitale Astra-Programme

Programmname	Sprache	Freq.	Pol.	Symra.	Verschlüsselung	TV	Radio
OK plus	Musik	11.508	V	22.000		x	
TIENDAS	Musik	11.508	V	22.000		x	
Infobolsa	Musik	11.508	V	22.000			x
Infobolsa Básico	Musik	11.508	V	22.000			x
Canal BBVA	Musik	11.508	V	22.000		x	
CAJA MADRID)	Musik	11.508	V	22.000		x	
LA CAIXA	Musik	11.508	V	22.000		x	
OK JUEGOS	Musik	11.508	V	22.000			x
OK DEPORTES	Musik	11.508	V	22.000		x	
GENTE+	Musik	11.508	V	22.000		x	
CARTELERA	Musik	11.508	V	22.000		x	
CORREO.PLUS	Musik	11.508	V	22.000		x	
Recibo Detallado)	Musik	11.508	V	22.000		x	
VODAFONE	Musik	11.508	V	22.000		x	
RENTA 4	Musik	11.508	V	22.000		x	
TAQUILLA XY	span	11.538	V	22.000	MV1+	x	
FASHION TV	Musik	11.538	V	22.000		x	
TAQUILLA 8	span	11.538	V	22.000	MV1+	x	
TAQUILLA 9	span	11.538	V	22.000	MV1+	x	
TAQUILLA 10	span	11.538	V	22.000	MV1+	x	
TAQUILLA 14	span	11.538	V	22.000	MV1+	x	
TAQUILLA 15	span	11.538	V	22.000	MV1+	x	
TAQUILLA 0	span	11.538	V	22.000		x	
CANAL ALGERIE	arab/franz	11.568	V	22.000		x	
TV7 (Tunesie)	arab/franz	11.568	V	22.000		x	
TV 5 (europe)	franz	11.568	V	22.000		x	
RTM - MAROC	arab/franz	11.568	V	22.000		x	
ESC1 - EGYPT	arab	11.568	V	22.000		x	
RAI 1	it	11.568	V	22.000		x	
DW-TV	dt/eng/spa	11.568	V	22.000		x	
RTPI	port	11.568	V	22.000		x	
ARTE	franz	11.568	V	22.000		x	
EuroNews	eng	11.597	V	22.000		x	

Frei empfangbare und verschlüsselte digitale ASTRA-Programme

7. Anhang

Programmname	Sprache	Freq.	Pol.	Symra.	Verschlüs-selung	TV	Radio
Sky News	eng	11.597	V	22.000		x	
Canal Canarias	span	11.686	V	22.000		x	
TVC Int.	catal	11.686	V	22.000		x	
ANDALUCÍA TV	andal	11.686	V	22.000		x	
ETB SAT	span	11.686	V	22.000		x	
TM SAT/LA OTRA	span	11.686	V	22.000		x	
REAL MADRID TV	span	11.686	V	22.000	MV1+	x	
MUSIC CHOICE (HITS)	Musik	11.686	V	22.000	MV1+		x
CNN+	eng	11.686	V	22.000	MV1+	x	
CNN+	eng	11.686	V	22.000	MV1+	x	
PREMIERE SPORT	deutsch	11.719	H	27.500	Betacrypt	x	
PREMIERE DIREKT 4	deutsch	11.719	H	27.500	Betacrypt	x	
PREMIERE DIREKT 1	deutsch	11.719	H	27.500	Betacrypt	x	
PREMIERE DIREKT 2	deutsch	11.719	H	27.500	Betacrypt	x	
PREMIERE DIREKT 3	deutsch	11.719	H	27.500	Betacrypt	x	
OLD GOLD	Musik	11.719	H	27.500	Betacrypt		x
SOUL CLASSICS	Musik	11.719	H	27.500	Betacrypt		x
LATIN	Musik	11.719	H	27.500	Betacrypt		x
NEW COUNTRY	Musik	11.719	H	27.500	Betacrypt		x
COUNTRY	Musik	11.719	H	27.500	Betacrypt		x
PREMIERE EROTIK	deutsch	11.719	H	27.500	Betacrypt	x	
PREMIERE EROTIK	deutsch	11.719	H	27.500	Betacrypt	x	
PREMIERE EROTIK	deutsch	11.719	H	27.500	Betacrypt	x	
Superdom 2, Bundesliga	deutsch	11.719	H	27.500	Betacrypt	x	
Superdom 3, Bundesliga	deutsch	11.719	H	27.500	Betacrypt	x	
Superdom 4, Bundesliga	deutsch	11.719	H	27.500	Betacrypt	x	
Superdom 5, Bundesliga	deutsch	11.719	H	27.500	Betacrypt	x	
Superdom 6, Bundesliga	deutsch	11.719	H	27.500	Betacrypt	x	
MTV ESP	eng/span	11.739	V	27.500	MV1+	x	
MTV F	eng/franz	11.739	V	27.500	MV1 ı/Viac. 1	x	
M I V Central	deutsch	11.739	V	27.500		x	
MTV HITS	eng	11.739	V	27.500	MV1/1+/Crypt/Via1	x	
MTV Base	eng	11.739	V	27.500	MV1/1+/Crypt/Via1	x	

Frei empfangbare und verschlüsselte digitale ASTRA-Programme

7.11 Frei empfangbare und verschlüsselte digitale Astra-Programme

Programmname	Sprache	Freq.	Pol.	Symra.	Verschlüs-selung	TV	Radio
VH1 (Export)	eng	11.739	V	27.500	MV1/1+/ Crypt/Via1	x	
VH1 Classic	eng	11.739	V	27.500	MV1/1+/ Crypt/Via1	x	
MTV2 Pop Channel	eng	11.739	V	27.500		x	
MTV 2	eng	11.739	V	27.500	MV1+/Crypt/ Viac1	x	
MTV HITS.	eng	11.739	V	27.500	MV1/1+/ Crypt/Via1	x	
MTV Base.	eng	11.739	V	27.500	MV1/1+/ Crypt/Via1	x	
VH1.	eng	11.739	V	27.500	MV1/1+/ Crypt/Via1	x	
MTV 2.	eng	11.739	V	27.500	MV1/1+/ Crypt/Via1	x	
13 TH STREET	deutsch	11.758	H	27.500	Betacrypt	x	
CLASSICA	deutsch	11.758	H	27.500	Betacrypt	x	
GOLDSTAR TV	deutsch	11.758	H	27.500	Betacrypt	x	
HEIMATKANAL	deutsch	11.758	H	27.500	Betacrypt	x	
DISNEY CHANNEL	deutsch	11.758	H	27.500	Betacrypt	x	
FOX KIDS	deutsch	11.758	H	27.500	Betacrypt	x	
JUNIOR	deutsch	11.758	H	27.500	Betacrypt	x	
K-TOON	deutsch	11.758	H	27.500	Betacrypt	x	
CNN Radio	eng	11.778	V	27.500	eu		x
TVBS	kant	11.778	V	27.500	MV1+	x	
TCM.	span	11.778	V	27.500	MV1+	x	
TCM	franz	11.778	V	27.500	MV1/Crypt/ Viac.1	x	
CNN Int.	eng	11.778	V	27.500		x	
Cartoon Network	franz	11.778	V	27.500	MV1/Crypt/ Viac.1	x	
Travel	eng	11.778	V	27.500		x	
Bloomberg	span	11.778	V	27.500	MV1/Crypt/ Viac.1	x	
PREMIERE START	deutsch	11.798	H	27.500	Betacrypt	x	
PREMIERE 1	deutsch	11.798	H	27.500	Betacrypt	x	
PREMIERE 2	deutsch	11.798	H	27.500	Betacrypt	x	
PREMIERE 3	deutsch	11.798	H	27.500	Betacrypt	x	

Frei empfangbare und verschlüsselte digitale ASTRA-Programme

7. Anhang

Programmname	Sprache	Freq.	Pol.	Symra.	Verschlüs-selung	TV	Radio
PREMIERE 4	deutsch	11.798	H	27.500	Betacrypt	x	
PREMIERE 5	deutsch	11.798	H	27.500	Betacrypt	x	
PREMIERE 6	deutsch	11.798	H	27.500	Betacrypt	x	
PREMIERE 7	deutsch	11.798	H	27.500	Betacrypt	x	
HITLISTE	Musik	11.798	H	27.500	Betacrypt		x
DEUTSCHE HITS	Musik	11.798	H	27.500	Betacrypt		x
ALTERNATIVE ROCK	Musik	11.798	H	27.500	Betacrypt		x
HARD ROCK	Musik	11.798	H	27.500	Betacrypt		x
CLASSIC ROCK	Musik	11.798	H	27.500	Betacrypt		x
HIP HOP/RAB	Musik	11.798	H	27.500	Betacrypt		x
DANCE	Musik	11.798	H	27.500	Betacrypt		x
COOL & EASY	Musik	11.798	H	27.500	Betacrypt		x
SCHLAGER	Musik	11.798	H	27.500	Betacrypt		x
LOVE SONGS	Musik	11.798	H	27.500	Betacrypt		x
GOLD	Musik	11.798	H	27.500	Betacrypt		x
SEASONS	franz	11.817	V	27.500	MV1/1+/ Viac.1	x	
C CINEMA EMOTION)	franz	11.817	V	27.500	MV1/1+/ Viac.1	x	
C CINEMA FRISSON)	franz	11.817	V	27.500	MV1/1+/ Viac.1	x	
EURONEWS	franz	11.817	V	27.500	MV1/1+/ Viac.1	x	
CANAL JIMMY	franz	11.817	V	27.500	MV1/1+/ Viac.1	x	
MEZZO	franz	11.817	V	27.500	MV1+/Viac.1	x	
LA CHAINE METEO	franz	11.817	V	27.500	MV1+/Viac.1	x	
SPORT+	franz	11.817	V	27.500	MV1/1+/ Viac.1	x	
I>TELE	franz	11.817	V	27.500	MV1/1+/ Viac.1	x	
Bayerisches FS	deutsch	11.836	H	27.500		x	
Bayern 4 Klassik	deutsch	11.836	H	27.500			x
B5 aktuell	deutsch	11.836	H	27.500			x
WDR FERNSEHEN	deutsch	11.836	H	27.500		x	
NordwestRadio	deutsch	11.836	H	27.500			x
hr2	deutsch	11.836	H	27.500			x
arte	deutsch	11.836	H	27.500		x	

Frei empfangbare und verschlüsselte digitale ASTRA-Programme

7.11 Frei empfangbare und verschlüsselte digitale Astra-Programme

Programmname	Sprache	Freq.	Pol.	Symra.	Verschlüs-selung	TV	Radio
Bayern 1	deutsch	11.836	H	27.500			x
NDR Info	deutsch	11.836	H	27.500			x
SR Fernsehen Südwest	deutsch	11.836	H	27.500		x	
SR Fernsehen Südwest	deutsch	11.836	H	27.500		x	
SR 1 (Europawelle Saar)	deutsch	11.836	H	27.500			x
Das Erste	deutsch	11.836	H	27.500		x	
hr-klassik	deutsch	11.836	H	27.500			x
hessen fernsehen	deutsch	11.836	H	27.500		x	
hr-chronos	deutsch	11.836	H	27.500			x
HR XXL	deutsch	11.836	H	27.500			x
BR-alpha	deutsch	11.836	H	27.500		x	
SÜDWEST BW	deutsch	11.836	H	27.500		x	
Phoenix	deutsch	11.836	H	27.500		x	
CANAL+	franz	11.856	V	27.500	MV1/1+/ Viac.1	x	
CANAL+ BLEU	franz	11.856	V	27.500	MV1/1+/ Viac.1	x	
CANAL+ JAUNE	franz	11.856	V	27.500	MV1/1+/ Viac.1	x	
CANAL+ 16/9	franz	11.856	V	27.500	MV1/1+/ Viac.1	x	
C CINEMA PREMIER	franz	11.856	V	27.500	MV1/1+/ Viac.1	x	
DISNEY CHANNEL	franz	11.856	V	27.500	MV1/1+/ Viac.1	x	
CANAL+ VERT	franz	11.856	V	27.500	MV1/1+/ Viac.1	x	
EQUIDIA	franz	11.856	V	27.500	MV1/1+/ Viac.1	x	
PMU sur Canal+	franz	11.856	V	27.500	MV1/1+/ Viac.1	x	
PAD	franz	11.856	V	27.500	MV1/1+/ Viac.1	x	
MCM	franz	11.895	V	27.500	MV1/Viac.1	x	
MATCH TV	franz	11.895	V	27.500	MV1/Viac.1	x	
KTO	franz	11.895	V	27.500			
CINE INFO	franz	11.895	V	27.500	MV1/Viac.1	x	
TiJi	franz	11.895	V	27.500	MV1/Viac.1	x	
GOURMET TV	franz	11.895	V	27.500	MV1/Viac.1	x	

Frei empfangbare und verschlüsselte digitale ASTRA-Programme

7. Anhang

Programmname	Sprache	Freq.	Pol.	Symra.	Verschlüs-selung	TV	Radio
MCM 2	franz	11.895	V	27.500	MV1/Viac.1	x	
C CINEMA AUTEUR	franz	11.895	V	27.500	MV1/Viac.1	x	
NAT GEOGRAPHIC	franz	11.895	V	27.500	MV1/Viac.1	x	
CUISINE.TV	franz	11.934	V	27.500	MV1/1+// Viac.1	x	
SANTE-VIE	franz	11.934	V	27.500	MV1/1+// Viac.1	x	
CANAL J	franz	11.934	V	27.500	MV1/1+// Viac.1	x	
LCI	franz	11.934	V	27.500	MV1/1+// Viac.1	x	
VOYAGE	franz	11.934	V	27.500	MV1+//Viac.1	x	
PARIS PREMIERE	franz	11.934	V	27.500	MV1/1+// Viac.1	x	
PLANETE	franz	11.934	V	27.500	MV1/1+// Viac.1	x	
TMC	franz	11.934	V	27.500	MV1/1+// Viac.1	x	
EUROSPORT	franz	11.934	V	27.500	MV1+//Viac.1	x	
ZDF	deutsch	11.954	H	27.500		x	
ZDFinfokanal	deutsch	11.954	H	27.500		x	
ZDFdokukanal	deutsch	11.954	H	27.500		x	
ZDFtheaterkanal	deutsch	11.954	H	27.500		x	
3sat	deutsch	11.954	H	27.500		x	
DLF-Köln	deutsch	11.954	H	27.500			x
DLR-Berlin	deutsch	11.954	H	27.500			x
KiKa (6-19)	deutsch	11.954	H	27.500		x	
EuroNews	deutsch	11.954	H	27.500		x	
Eurosport	deutsch	11.954	H	27.500		x	
Österreich 1	deutsch	11.954	H	27.500			x
CNBC	eng	11.954	H	27.500		x	
Eurosport	ung	11.992	H	27.500	Cryptoworks	x	
MTV Europe	pol	11.992	H	27.500	Cryptoworks	x	
Hallmark	tschech	11.992	H	27.500	Cryptoworks	x	
Stanice 0	tschech	11.992	H	27.500	Cryptoworks	x	
Sport 1	ung	11.992	H	27.500	Cryptoworks	x	
M2	pol	11.992	H	27.500	Cryptoworks	x	

Frei empfangbare und verschlüsselte digitale ASTRA-Programme

7.11 Frei empfangbare und verschlüsselte digitale Astra-Programme

Programmname	Sprache	Freq.	Pol.	Symra.	Verschlüsselung	TV	Radio
Duna TV	ung	11.992	H	27.500	Cryptoworks	x	
FRANCE 2	franz	12.012	V	27.500	MV1/1+	x	
FRANCE 3	franz	12.012	V	27.500	MV1/1+	x	
CANAL EVENEMENT	franz	12.012	V	27.500	MV1/1+	x	
RTL9	franz	12.012	V	27.500	MV1/1+	x	
MCM AFRICA	franz	12.012	V	27.500	MV1/1+	x	
TELE MELODY	franz	12.012	V	27.500	MV1/1+	x	
ESPN CLASSIC	franz	12.012	V	27.500	MV1/1+	x	
KIOSQUE 1	franz	12.012	V	27.500	MV1/1+	x	
KIOSQUE	franz	12.012	V	27.500	MV1/1+	x	
PREMIERE SPORT 2	deutsch	12.031	H	27.500	Betacrypt	x	
PREMIERE DIREKT 4	deutsch	12.031	H	27.500	Betacrypt	x	
PREMIERE EROTIK (Mosaic)	deutsch	12.031	H	27.500	Betacrypt	x	
PREMIERE DIREKT 4	deutsch	12.031	H	27.500	Betacrypt	x	
PREMIERE NOSTALGIE	deutsch	12.031	H	27.500	Betacrypt	x	
PREMIERE SERIE	deutsch	12.031	H	27.500	Betacrypt	x	
KRIMI &CO	deutsch	12.031	H	27.500	Betacrypt	x	
DISCOVERY CHANNEL	deutsch	12.031	H	27.500	Betacrypt	x	
FILM & MUSICAL	Musik	12.031	H	27.500	Betacrypt		x
EASY LISTENING	Musik	12.031	H	27.500	Betacrypt		x
JAZZ	Musik	12.031	H	27.500	Betacrypt		x
KLASSIK POPULÄR	Musik	12.031	H	27.500	Betacrypt		x
ORCHESTRALE WERKE	Musik	12.031	H	27.500	Betacrypt		x
PREMIERE DIREKT 1	deutsch	12.031	H	27.500	Betacrypt	x	
PREMIERE DIREKT 2	deutsch	12.031	H	27.500	Betacrypt	x	
Popular Classical	Musik	12.051	V	27.500	Cryptoworks		x
Symphonic	Musik	12.051	V	27.500	Cryptoworks		x
Opera	Musik	12.051	V	27.500	Cryptoworks		x
Modern Country	Musik	12.051	V	27.500	Cryptoworks		x
Traditional Country	Musik	12.051	V	27.500	Cryptoworks		x
Beautiful Instruments	Musik	12.051	V	27.500	Cryptoworks		x
New Age	Musik	12.051	V	27.500	Cryptoworks		x
Euro Hits	Musik	12.051	V	27.500	Cryptoworks		x
French Hits	Musik	12.051	V	27.500	Cryptoworks		x

Frei empfangbare und verschlüsselte digitale ASTRA-Programme

7. Anhang

Programmname	Sprache	Freq.	Pol.	Symra.	Verschlüs-selung	TV	Radio
German Folk	Musik	12.051	V	27.500	Cryptoworks		x
German Rock	Musik	12.051	V	27.500	Cryptoworks		x
German Schlager	Musik	12.051	V	27.500	Cryptoworks		x
German Hits	Musik	12.051	V	27.500	Cryptoworks		x
Italian Contemporary	Musik	12.051	V	27.500	Cryptoworks		x
UK Hits	Musik	12.051	V	27.500	Cryptoworks		x
Indian Pop	Musik	12.051	V	27.500	Cryptoworks		x
Turkish Pop	Musik	12.051	V	27.500	Cryptoworks		x
Dutch Hits	Musik	12.051	V	27.500	Cryptoworks		x
Acid Jazz	Musik	12.051	V	27.500	Cryptoworks		x
Contemporary Jazz	Musik	12.051	V	27.500	Cryptoworks		x
Classic Jazz	Musik	12.051	V	27.500	Cryptoworks		x
Smooth Jazz	Musik	12.051	V	27.500	Cryptoworks		x
Brazil Carnival	Musik	12.051	V	27.500	Cryptoworks		x
Latin Contemporary	Musik	12.051	V	27.500	Cryptoworks		x
Salsa	Musik	12.051	V	27.500	Cryptoworks		x
Rock en Espanol	Musik	12.051	V	27.500	Cryptoworks		x
Rock 'n' Roll Oldies	Musik	12.051	V	27.500	Cryptoworks		x
70's Hits	Musik	12.051	V	27.500	Cryptoworks		x
80's Hits	Musik	12.051	V	27.500	Cryptoworks		x
90's Hits	Musik	12.051	V	27.500	Cryptoworks		x
Great Standards	Musik	12.051	V	27.500	Cryptoworks		x
Big Band Swing	Musik	12.051	V	27.500	Cryptoworks		x
Classic Rock	Musik	12.051	V	27.500	Cryptoworks		x
Metal	Musik	12.051	V	27.500	Cryptoworks		x
Alternative	Musik	12.051	V	27.500	Cryptoworks		x
Dance	Musik	12.051	V	27.500	Cryptoworks		x
Retro Dance	Musik	12.051	V	27.500	Cryptoworks		x
Trends	Musik	12.051	V	27.500	Cryptoworks		x
Contemporary Pop	Musik	12.051	V	27.500	Cryptoworks		x
Hottest Hits	Musik	12.051	V	27.500	Cryptoworks		x
Love Songs	Musik	12.051	V	27.500	Cryptoworks		x
Power Hits	Musik	12.051	V	27.500	Cryptoworks		x
Blues	Musik	12.051	V	27.500	Cryptoworks		x
Classic R & B	Musik	12.051	V	27.500	Cryptoworks		x
R & B Hip Hop	Musik	12.051	V	27.500	Cryptoworks		x
Reggae	Musik	12.051	V	27.500	Cryptoworks		x

Frei empfangbare und verschlüsselte digitale ASTRA-Programme

7.11 Frei empfangbare und verschlüsselte digitale Astra-Programme

Programmname	Sprache	Freq.	Pol.	Symra.	Verschlüs-selung	TV	Radio
Rap	Musik	12.051	V	27.500	Cryptoworks		x
SAT.1 A	deutsch	12.051	V	27.500		x	
ProSieben Schweiz	deutsch	12.051	V	27.500		x	
ProSieben Austria	deutsch	12.051	V	27.500		x	
Kabel1 Schweiz	deutsch	12.051	V	27.500		x	
Kabel1 Austria	deutsch	12.051	V	27.500		x	
PLANET		12.070	H	27.500	Betacrypt	x	
BEATE-UHSE.TV		12.070	H	27.500	Betacrypt	x	
STUDIO UNIVERSAL		12.070	H	27.500	Betacrypt	x	
Eins Extra	deutsch	12.110	H	27.500		x	
Eins Festival	deutsch	12.110	H	27.500		x	
Eins MuXx	deutsch	12.110	H	27.500		x	
MDR FERNSEHEN	deutsch	12.110	H	27.500		x	
ORB-Fernsehen	deutsch	12.110	H	27.500		x	
SFB1	deutsch	12.110	H	27.500		x	
NDR Kultur	deutsch	12.110	H	27.500			x
MDR KULTUR	deutsch	12.110	H	27.500			x
Fritz	deutsch	12.110	H	27.500			x
JUMP	deutsch	12.110	H	27.500			x
MDR info	deutsch	12.110	H	27.500			x
SPUTNIK	deutsch	12.110	H	27.500			x
RADIO multikulti	dt/mehrsp.	12.110	H	27.500			x
SWR2 (BW)	deutsch	12.110	H	27.500			x
WDR 3	deutsch	12.110	H	27.500			x
WDR 5	deutsch	12.110	H	27.500			x
NDR FS MV	deutsch	12.110	H	27.500		x	
SÜDWEST RP	deutsch	12.110	H	27.500		x	
BD_DVB	deutsch	12.149	H	27.500	Betacrypt	x	
sunshine live	deutsch	12.149	H	27.500			x
SAT.1-CH	deutsch	12.149	H	27.500	Betacrypt	x	
BD 1	deutsch	12.149	H	27.500	Betacrypt	x	
BD 4	deutsch	12.149	H	27.500	Betacrypt	x	
TV.BERLIN	deutsch	12.149	H	27.500		x	
Sonnenklar TV	deutsch	12.149	H	27.500		x	

Frei empfangbare und verschlüsselte digitale ASTRA-Programme

7. Anhang

Programmname	Sprache	Freq.	Pol.	Symra.	Verschlüs-selung	TV	Radio
PREMIERE Austria	deutsch	12.149	H	27.500	Betacrypt	x	
ROCK ANTENNE	deutsch	12.149	H	27.500			x
ANTENNE BAYERN	deutsch	12.149	H	27.500			x
ONTV Regional	deutsch	12.149	H	27.500		x	
BD Partner TV	deutsch	12.149	H	27.500	Betacrypt	x	
Bloomberg	span	12.168	V	27.500	MV1+/Crypt/Viac.1	x	
Travel	eng	12.168	V	27.500		x	
Cartoon Network	franz	12.168	V	27.500	MV1+/Crypt/Viac.1	x	
CNN Int.	eng	12.168	V	27.500		x	
CNN Radio	eng	12.168	V	27.500			x
TCM	franz	12.168	V	27.500	MV1/Crypt/Viac.1	x	
TCM.	span	12.168	V	27.500	MV1+	x	
TVBS	kanton.	12.168	V	27.500	MV1+	x	
Super RTL	deutsch	12.188	H	27.500		x	
RTL Television	deutsch	12.188	H	27.500		x	
RTL2	deutsch	12.188	H	27.500		x	
VOX	deutsch	12.188	H	27.500		x	
RTL Shop	deutsch	12.188	H	27.500		x	
FRANCE 5	franz	12.207	V	27.500		x	
TV BREIZH	franz	12.207	V	27.500	MV1/1+	x	
MCITY (ELE TOP)	Musik	12.207	V	27.500			x
BLOOMBERG (franz)	franz	12.207	V	27.500	MV1/1+	x	
LCP	franz	12.207	V	27.500		x	
PLANETE 2	franz	12.207	V	27.500	MV1/1+	x	
CSAT RADIOS (NRJ)	franz	12.207	V	27.500			x
BFM	franz	12.207	V	27.500			x
TSF	franz	12.207	V	27.500			x
RADIOS 2, VOLTAGE	franz	12.207	V	27.500			x
RADIOS 3, RFI MUSIQUE	franz	12.207	V	27.500			x
FRANCE MUSIQUES	franz	12.207	V	27.500			x
FIP	franz	12.207	V	27.500			x
France INFO	franz	12.207	V	27.500			x
FRANCE INTER	franz	12.207	V	27.500			x

Frei empfangbare und verschlüsselte digitale ASTRA-Programme

7.11 Frei empfangbare und verschlüsselte digitale Astra-Programme

Programmname	Sprache	Freq.	Pol.	Symra.	Verschlüs-selung	TV	Radio
RADIO BLEU	franz	12.207	V	27.500			x
RFI INTERNATIONAL	franz	12.207	V	27.500			x
RADIO CLASSIQUE	franz	12.207	V	27.500			x
EUROPE 1	franz	12.207	V	27.500			x
RMC	franz	12.207	V	27.500			x
RTL	franz	12.207	V	27.500			x
RIRE ET CHANSONS	franz	12.207	V	27.500			x
SUD RADIO	franz	12.207	V	27.500			x
M FM	franz	12.207	V	27.500			x
TSF	franz	12.207	V	27.500			x
NOSTALGIE	franz	12.207	V	27.500			x
BFM	franz	12.207	V	27.500			x
PARIS JAZZ	franz	12.207	V	27.500			x
NRJ	franz	12.207	V	27.500			x
EUROPE 2	franz	12.207	V	27.500			x
RTL2	franz	12.207	V	27.500			x
SKYROCK	franz	12.207	V	27.500			x
FUN RADIO	franz	12.207	V	27.500			x
LE MOUV	franz	12.207	V	27.500			x
RADIO NOVA	franz	12.207	V	27.500			x
RADIO FG	franz	12.207	V	27.500			x
VIBRATION	franz	12.207	V	27.500			x
CONTACT FM	franz	12.207	V	27.500			x
RADIO LATINA	franz	12.207	V	27.500			x
RFM	franz	12.207	V	27.500			x
CHERIE FM	franz	12.207	V	27.500			x
ALOUETTE	franz	12.207	V	27.500			x
VOLTAGE	franz	12.207	V	27.500			x
OUI FM	franz	12.207	V	27.500			x
ADO	franz	12.207	V	27.500			x
COULEUR 3	franz	12.207	V	27.500			x
RFI MUSIQUE	franz	12.207	V	27.500			x
RADIO NOTRE-DAME	franz	12.207	V	27.500			x
RADIO ALPHA	port	12.207	V	27.500			x
RCJ / RADIO SHALOM	franz/hebr	12.207	V	27.500			x
BEUR FM	franz/arab	12.207	V	27.500			x
MEDIA TROPICAL	franz	12.207	V	27.500			x

Frei empfangbare und verschlüsselte digitale ASTRA-Programme

7. Anhang

Programmname	Sprache	Freq.	Pol.	Symra.	Verschlüsselung	TV	Radio
AFRICA N1	franz	12.207	V	27.500			x
MEDI 1	franz	12.207	V	27.500			x
France CULTURE	franz	12.207	V	27.500			x
RADIO INT 3, RFI MUSIQUE	franz	12.207	V	27.500			x
WRN	franz	12.207	V	27.500			x
RFO SAT	franz	12.207	V	27.500	MV1+	x	
AB MOTEURS	franz	12.285	V	27.500	MV1/1+/ Viac.1	x	
AB 1	franz	12.285	V	27.500	MV1/1+/ Viac.1	x	
ANIMAUX	franz	12.285	V	27.500	MV1/1+/ Viac.1	x	
ENCYCLOPEDIA	franz	12.285	V	27.500	MV1/1+/ Viac.1	x	
ZIK / XXL	franz	12.285	V	27.500		x	
ZIK / XXL	franz	12.285	V	27.500	MV1/1+/ Viac.1	x	
ESCALES	franz	12.285	V	27.500	MV1/1+/ Viac.1	x	
toute L'HISTOIRE	franz	12.285	V	27.500	MV1/1+/ Viac.1	x	
BBC WORLD	franz	12.285	V	27.500	MV1/1+/ Viac.1	x	
RFM-TV	franz	12.285	V	27.500	MV1/1+/ Viac.1	x	
FASHION-TV	franz	12.285	V	27.500		x	
ACTION	franz	12.285	V	27.500	MV1/1+/ Viac.1	x	
MANGAS	franz	12.285	V	27.500	MV1/1+/ Viac.1	x	
CINE BOX	franz	12.285	V	27.500	MV1/1+/ Viac.1	x	
Filmmuzeum	ung	12.304	H	27.500	Cryptoworks	x	
HBO	ung	12.304	H	27.500	Cryptoworks	x	
HBO	tschech	12.304	H	27.500	Cryptoworks	x	
Spektrumlnt.	tschech	12.304	H	27.500	Cryptoworks	x	
Magyar ATV	pol	12.304	H	27.500	Cryptoworks	x	
Eurosport News	eng	12.304	H	27.500	Cryptoworks	x	
Viasat-3	ung	12.304	H	27.500	Cryptoworks	x	
Avante	ung	12.304	H	27.500	Cryptoworks	x	

Frei empfangbare und verschlüsselte digitale ASTRA-Programme

7.11 Frei empfangbare und verschlüsselte digitale Astra-Programme

Programmname	Sprache	Freq.	Pol.	Symra.	Verschlüs-selung	TV	Radio
RealityTV	ung	12.304	H	27.500	Cryptoworks	x	
Extreme Sports	tschech	12.304	H	27.500	Cryptoworks	x	
Club	ung	12.304	H	27.500	Cryptoworks	x	
MOSAIQUE	franz	12.324	V	27.500		x	
Csat Interactif	franz	12.324	V	27.500		x	
CA TV	franz	12.324	V	27.500		x	
CANAL CLUB	franz	12.324	V	27.500		x	
IMAGE+	franz	12.324	V	27.500	MV1+	x	
MOSA 4 (France 5)	franz	12.324	V	27.500		x	
RTL4	holl	12.344	H	27.500	MV1/Irdeto 1	x	
RTL5	holl	12.344	H	27.500	MV1/Irdeto 1	x	
NGC (National)	eng	12.344	H	27.500	MV1	x	
NGC (CNBC)	eng	12.344	H	27.500	MV1	x	
Discovery	eng	12.344	H	27.500	MV1	x	
Animal Planet	eng	12.344	H	27.500	MV1	x	
RTL RADIO (Oldies)	deutsch	12.344	H	27.500			x
RVi1	mehrsp	12.344	H	27.500			x
RVi2 (Int.)	mehrsp	12.344	H	27.500			x
Eurosport	holl	12.344	H	27.500	MV1	x	
Hallmark	eng	12.344	H	27.500	MV1	x	
BBC Prime	eng	12.344	H	27.500	MV1	x	
GalaxieSport	tschech	12.382	H	27.500	Cryptoworks	x	
Animal Planet	tschech	12.382	H	27.500	Cryptoworks	x	
Animal Planet Cze	ung	12.382	H	27.500	Cryptoworks	x	
Discovery CE	ung	12.382	H	27.500	Cryptoworks	x	
TA3	slowak	12.382	H	27.500	Cryptoworks	x	
Fox Kids	ung	12.382	H	27.500	Cryptoworks	x	
Fox Kids/Sport	ung	12.382	H	27.500	Cryptoworks	x	
Nat Geo	pol	12.382	H	27.500	Cryptoworks	x	
Cartoon / TCM	eng	12.382	H	27.500	Cryptoworks	x	
Hallmark	ung	12.382	H	27.500	Cryptoworks	x	
Private Gold	pol	12.382	H	27.500	Cryptoworks	x	
DEMAIN !	franz	12.402	V	27.500	MV1/1+/ Viac.1	x	

Frei empfangbare und verschlüsselte digitale ASTRA-Programme

7. Anhang

Programmname	Sprache	Freq.	Pol.	Symra.	Verschlüsselung	TV	Radio
COMEDIE !	franz	12.402	V	27.500	MV1/1+/ Viac.1	x	
13EME RUE	franz	12.402	V	27.500	MV1/1+/ Viac.1	x	
FOX KIDS	franz	12.402	V	27.500	MV1/1+/ Viac.1	x	
L'EQUIPE TV	franz	12.402	V	27.500	MV1/1+/ Viac.1	x	
PLANETE FUTURE	franz	12.402	V	27.500	MV1/1+/ Viac.1	x	
C CINEMA CLASSIC	franz	12.402	V	27.500	MV1/1+/ Viac.1	x	
GAME ONE	franz	12.402	V	27.500	MV1+/Viac.1	x	
C CINEMA SUCCES	franz	12.402	V	27.500	MV1/1+/ Viac.1	x	
ProSieben	deutsch	12.480	V	27.500		x	
KABEL1	deutsch	12.480	V	27.500		x	
NEUN LIVE Television	deutsch	12.480	V	27.500		x	
DSF	deutsch	12.480	V	27.500		x	
Home Shopping Euro	deutsch	12.480	V	27.500		x	
SAT.1	deutsch	12.480	V	27.500		x	
N24	deutsch	12.480	V	27.500		x	
TELE 5	deutsch	12.480	V	27.500		x	
C+Rood	holl	12.515	H	22.000	MV1/Irdeto 1	x	
C+Blauw	holl	12.515	H	22.000	MV1/Irdeto 1	x	
C+ 16/9	holl	12.515	H	22.000	MV1	x	
X-ZONE	holl	12.515	H	22.000	MV1	x	
NED1	holl	12.515	H	22.000	MV1/Irdeto 1	x	
NED2	holl	12.515	H	22.000	MV1/Irdeto 1	x	
NED3	holl	12.515	H	22.000	MV1/Irdeto 1	x	
TCM	eng	12.515	H	22.000	MV1	x	
Cartoon Network	eng	12.515	H	22.000	MV1	x	
VIVA PLUS	deutsch	12.552	V	22.000		x	
ASTRA-Mosaic	Musik	12.552	V	22.000		x	
Sky News	eng	12.552	V	22.000		x	
Bloomberg TV Germany	deutsch	12.552	V	22.000		x	
Chamber TV	franz	12.552	V	22.000		x	

Frei empfangbare und verschlüsselte digitale ASTRA-Programme

7.11 Frei empfangbare und verschlüsselte digitale Astra-Programme

Programmname	Sprache	Freq.	Pol.	Symra.	Verschlüsselung	TV	Radio
Nordliicht TV	letzeb	12.552	V	22.000		x	
QVC GERMANY	deutsch	12.552	V	22.000		x	
NET5 (Kindernet)	holl	12.574	H	22.000	MV1	x	
NET5	holl	12.574	H	22.000	MV1	x	
SBS6	holl	12.574	H	22.000	MV1/Irdeto 1	x	
Yorin	holl	12.574	H	22.000	MV1/Irdeto 1	x	
TMF	holl	12.574	H	22.000	MV1/Irdeto 1	x	
V8/Fox Kids	holl	12.574	H	22.000	MV1	x	
BVN	holl	12.574	H	22.000		x	
Yorin FM	holl	12.574	H	22.000			x
KINK FM	holl	12.574	H	22.000			x
RNW1	mehrsp	12.574	H	22.000			x
RNW2	mehrsp	12.574	H	22.000			x
Sky Radio	holl	12.574	H	22.000			x
ClassicFM	holl	12.574	H	22.000			x
Radio538	holl	12.574	H	22.000			x
Concertzender	holl	12.574	H	22.000	MV1/Irdeto 1		x
NLR1	holl	12.574	H	22.000			x
NLR2	holl	12.574	H	22.000	MV1/Irdeto 1		x
NLR3	holl	12.574	H	22.000	MV1/Irdeto 1		x
NLR4	holl	12.574	H	22.000	MV1/Irdeto 1		x
AM747	mehrsp	12.574	H	22.000			x
Radio 10 FM	holl	12.574	H	22.000			x
RNW3	holl	12.574	H	22.000			x
Veronica Radio	holl	12.574	H	22.000			x
Kindern/Veronica	holl	12.574	H	22.000	MV1	x	
FESTIVAL		12.581	V	22.000	MV1+	x	
HISTOIRE		12.581	V	22.000	MV1+	x	
UFTU BD4		12.581	V	22.000	MV1+	x	
Liberty TV.com	franz	12.610	V	22.000		x	
Motors TV	franz	12.610	V	22.000		x	
RTBF SAT	fläm	12.610	V	22.000		x	
Liberty TV.com	deutsch	12.610	V	22.000		x	
CNBC Europe	eng	12.610	V	22.000	Viaccess 1	x	

Frei empfangbare und verschlüsselte digitale ASTRA-Programme

7. Anhang

Programmname	Sprache	Freq.	Pol.	Symra.	Verschlüsselung	TV	Radio
TV5 Europe	franz	12.610	V	22.000		x	
BBC World Service	eng	12.610	V	22.000			x
CFN/RFC	eng	12.610	V	22.000			x
La Première Sat	wall	12.610	V	22.000			x
Bahn TV	deutsch	12.633	H	22.000		x	
K-TV	deutsch	12.633	H	22.000		x	
XXP	deutsch	12.633	H	22.000		x	
Radio Maria (Österreich)	deutsch	12.633	H	22.000			x
C CINEMA 16/9	franz	12.640	V	22.000	MV1	x	
CINE BOX POLAR	franz	12.640	V	22.000	MV1	x	
CINE BOX FX	franz	12.640	V	22.000	MV1	x	
CINE BOX COMIC	franz	12.640	V	22.000	MV1	x	
TEVA	franz	12.640	V	22.000	MV1	x	
DISNEY CHANNEL +1	franz	12.640	V	22.000	MV1/1+	x	
PLAYHOUSE DISNEY	franz	12.640	V	22.000	MV1/1+	x	
TOON DISNEY	franz	12.640	V	22.000	MV1/1+	x	
CLUB TELEACHAT	franz	12.640	V	22.000	MV1	x	
n-tv	deutsch	12.669	V	22.000		x	
VIVA	deutsch	12.669	V	22.000		x	
TV NIEP II	pol	12.669	V	22.000		x	
ORF 1	deutsch	12.692	H	22.000	Betacrypt	x	
ORF 2	deutsch	12.692	H	22.000	Betacrypt	x	
TW 1	deutsch	12.692	H	22.000		x	
OE 1	deutsch	12.692	H	22.000			x
OE2 Wien	deutsch	12.692	H	22.000			x
OE2 Niederösterreich	deutsch	12.692	H	22.000			x
OE2 Burgenland	deutsch	12.692	H	22.000			x
OE2 Oberösterreich	deutsch	12.692	H	22.000			x
OE2 Salzburg	deutsch	12.602	H	22.000			x
OE2 Tirol	deutsch	12.692	H	22.000			x
OE2 Vorarlberg	deutsch	12.692	H	22.000			x
OE2 Steiermark	deutsch	12.692	H	22.000			x
OE2 Kärnten	deutsch	12.692	H	22.000			x

Frei empfangbare und verschlüsselte digitale ASTRA-Programme

7.11 Frei empfangbare und verschlüsselte digitale Astra-Programme

Programmname	Sprache	Freq.	Pol.	Symra.	Verschlüs-selung	TV	Radio
OE 3	deutsch	12.692	H	22.000			x
FM4	deutsch	12.692	H	22.000			x
ROIWIEN	deutsch	12.692	H	22.000			x
ROI-SAC	deutsch	12.692	H	22.000			x
MTV ESP	eng/span	12.699	V	22.000	MV1+	x	
MTV F	eng/franz	12.699	V	22.000	MV1+/Viac. 1	x	
MTV Central	deutsch	12.699	V	22.000		x	
MTV HITS	eng	12.699	V	22.000	MV1/1+/ Crypt/Via1	x	
MTV Base	eng	12.699	V	22.000	MV1/1+/ Crypt/Via1	x	
VH1 (Export)	eng	12.699	V	22.000	MV1/1+/ Crypt/Via1	x	
VH1 Classic	eng	12.699	V	22.000	MV1/1+/ Crypt/Via1	x	
MTV2 Pop	eng	12.699	V	22.000		x	
MTV 2	eng	12.699	V	22.000	MV1+/Crypt/ Viac1	x	
MTV HITS	eng	12.699	V	22.000	MV1/1+/ Crypt/Via1	x	
MTV Base	eng	12.699	V	22.000	MV1/1+/ Crypt/Via1	x	
VH1.	eng	12.699	V	22.000	MV1/1+/ Crypt/Via1	x	
MTV 2.	eng	12.699	V	22.000	MV1/1+/ Crypt/Via1	x	

Frei empfangbare und verschlüsselte digitale ASTRA-Programme